"十三五"国家重点出版物出版规划项目

名校名家基础学科系列
Textbooks of Base Disciplines from Top Universities and Experts

面向 21 世纪课程教材

工程力学

（工程静力学与材料力学）

第 3 版

刘荣梅　蔡　新　范钦珊　编著

U02186681

机械工业出版社

根据教育部高等学校力学基础课程教学指导委员会 2012 年制订的《高等学校理工科非力学专业力学基础课程教学基本要求》中的《理论力学课程教学基本要求》和《材料力学课程教学基本要求》以及广大读者的意见，本书增添了一些工程实例图片，更新了部分例题。

　　从力学素质教育的要求出发，本书更注重基本概念，而不追求烦琐的理论推导与数学运算。与以往同类教材相比，本书难度有所下降，工程概念有所加强，引入了大量涉及广泛领域的工程实例及与工程有关的例题和习题。全书除"工程力学课程总论"外，分为 2 篇，共 12 章。第 1 篇为工程静力学，包括：工程静力学基础、力系的简化、工程构件的静力学平衡问题等共 3 章。第 2 篇为材料力学，包括：材料力学的基本概念、杆件的内力图、拉压杆件的应力变形分析与强度设计、梁的强度问题、梁的位移分析与刚度设计、圆轴扭转时的应力变形分析与强度刚度设计、复杂受力时构件的强度设计、压杆的稳定性分析与设计、动载荷与疲劳强度简述等共 9 章。

　　本书配有多媒体课件、解题分析、教学要求与学习目标、理论要点、学习建议、例题示范等，教师可在机械工业出版社教育服务网（www.cmpedu.com）上注册后免费下载。选用本书作为教材的教师可发邮件至责编信箱 jinkui_zhang@ 163.com（并请随信提供个人及任课信息）索取部分习题及解答、试卷与答卷、习题库等其他配套教学资源。

　　本书适用于开设少学时工程力学课程的各专业，也可以作为专科、成人教育各专业的工程力学教材。

图书在版编目（CIP）数据

工程力学：工程静力学与材料力学/刘荣梅，蔡新，范钦珊编著. —3 版.
—北京：机械工业出版社，2018.8（2025.1 重印）
"十三五"国家重点出版物出版规划项目　名校名家基础学科系列
ISBN 978-7-111-60057-2

Ⅰ.①工…　Ⅱ.①刘…　②蔡…　③范…　Ⅲ.①工程力学-高等学校-教材
②工程力学-静力学-高等学校-教材③材料力学-高等学校-教材　Ⅳ.①TB12

中国版本图书馆 CIP 数据核字（2018）第 110109 号

机械工业出版社（北京市百万庄大街 22 号　邮政编码 100037）
策划编辑：姜　凤　责任编辑：姜　凤　李　乐　任正一
责任校对：王　延　封面设计：鞠　杨
责任印制：任维东
北京中兴印刷有限公司印刷
2025 年 1 月第 3 版第 14 次印刷
184mm×260mm・17.5 印张・427 千字
标准书号：ISBN 978-7-111-60057-2
定价：45.00 元

电话服务　　　　　　　　　　网络服务
客服电话：010-88361066　　　机　工　官　网：www.cmpbook.com
　　　　　010-88379833　　　机　工　官　博：weibo.com/cmp1952
　　　　　010-68326294　　　金　书　网：www.golden-book.com
封底无防伪标均为盗版　机工教育服务网：www.cmpedu.com

第3版前言

本书是根据我国高等教育和教学改革的发展趋势，以及素质教育与创新精神培养的要求，在国家面向21世纪课程教学内容与体系改革的基础上而编写的，充分反映了近年来工程力学（工程静力学与材料力学）教学第一线的新成果、新经验。

承蒙全国工程力学教学第一线的老师厚爱，本书出版以来，第1版印刷了5次，累计印数2.3万册，第2版印刷了15次，累计印数4.9万册。在第3版问世之际，谨向关心本书的老师和各界的读者表示诚挚的感谢。

党的二十大报告指出："培养什么人、怎样培养人、为谁培养人是教育的根本问题。"本书遵循学生认知规律，从力学素质教育的要求出发，培养学生用力学知识解决工程实际问题的能力，着重学生力学思维能力和创新意识的养成，为学生将来解决重大工程问题奠定良好的基础。根据教育部高等学校力学教学指导委员会力学基础课程教学指导分委员会制订的《高等学校理工科非力学专业力学基础课程教学基本要求》，以及教学第一线很多老师的意见，这一版在内容与体系方面做了如下调整：

1. 更正了原书中的某些表述，如"二力杆"的定义等。

2. 更正了平面图形几何特性中的惯性矩与惯性积的转轴定理表达式。

3. 补充和更新了一批图片，包括一些工程实例图片。

4. 更换和新增了一些例题。

5. 完善章节内容，如在第3章增加了"自由度"的概念，并对刚体系统的静定与超静定做了更全面的定义，增加了考虑摩擦时的平衡形式的讨论；在第7章"梁的强度问题"中增加了"平面弯曲曲率与正应力公式应用举例"；第10章的10.9节"结论与讨论"中增加了"关于应力状态的几点重要结论"和"应用强度设计准则需要注意的几个问题"。

为了教材建设的可持续发展，由南京航空航天大学刘荣梅副教授担任本书的第一作者，希望读者一如既往地关心和支持后续的修订和出版。

编　者

第2版前言

本书自 2002 年出版以来受到很多教学第一线老师和同学以及业余读者的厚爱，同时，广大读者也提出了一些宝贵的修改要求和具体意见。对此，著者藉本书再版之际表示诚挚的谢意。

著者最近几年在全国各地讲学的同时，对我国高等学校"工程力学"的教学状况和对工程力学教材的需求进行了大量调研，与全国 500 多名基础力学老师以及近 2000 名同学交换关于本书使用和修改的意见。

在上述调研的基础上，我们进一步认识到，当初我们编写本书的理念基本上是正确的，这就是：在面向 21 世纪课程教学内容与体系改革的基础上，进一步对教学内容加以精选，下大力气压缩教材篇幅，同时进行包括主教材、教学参考书——教师用书和学生用书、电子教材——电子教案与电子书等在内的教学资源一体化的设计，努力为教学第一线的老师和同学提供高水平、全方位的服务。

本书第 2 版的指导思想是，根据新的培养计划和教学基本要求，从一般院校的实际情况出发，删去大部分院校不需要的教学内容以及难度较大的习题。同时，考虑到最近几年来工程灾难性事故时有发生，有必要为工程技术人员提供一点关于动载荷的基本概念和基本知识。为此，将"疲劳强度"一章扩充为"动载荷与疲劳强度简介"。

考虑到本书第 1 版作者之一的郭占起长期在国外工作，为了教材建设工作的可持续发展，特邀原书著者之一、年轻的蔡新教授，共同主持第 2 版以及以后各版的编著工作。蔡新教授长期从事基础力学及相关领域的科学研究和工程建设项目，取得了一系列很有价值的成果。蔡新教授参与主持本书的编著出版工作当是游刃有余。

新世纪中新事物层出不穷，没有也不应该有一成不变的教材，我们将努力跟上时代的步伐，以不断提高"工程力学"课程教学质量为己任，不断地从理念、内容、方法与技术等方面对本书加以修订，使之日臻完善。

衷心希望关爱本书的广大读者继续对本书的缺点和不足提出宝贵意见。

范钦珊

2005 年 10 月于南京

第1版前言

根据我国高等教育和教学改革的发展趋势，以及素质教育与创新精神培养的要求，全国普通高等学校新一轮培养计划中，总的课程的教学时数大幅度减少。工程力学课程的教学时数也要相应压缩。怎样在有限的学时数内，使学生既能掌握工程力学的基本知识，又能了解一些工程力学的最新进展；既能培养学生的工程力学素质，又能加强工程概念，这是很多力学教育工作者关心的事情。

1996 年以来，基础力学课程在教学内容、课程体系、教学方法以及教学手段等方面进行了一系列改革，取得了一些很有意义的成果，并在教学实践中取得了明显的效果，受到高等教育界和力学界诸多学者的支持和肯定。

本书作为面向 21 世纪力学系列课程教学内容与体系改革的一部分，对原有工程力学课程的教学内容、课程体系加以进一步分析和研究，在确保基本要求的前提下，删去了一些偏难、偏深的内容，目的是满足那些对工程力学的深度和难度要求不高，但对工程力学的基础知识有一定了解的专业的需求，并作为这些专业的素质教育的一部分。

从力学素质教育的要求出发，本书更注重基本概念，而不追求繁琐的理论推导与繁琐的数学运算。

工程力学与很多领域的工程密切相关。工程力学教育不仅可以培养学生的力学素质，而且可以加强学生的工程概念，这对于他们向其他学科或其他工程领域扩展是很有利的。基于此，本书与以往的同类教材相比，难度有所下降，工程概念有所加强，引入了大量涉及广泛领域的工程实例以及与工程有关的例题和习题。

为了让学生更快、更牢地掌握最基本的知识，在概念、原理的叙述方面做了一些改进。一方面从提出问题、分析问题和解决问题等做了比较详尽的论述与讨论；另一方面通过较多的例题分析，加深学生对于基本内容的了解和掌握。

本书内容的选取以教育部颁布的《少学时工程力学教学基本要求》为依据，同时考虑到 20 世纪 60 年代以来，很多新材料不断涌现并且广泛应用于工程实际，将"新材料的材料力学"作为最后一章并用星号（＊）标记，目的是开阔学生的视野，增强适应性。

为了帮助读者复习和自学，特别研制、开发了《工程力学学习指导与解题指南》教学软件光盘，随书发行。软件的内容包括：各章的教学要求、重点和难点以及解题分析。这一软件可以在光盘上直接运行，也可以复制到硬盘中运行，操作非常简便。

本书由"工程静力学"篇和"材料力学"篇组成，由范钦珊主编，蔡新、郭占起、范钦珊编著，具体分工如下：蔡新编写工程静力学，范钦珊、郭占起编写材料力学。

V

　　承蒙东北大学王铁光教授详细地审阅了本书的初稿，提出了宝贵的修改意见，编者表示诚挚的谢意。本书清样出来时，作者正在国外，陈艳秋博士及清华大学的研究生张良、孙秀山等对清样进行了详细的校对，笔者谨向他们致以谢忱。

范钦珊

2002 年春于清华大学

目 录

工程力学课程总论

第 1 篇　工程静力学

第2篇 材料力学

工程力学课程总论

0.1 工程力学课程内容及其在工程设计中的作用

工程力学（engineering mechanics）涉及众多的力学学科分支与广泛的工程技术领域。作为高等工科学校的一门课程，本书所论的"工程力学"只包含"工程静力学"（engineering statics）和"材料力学"（mechanics of materials）两部分。

"工程静力学"研究作用在静力平衡物体上的力及其相互关系。"材料力学"研究在外力的作用下，工程基本构件内部将产生什么力，这些力是怎样分布的，将发生什么变形，以及这些变形对于工程构件的正常工作将会产生什么影响。

20 世纪以前，推动近代科学技术与社会进步的蒸汽机、内燃机、铁路、桥梁、船舶、兵器等，无一不是在力学知识的累积、应用和完善的基础上逐渐形成和发展起来的。

20 世纪产生的诸多高新技术，如高层建筑（图 0-1）、大型桥梁（图 0-2）、海洋石油钻井平台（图 0-3）、精密仪器、航空航天器（图 0-4 和图 0-5）以及大型水利工程（图 0-6）等许多重要工程更是在工程力学指导下得以实现，并不断发展完善的。

a)   b)

图 0-1　高层建筑

a）上海浦东金茂大厦　b）金茂大厦中庭

1

图 0-2　大型桥梁

图 0-3　海洋石油钻井平台

图 0-4　我国的长征火箭家族

图 0-5　航天飞机

图 0-6　我国的长江三峡工程

20 世纪产生的另一些高新技术，如核反应堆工程、电子工程、计算机工程等，虽然是在其他基础学科指导下产生和发展起来的，但都对工程力学提出了各式各样的、大大小小的问题。例如，核反应堆堆芯与压力壳（图 0-7），在核反应堆的核心部分——堆芯的核燃料元件盒，由于热核反应产生大量的热量和气体，从而受到高温和压力作用，当然还受到核辐射作用。在这些因素的作用下，元件盒将产生怎样的变形，这种变形又将对反应堆的运行产生什么影响？此外，反应堆压力壳在高温和压力作用下，其壁厚如何选择才能确保反应堆安全运行？

又如，计算机硬盘驱动器（图 0-8），若给定不变的角加速度，如何确定从启动到正常运行所需的时间以及转数；已知硬盘转台的质量及其分布，当驱动器达到正常运行所需角速度时，驱动电动机的功率如何确定，等等，也都与工程力学有关。

图 0-7　核反应堆压力容器

图 0-8　计算机硬盘驱动器

工程构件（泛指结构元件、机器的零件和部件等）在外力作用下丧失正常功能的现象称为"失效"（failure）或"破坏"。工程构件的失效形式很多，但工程力学范畴内的失效通常可分为三类：**强度失效**（failure by lost strength）、**刚度失效**（failure by lost rigidity）和稳定失效（failure by lost stability）．

强度失效是指构件在外力作用下发生不可恢复的塑性变形或发生断裂。

刚度失效是指构件在外力作用下产生过量的弹性变形。

稳定失效是指构件在某种外力（例如轴向压力）作用下，其平衡形式发生突然转变。

例如，机械加工用的钻床的立柱（图 0-9），如果强度不够，就会折断（断裂）或折弯（塑性变形）；如果刚度不够，钻床立柱即使不发生断裂或者折弯，也会产生过大弹性变形（图中虚线所示为夸大的弹性变形），从而影响钻孔的精度，甚至产生较大的振动，影响钻床的服役寿命。

稳定失效的例子多见于承受轴向压力的工程构件。图 0-10 所示翻斗货车的液压机构中的顶杆，如果承受的压力过大，或者过于细长，就有可能突然由直变弯，发生稳定失效。

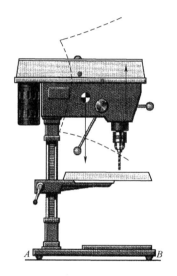

图 0-9　钻床立柱的强度与刚度

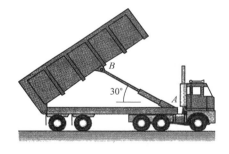

图 0-10　承受轴向压力的构件

工程设计的任务之一就是保证构件在确定的外力作用下正常工作而不发生强度失效、刚度失效和稳定失效，即保证构件具有足够的强度（strength）、刚度（rigidity）与稳定性（stability）。

所谓强度是指构件受力后不能发生破坏或产生不可恢复的变形的能力；所谓刚度是指构件受力后不能发生超过工程允许的弹性变形的能力；所谓稳定性是指构件在载荷的作用下，保持平衡形式不能发生突然转变的能力（例如细长直杆在轴向压力作用下，当压力超过一定数值时，在外界扰动下，杆会突然从直线平衡形式转变为弯曲的平衡形式）。

为了完成常规的工程设计任务，需要进行以下几方面的工作：

- 分析并确定构件所受各种外力的大小和方向。
- 研究在外力作用下构件的内部受力、变形和失效的规律。
- 提出保证构件具有足够强度、刚度和稳定性的设计准则与设计方法。

工程力学课程就是讲授完成这些工作所必需的基础知识。

0.2 工程力学的研究模型

实际工程构件受力后，几何形状和几何尺寸都要发生改变，这种改变称为变形，这些构件都称为**变形体**（deformation body）。

当研究构件的受力时，在大多数情形下，变形都比较小，可忽略这种变形对构件的受力分析产生的影响。由此，在工程静力学中，可以将变形体简化为不变形的**刚体**（rigid body）。

当研究作用在物体上的力与变形规律时，即使变形很小，也不能忽略。但是在研究变形问题的过程中，当涉及平衡问题时，大部分情形下依然可以沿用刚体模型。

例如，图 0-11a 所示的塔式起重机。起吊重物后，组成起重机的各杆件都要发生变形，这时可以认为起重机是变形体；但是，如果仅仅研究保持起重机平衡时重物重量与配重之间的关系时，又可以将起重机整体视为刚体，如图 0-11b 所示。

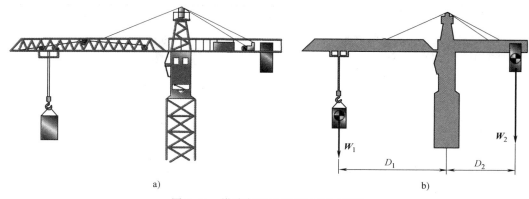

a)　　　　　　　　　　　　　　　b)

图 0-11　塔式起重机的两种不同模型

工程构件各式各样。但是构件的几何形状和几何尺寸可以大致分为杆、板、壳和块体等几类。

● 若构件在某一方向上的尺寸比其余两个方向上的尺寸大得多，则称为**杆**（bar）。**梁**（beam）、**轴**（shaft）、**柱**（column）等均属杆类构件。杆横截面中心的连线称为轴线。轴线为直线者称为直杆；轴线为曲线者称为曲杆。所有横截面形状和尺寸都相同者称为等截面杆；不同者称为变截面杆。

● 若构件在某一方向上的尺寸比其余两个方向上的尺寸小得多，为平面形状者称为**板**（plate）；为曲面形状者称为**壳**（shell）。穹形屋顶、化工容器等均属此类。

● 若构件在三个方向上具有同一量级的尺寸，则称为**块体**（body）。某些水坝、建筑结构物基础等均属此类。

本课程仅以等截面直杆（简称等直杆）作为研究对象。壳以及块体的研究属于"板壳理论"和"弹性力学"课程的范畴。

0.3 工程力学课程的分析方法

工程力学中的"工程静力学"与"材料力学"两部分，由于所研究的问题各不相同，分析方法也因此而异。

在工程静力学中，其研究的对象是刚体，所要研究的问题是确定构件的受力，所采用的方法是平衡的方法。与此相关，必须正确分析各物体之间接触与连接方式，以及不同的方式将产生何种相互作用力。

在材料力学中，其研究对象是变形体，所要研究的问题是，在外力作用下，会产生什么样的变形、什么样的内力，这些变形和内力对构件的正常工作又会产生什么样的影响。因此，在这一类问题中，重要的是学会分析变形，分析内力和应力。并应用于解决工程设计中的强度、刚度和稳定性问题。

需要指出的是，工程静力学中所采用的某些原理和方法在材料力学中分析变形问题时是不适用的。例如，图 0-12a 所示的作用在刚性圆环上的两个力，可以沿着二者的作用线任意移动，对刚性圆环的平衡没有任何影响。但是，对于图 0-12b 所示的作用在弹性圆环上的一对力，如果沿着作用线移动，这时虽然对圆环的整体平衡没有影响，但读者不难发现，这对于物体变形的影响却是非常明显的。

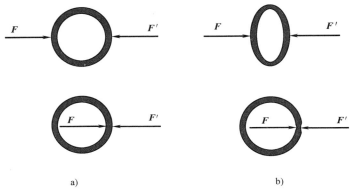

a)　　　　　　　　　　　　　　b)

图 0-12　工程静力学中某些原理的适应性

Part I

第 1 篇

工程静力学

力是物体间相互的机械作用。力的作用可以使物体的运动状态发生改变，或者使物体发生变形。

力使物体运动状态发生变化，称为力的运动效应或外效应；力使物体形状发生变化，称为力的变形效应或内效应。本书第 1 篇工程静力学主要研究力的运动效应；第 2 篇材料力学则主要研究变形效应。

工程静力学研究物体的受力与平衡的一般规律，平衡是运动的特殊情形，是指物体相对于惯性参考系保持静止或做匀速直线运动的状态。

静力学的研究模型是刚体。

第1章
工程静力学基础

本章首先介绍工程静力学的基本概念，包括力和力矩的概念、力系与力偶的概念、约束与约束力的概念。在此基础上，介绍受力分析的基本方法，包括分离体的选取，以及怎样画物体的受力图。

1.1 力和力矩

1.1.1 力的概念

力（force）对物体的作用效应取决于三个要素：力的大小、方向和作用点。

● 力的大小反映了物体间相互作用的强弱程度。在国际单位制（SI）中，力的单位是"牛顿"（简称"牛"）"千牛顿"（简称"千牛"），分别用 N 和 kN 表示。

● 力的方向指的是静止质点在该力作用下开始运动的方向。沿该方向画出的直线称为力的作用线，力的方向包含力的作用线在空间的方位和指向。

● 力的作用点是物体相互作用位置的抽象化。实际上两物体接触处总会占有一定面积，力总是分布地作用于物体的一定面积上。如果作用面积很小，则可将其抽象为一个点，这种作用力称为集中力；如果作用面积比较大，这种作用力称为分布力。当力沿着一个方向连续分布时，则用单位长度的力表示沿长度方向上的分布力的强弱程度，称为载荷集度（density of load），用记号 q 表示，单位为 N/m 或 kN/m。例如，图 1-1a 所示汽车通过轮胎作用在桥面上的力，因为轮胎与桥面的接触面积很小，所以可以看作是集中力；而图 1-1b 所示汽车和桥面作用在桥梁上的力，则是沿着桥梁长度方向连续分布的，所以是分布力。

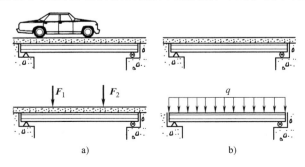

图 1-1　集中力与分布力

综上所述，力是矢量（图 1-2），通常用黑体字母 **F** 表示。矢量的模表示力的大小，用白体字母 F 表示；矢量线的方位加上箭头表示力的方向；矢量的始端（或末端）表示力的作用点。

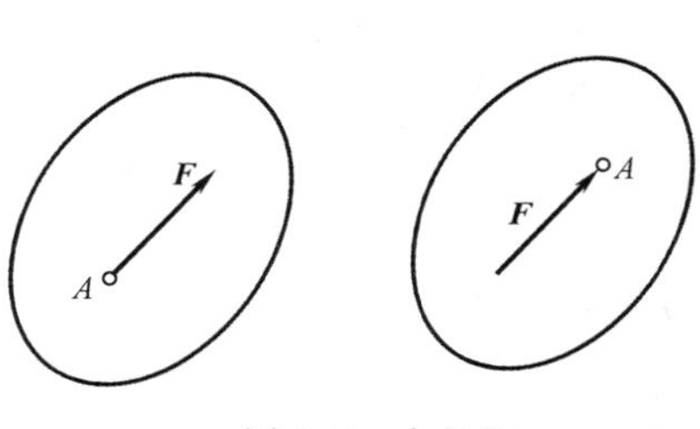

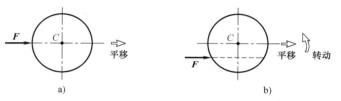

图 1-2　力矢量

1.1.2　作用在刚体上的力的效应与力的可传性

根据物理学的知识，力使物体产生两种运动效应：

- 若力的作用线通过物体的质心，则力将使物体沿力的方向平移（图 1-3a）。

图 1-3　力的运动效应

- 若力的作用线不通过物体质心，则力将使物体既发生平移又发生转动（图 1-3b）。

当研究力对刚体的运动效应时，只要保持力的大小和方向不变，可以将力沿其作用线任意移动，而不改变它对刚体的作用效应（图 1-4）。力的这一性质称为力的可传性。所以，对刚体而言，力矢量是滑动矢量。

应该指出，力的可传性对于变形体并不适用。例如图 1-5a 所示的直杆，在 A、B 两处施加大小相等、方向相反、沿同一作用线作用的两个力 **F₁** 和 **F₂**，这时，杆件将产生拉伸变形。若将力 F_1 和 F_2 分别沿其作用线移至 B 点和 A 点，如图 1-5b 所示，这时，杆件则产生压缩变形。这两种变形效应显然是不同的。因此，力的可传性只限于研究力的运动效应。

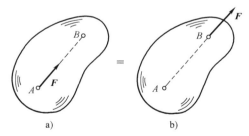

图 1-4　作用在刚体上的力产生相同的运动效应

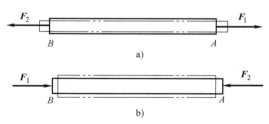

图 1-5　作用在变形体上的力产生不同的变形效应

1.1.3　力对点之矩

力矩概念最早是由人们使用滑车、杠杆这些简单机械而产生的。

使用过扳手的读者都能体会到：用扳手拧紧螺母（图 1-6）时，作用在扳手上的力 **F** 使螺母绕 O 点的转动效应不仅与力的大小成正比，而且与点 O 到力作用线的垂直距离 h

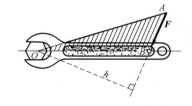

图 1-6　扳手拧紧螺母时的转动效应

成正比。点 O 到力作用线的垂直距离称为力臂（arm of force）。

由此，规定力 F 与力臂 h 的乘积作为力 F 使螺母绕点 O 转动效应的度量，称为力 F 对 O 点之矩，简称力矩（moment of a force），用符号 $M_O(F)$ 表示。即

$$M_O(F) = \pm F \times h = \pm 2A_{\triangle ABO} \tag{1-1}$$

式中，O 点称为力矩中心，简称矩心（center of a forcemoment）；$A_{\triangle ABO}$ 为 $\triangle ABO$ 的面积；± 号表示力矩的转动方向。通常规定：若力 F 使物体绕矩心 O 点逆时针转动，取正号；反之，若力 F 使物体绕矩心 O 点顺时针转动，取负号。这时，力矩是代数量。

国际单位制中力矩的单位是"牛·米"或"千牛·米"，分别用 N·m 或 kN·m 表示。

以上所讨论的是在确定的平面里力对物体的转动效应，因而可以用代数量 $M_O(F) = \pm F \times h$ 量度。

在空间力系问题中，量度力对物体的转动效应，不仅要考虑力矩的大小和转向，而且还要确定力使物体转动的方位，也就是力使物体绕着什么轴转动以及沿着什么方向转动，即力的作用线与矩心组成的平面的方位。

例如，作用在飞机机翼上的力和作用在飞机尾翼上的力，对飞机的转动效应不同：作用在机翼上的力使飞机发生侧倾；而作用在尾翼上的力则使飞机发生俯仰。

因此，在研究力对物体的空间转动时，必须使力对点之矩这个概念除了包括力矩的大小和转向外，还应包括力的作用线与矩心所组成的平面的方位。这表明，必须用力矩矢量描述力的转动效应。

$$M_O(F) = r \times F \tag{1-2}$$

式中，r 为自矩心至力作用点的矢量，称为位置矢径，简称矢径（图 1-7a）。

力矩矢量 $M_O(F)$ 的模描述转动效应的大小，它等于力的大小与矩心到力作用线的垂直距离（力臂）的乘积，即

$$|M_O(F)| = Fh = Fr\sin\theta$$

式中，θ 为矢径 r 与力 F 之间的夹角。

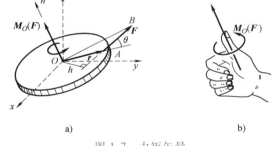

图 1-7　力矩矢量

力矩矢量的作用线与力和矩心所组成的平面的法线一致，它表示物体将绕着这一平面的法线转动（图 1-7a）。力矩矢量的方向由右手法则确定：右手握拳，手指指向表示力矩的转动方向，拇指指向为力矩矢量的方向（图 1-7b）。

【例题 1-1】　图 1-8a、b 所示为用小手锤拔起钉子的两种处理方式。两种情形下，加在手柄上的力 F 的数值都等于 100N，方向如图所示。图中，$l = 300\text{mm}$。试求：两种情况下，力 F 对 O 点之矩。

解：（1）**图 1-8a 中的情形**

这种情形下，力臂为点 O 到力 F 作用线的垂直距离 h 等于手柄长度 l，力 F 使手锤绕 O 点逆时针方向转动，所以 F 对 O 点之矩的代数

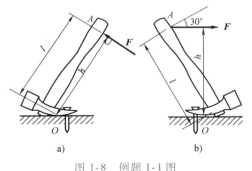

图 1-8　例题 1-1 图

值为
$$M_O(\boldsymbol{F}) = Fh = Fl = 100\text{N} \times 300 \times 10^{-3}\text{m} = 30\text{N} \cdot \text{m}$$

（2）**图 1-8b 中的情形**

这种情形下，力臂
$$h = l\cos30°$$

力 $\boldsymbol{F}$ 使手锤绕 O 点顺时针方向转动，所以 $\boldsymbol{F}$ 对 O 点之矩的代数值为
$$M_O(\boldsymbol{F}) = -Fh = -Fl\cos30° = -100\text{N} \times 300 \times 10^{-3}\text{m} \times \cos30° = -25.98\text{N} \cdot \text{m}$$

1.1.4　力系的概念

力系（system of forces）是有一定联系的两个或两个以上的力所组成的系统。由 $\boldsymbol{F}_1$，$\boldsymbol{F}_2$，$\cdots$，$\boldsymbol{F}_n$ 等 n 个力所组成的力系，可以用记号（$\boldsymbol{F}_1$，$\boldsymbol{F}_2$，$\cdots$，$\boldsymbol{F}_n$）表示。图 1-9 中所示为由 3 个力所组成的力系。

如果力系中的所有力的作用线都处于同一平面内，这种力系称为平面力系（system of forces in a plane）。

如果两个力系分别作用在同一刚体上，所产生的运动效应是相同的，这两个力系称为等效力系（equivalent systems of forces）。

如果刚体在一力系作用下保持平衡，则称该力系为平衡力系（equilibrium systems of forces），或称为零力系。

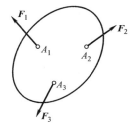

图 1-9　由 3 个力组成的力系

1.1.5　合力矩定理

如果平面力系（$\boldsymbol{F}_1$，$\boldsymbol{F}_2$，$\cdots$，$\boldsymbol{F}_n$）可以合成为一个合力 $\boldsymbol{F}_R$，即
$$\boldsymbol{F}_R = \boldsymbol{F}_1 + \boldsymbol{F}_2 + \cdots + \boldsymbol{F}_n$$

则可以证明
$$M_O(\boldsymbol{F}_R) = M_O(\boldsymbol{F}_1) + M_O(\boldsymbol{F}_2) + \cdots + M_O(\boldsymbol{F}_n) \tag{1-3a}$$

这表明：平面力系的合力对平面内任一点之矩等于所有分力对同一点之矩的代数和。这一结论称为合力矩定理。

上式可以简写成
$$M_O(\boldsymbol{F}_R) = \sum_{i=1}^{n} M_O(\boldsymbol{F}_i) \tag{1-3b}$$

【**例题 1-2**】　托架受力如图 1-10 所示。作用在 A 点的力为 $\boldsymbol{F}$。已知 $F = 500\text{N}$，$d = 0.1\text{m}$，$l = 0.2\text{m}$。求：力 $\boldsymbol{F}$ 对 B 点之矩。

解：可以直接应用式（1-1），即 $M_B(\boldsymbol{F}) = \pm F \times h$ 计算力 $\boldsymbol{F}$ 对 B 点之矩。但是，在本例的情形下，不易计算矩心 B 到力 $\boldsymbol{F}$ 作用线的垂直距离 h。如果将力 $\boldsymbol{F}$ 分解为互相垂直的两个分力 $\boldsymbol{F}_1$ 和 $\boldsymbol{F}_2$，二者的数值分别为
$$F_1 = F\cos45°, \qquad F_2 = F\sin45°$$

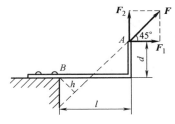

图 1-10　例题 1-2 图

这时，矩心 B 至 F_1 和 F_2 作用线的垂直距离都容易确定。

于是，应用合力矩定理，有

$$M_B(F) = M_B(F_1) + M_B(F_2)$$

可以得到

$$M_B(F) = F_2 \times l - F_1 \times d = F(l\sin 45° - d\cos 45°) = 500\text{N} \times (0.2\text{m} \times \sin 45° - 0.1\text{m} \times \cos 45°) = 35.35\text{N} \cdot \text{m}$$

1.2 力偶及其性质

1.2.1 力偶

两个力大小相等、方向相反、作用线互相平行，但不在同一直线上，这两个力所组成的力系（图 1-11），称为力偶（couple），可以用记号 (F, F') 表示，其中 $F = -F'$。组成力偶 (F, F') 的两个力的作用线所在的平面称为力偶作用面（couple plane）；力 F 和 F' 作用线之间的垂直距离 h 称为力偶臂（arm of couple）。

工程实际中，力偶的例子是很常见的。例如，钳工用绞杆丝锥攻螺纹时（图 1-12），两手施于绞杆上的力 F 和 F'，如果大小相等、方向相反，且作用线互相平行而不重合时，便组成一力偶；汽车驾驶员用两手转动方向盘时施加在方向盘上的力；用两个手指头拧动水龙头时作用在水龙头上的一对力，等等，也都可以组成力偶。

力偶对自由体作用的结果是使物体绕其质心转动。例如湖面上的小船，若用双桨反向均匀用力划动，就相当于有一个力偶作用在小船上，小船会在原处旋转。

力偶对物体产生的绕某点 O 的转动效应，可用组成力偶的两个力对该点的矩之和量度。

设有力偶 (F, F') 作用在物体上，如图 1-13 所示。二力作用点分别为 A 和 B，力偶臂为 h，二力大小相等，$F = F'$。任取一点 O 为矩心，自 O 点分别作力 F 和 F' 作用线的垂线 OC 与 OD。显然，力偶臂

$$h = \overline{OC} + \overline{OD}$$

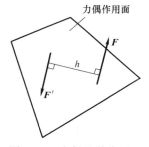

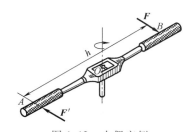

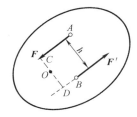

图 1-11　力偶及其作用面　　　　图 1-12　力偶实例　　　　图 1-13　力偶矩

力 F 和 F' 对 O 点之矩的和为

$$M = M_O(F) + M_O(F') = F \times \overline{OC} + F' \times \overline{OD}$$

于是，得到

$$M = M_O(F) + M_O(F') = Fh$$

这就是组成力偶的两个力对同一点之矩的代数和，称为这一力偶的**力偶矩**（moment of a couple），用 M 表示。力偶矩是力偶使物体产生转动效应的量度。

考虑到力偶的不同转向，上式应改写为

$$M = \pm Fh \tag{1-4}$$

这是计算力偶矩的一般公式，式中，F 为组成力偶的一个力；h 为力偶臂；正负号表示力偶的转动方向：通常规定逆时针方向转动者为正；顺时针方向转动者为负。

上述结果还表明：力偶矩的大小和转向与矩心 O 的位置无关，即力偶对任一点之矩均相等，即等于力偶中的一个力与力偶臂的乘积。因此，在考虑力偶对物体的转动效应时，不需要指明矩心。

1.2.2　力偶的性质

根据力偶的定义，可以证明，力偶具有如下性质：

性质一：由于力偶只产生转动效应，不产生移动效应，因此力偶不能与一个力等效（即力偶无合力），当然也不能与一个力平衡。

性质二：力偶本身不平衡，力偶只能与力偶相平衡。

性质三：只要保持力偶的转向和力偶矩的大小不变，可以同时改变力和力偶臂的大小，或在其作用面内任意移动或转动，不会改变力偶对物体作用的效应（图 1-14a）。力偶的这一性质是很明显的，因为力偶的这些变化，并没有改变力偶矩的大小和转向，因此也就不会改变对物体作用的效应。

根据力偶的这一性质，力偶作用的效应不单独取决于力偶中力的大小和力偶臂的大小，而只取决于力偶矩的大小和力偶的转向，因此通常用力偶作用面内的一个圆弧箭头表示力偶（图 1-14b），圆弧箭头的方向表示力偶转向。

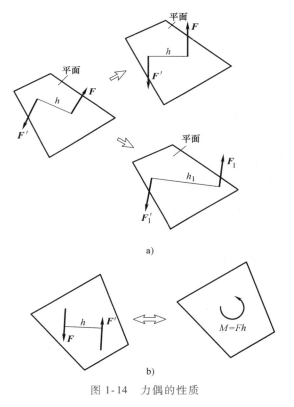

图 1-14　力偶的性质

1.2.3　力偶系及其合成

由两个或两个以上的力偶所组成的系统，称为**力偶系**（system of couples）。

对于所有力偶的作用面都处于同一平面内的力偶系，其转动效应可以用一合力偶的转动效应代替，这表明：力偶系可以合成一个合力偶。可以证明：平面力偶系中，合力偶的力偶矩等于力偶系中各个力偶的力偶矩的代数和：

$$M = \sum_{i=1}^{n} M_i \tag{1-5}$$

式中，M 表示合力偶的力偶矩。

1.3 约束与约束力

1.3.1 约束与约束力的概念

工程结构中构件或机器的零部件都不是孤立存在的，而是通过一定的方式连接在一起，因而一个构件的运动或位移一般都受到与之相连接物体的阻碍、限制，因而不能自由运动。各种连接方式在力学中称为约束（constraint）。例如，房屋、桥梁的位移受到地面的限制，梁的位移受到柱子或墙的限制等。

当物体沿着约束所限制的方向运动或有运动趋势时，彼此连接在一起的物体之间将产生相互作用力，这种力称为约束力（constraint force）。约束力的作用点为连接物体上的接触点，约束力的方向与阻碍物体运动的方向相反。

物体除受约束力作用外，还受像重力、引力及各种机械的动力和载荷等改变物体运动状态的力的作用，这类力称为主动力。主动力和约束力不同，它们的大小和方向一般是预先给定的，彼此是独立的。而约束力的大小通常是未知的，取决于约束的性质，也取决于主动力的大小和方向，是一种被动力，需要根据平衡条件或动力学方程确定。

对物体进行受力分析的重要内容之一，是要正确地表示出约束力的作用线或力的指向，二者都与约束的性质有关，工程中实际约束的类型各种各样，接触处的状况也千差万别，但是经过合理的简化，可以概括为以下几类典型约束模型。

1.3.2 柔性约束

由链条、带、绳索（包括钢丝绳）等所构成的约束，统称为柔性约束。柔性约束的特点是，只能承受拉力，不能承受压力，因而只能限制物体沿绳索或带伸长方向的位移。

柔性约束的约束力作用在与物体的连接点上，作用线沿拉直的方向，背向物体。用 F 或 F_T 表示。

例如，图 1-15a 所示用链条 AO 和 BO 悬吊的重物，链条 AO 和 BO（它们对于重物都是约束）给重物的约束力分别为 F_{TA} 和 F_{TB}。（图 1-15b）。

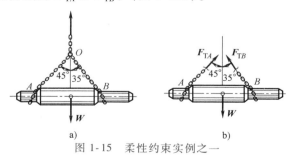

a)   b)

图 1-15 柔性约束实例之一

又如，图 1-16a 所示带轮传动系统中，上、下两边的传动带分别为紧边和松边，紧边的拉力大于松边的拉力。作用在两轮上的约束力分别为 F_{T1}、F_{T2} 和 F'_{T1}、F'_{T2}，约束力的方向沿着带（与轮相切）而背向带轮（图 1-16b）。

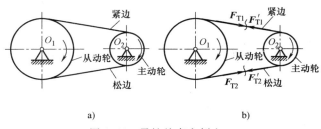

图 1-16　柔性约束实例之二

1.3.3　光滑刚性面约束

构件与约束的接触面如果是光滑的，即它们之间的摩擦力可以忽略时，这时的约束称为光滑刚性面约束（constraint of smooth rigid surface）。这种约束不能阻止物体沿接触点切面任何方向的运动或位移，而只能限制沿接触点处公法线指向约束方向的运动或位移。

所以，光滑面约束的约束力是通过接触点、沿该点公法线并指向被约束物体。图 1-17a 所示光滑固定曲面给圆柱的法向约束力为 F_N；图 1-17b 所示 AD 杆倚靠在固定的刚性块上，刚性块对杆的约束力为 F_{NB}；图 1-17c 所示板搁置在刚性凹槽内，板与槽在 A、B、C 三点接触，如果接触处光滑无摩擦，则三处的约束力分别为 F_{NA}、F_{NB}、F_{NC}。

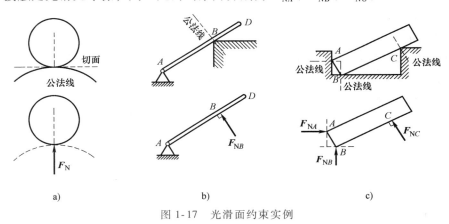

图 1-17　光滑面约束实例

1.3.4　光滑铰链约束

工程中光滑铰链约束的形式多种多样。下面所介绍的是工程中常见的几种。

1. 固定铰链支座

构件的端部与支座有相同直径的圆孔，二者用一圆柱形销钉连接起来，支座固定在地基或者其他结构上。这种连接方式称为固定铰链支座（图 1-18a），简称为固定铰支（smooth cylindrical pin support）。桥梁上的固定支座就是一种固定铰链支座。

图 1-18b 所示为固定铰链支座的简图。

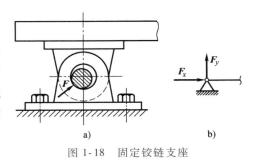

图 1-18　固定铰链支座

15

如果销钉与孔之间为光滑接触，则固定铰链支座只限制构件垂直于销钉轴线方向的运动和位移。其约束力的作用线必然垂直于销钉的轴线，约束力的大小和方向与作用在物体上的其他力有关，所以固定铰链支座约束力的大小和方向都是未知的，用 F 表示（图1-18b）。

为了便于计算，通常将未知约束力 F 分解为两个互相垂直的分力 F_x 和 F_y。只要能求出这两个分力，总的约束力 F 的大小和方向即可完全确定。

2. 辊轴支座

工程结构中为了减少因温度变化在某个方向上引起的约束力，通常在固定铰链支座的底部安装一排辊轮或辊轴（图1-19a），可使支座沿固定支承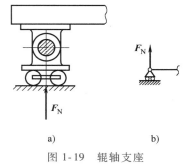面自由移动，这种约束称为**滚动铰链支座**，又称**辊轴支座**（roller support）。当构件的长度由于温度变化而改变时，这种支座允许构件的一端沿支承面自由移动。图1-19b所示为辊轴支座的示意图。这类约束只限制沿支承面法线方向的位移，如果不考虑辊轮与接触面之间的摩擦，辊轴支座实际上也是光滑面约束。所以，其约束力的作用线必然沿支承面法线方向、通过铰链中心。

图1-19 辊轴支座

需要指出的是，某些工程结构中的辊轴支座，既限制被约束构件向下运动，也限制被约束构件向上运动。因此，垂直于接触面的约束力，可能背向接触面，也可能指向接触面。

3. 铰链约束

将具有相同圆孔的两构件用圆柱形销钉联接起来（图1-20a），称为铰链约束或铰链连接（pin joint），又称中间铰，其简图如图1-20b所示。这种情形下，约束力也可以用两个互相垂直的分力 F_x 和 F_y 表示（图1-20c）。

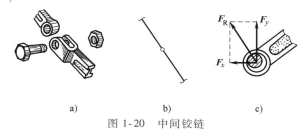

图1-20 中间铰链

4. 球形铰链支座

构件的一端为球形（称为球头），能在固定的球窝中转动（图1-21a），这种空间类型的

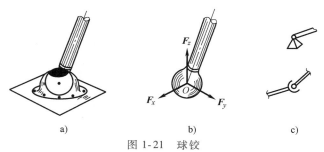

图1-21 球铰

约束称为球形铰链支座，简称**球铰**（ball-socket joint）。图 1-21c 所示为球铰的简图。球铰约束限制了被约束构件在空间三个方向的运动，但不限制转动。如果球头与球窝的接触面是光滑的，通常将约束力分解为三个互相垂直的分量 F_x、F_y 和 F_z（图 1-21b）。

1.3.5 滑动轴承与推力轴承

机器中常见各类轴承，如滑动轴承（图 1-22a）或径向轴承等。这些轴承允许轴承转动，但限制轴在与轴线垂直方向的运动和位移。其简图如图 1-22b 所示。轴承约束力的特点与光滑圆柱铰链相同，因此，这类约束可归入固定铰支座。

推力轴承也是机器中常见的一种约束，其结构简图如图 1-23a 所示。这种约束不仅限制轴在垂直轴线方向（径向）的位移，而且也限制轴向的位移。图 1-23b 所示为其示意图。其约束力需用三个分量表示（图 1-23c）。

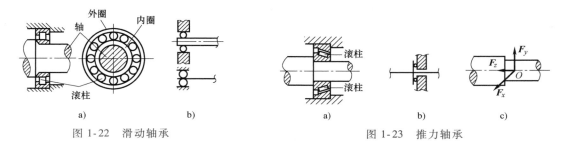

图 1-22 滑动轴承   图 1-23 推力轴承

1.4 平衡的概念

平衡是指物体相对于惯性参考系处于静止或匀速直线运动状态。对于工程中的多数问题，可以将固结在地球上的参考系作为惯性参考系，用于研究物体相对于地球的平衡问题，所得结果能很好地与实际情况相符合。

刚体不是在任何力系作用下都能处于平衡状态的。只有组成该力系的所有力满足一定条件时，才能使刚体处于平衡状态。本章只讨论两种最简单力系的平衡条件。至于由更多力所组成的力系的平衡条件，将在第 3 章中讨论。

1.4.1 二力平衡与二力构件

作用在刚体上的两个力，使刚体平衡的充分与必要条件是：这两个力大小相等、方向相反，并作用在同一直线上。

这一结论是显而易见的。以图 1-24a 所示的吊车结构中的直杆 BC 为例，如果是平衡的，杆两端的约束力 F'_{RC} 和 F'_{RB} 必然大小相等、方向相反，并且作用在同一直线上（对于直杆即为杆的轴线），如图 1-24b 所示；另一方面，如果一个构件（非柔性）只受两个力的作用，并且这两个力大小相等、方向相反，沿同一直线，则构件一定是平衡的。

需要注意的是，对于刚体，上述二力平衡条件是充分与必要的，但对于只能受拉、不能受压的柔性体，上述二力平衡条件只是必要的，而不是充分的。例如图 1-25 所示的绳索，当承受一对大小相等、方向相反的拉力作用时可以保持平衡，但是如果承受一对大小相等、方向相反的压力作用时，绳索便不能平衡（图 1-25b）。

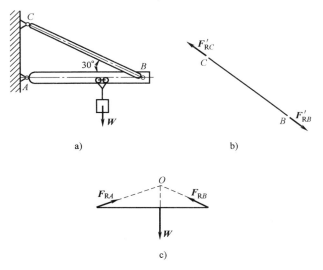

图 1-24　二力平衡与三力平衡汇交实例

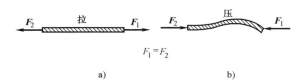

图 1-25　二力平衡条件对于柔性体是必要的而不是充分的

在两个力作用下保持平衡的构件称为二力构件。工程上大多数二力构件是杆件，常简称为二力杆。二力杆可以是直杆，也可以是曲杆。例如，图 1-26 所示结构的曲杆 BC 就是二力构件。

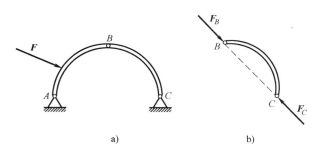

图 1-26　二力构件可以是直杆也可以是曲杆

需要注意的是，不能将二力平衡中的两个力与作用力和反作用力中的两个力的性质相混淆。满足二力平衡条件的两个力作用在同一刚体上；而作用力和反作用力则是分别作用在两个不同的物体上的力。

1.4.2 不平行的三力平衡条件

作用在刚体上、作用线处于同一平面内的三个互不平行的力，如果它们处于平衡，则三力的作用线必须汇交于一点。因为这三个力是平衡的，所以，三个力矢量按首尾相连的顺序构成一封闭三角形，或称为力三角形封闭。

为了证明上述结论，设作用在刚体上同一平面内的三个互不平行的力分别为 F_1、F_2 和 F_3（图 1-27a）。首先将其中的两个力合成，例如将 F_1 和 F_2 分别沿其作用线移至二者作用线的交点 O 处，将二力按照平行四边形法则合成一合力 $F = F_1 + F_2$，这时的刚体就可以看作为只受 F 和 F_3 两个力作用。

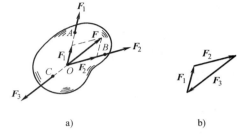

根据二力平衡条件，力 F 和 F_3 必须大小相等、方向相反，且沿同一直线作用。因此，三个力 F_1、F_2 和 F_3 构成封闭三角形，如图 1-27b 所示。于是，作用线不平行的三力平衡条件得以证明。

图 1-24 所示吊车中的横梁 AB 的受力，就是三力平衡汇交的一个实例（图 1-24c）。

图 1-27 三力平衡汇交的条件

1.4.3 加减平衡力系原理

本章的前面已经提到：如果作用在刚体上的一个力系，可以由另一力系代替，而不改变原来力系对于刚体的作用效应，则称这两个力系为等效力系。应用这一结论，可以得到关于平衡的另一个重要原理——加减平衡力系原理。

假设：在刚体上的 A 点作用有一力 F_A（图 1-28a），然后，在同一刚体上的 B 点施加一对互相平衡的力 F_B 和 F'_B，即

$$F_B = -F'_B$$

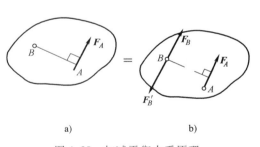

如图 1-28b 所示。显然，在施加了这一对平衡力之后并没有改变原来的一个力对刚体的作用效应。也就是一个力 F_A 与三个力 F_A、F_B 和 F'_B 对刚体的作用等效。

图 1-28 加减平衡力系原理

将上述方法和过程加以扩展，可以得到下列重要结论：

在承受任意已知力系作用的刚体上，加上任意平衡力系，或减去任意平衡力系，都不会改变原来的力或力系对刚体的作用效应。这就是加减平衡力系原理。

1.5 受力分析方法与过程

1.5.1 受力分析概述

工程设计中的静力学部分主要包含以下内容：

- 分析作用在构件上的力，哪些是已知的，哪些是未知的。

- 选择合适的研究对象（或称平衡对象），建立已知力与未知力之间的关系。
- 应用平衡条件和平衡方程，确定全部未知力。

本章先介绍前面两方面的内容，关于平衡条件和平衡方程将在第3章中介绍。

对单个构件进行受力分析，首先要将这一构件从所受的约束或与之相联系的物体中分离出来。这一过程称为解除约束，解除约束后的构件称为**分离体**（isolated body）。

其次，要分析分离体上作用有几个力，以及每个力的大小、作用线和指向，特别是要根据约束性质确定各约束力的作用线和指向，这一过程称为受力分析。

进行受力分析时，要在所选取的分离体上画出全部主动力和约束力。这种表示物体受力状况的图形称为受力图。

正确地画出研究对象的受力图不仅是受力分析的关键，而且也是进行工程设计的关键。一般应按以下步骤进行：

- 选择研究对象，解除约束，画出其分离体图。
- 在分离体上画出作用在其上的所有主动力（一般为已知力）。
- 在分离体的每一约束处，根据约束的性质画出约束力。

1.5.2 受力图绘制方法应用举例

【**例题 1-3**】 具有光滑表面、重力为 W 的圆柱体，放置在刚性光滑墙面与刚性凸台之间，接触点分别为 A 和 B 两点，如图 1-29a 所示。试画出圆柱体的受力图。

解：（1）选择研究对象

本例中要求画出圆柱体的受力图，所以，只能以圆柱体作为研究对象。

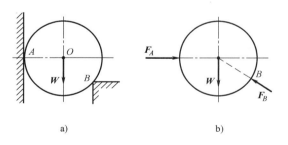

a)   b)

图 1-29　例题 1-3 图

（2）取分离体，画受力图

将圆柱体从图 1-29a 所示的约束中分离出来，即得到分离体——圆柱体。作用在圆柱体上的力，有：

- 主动力：圆柱体所受的重力 W，沿铅垂方向向下，作用点在圆柱体的重心处。
- 约束力：因为墙面和圆柱体表面都是光滑的，所以，在 A、B 两处均为光滑面约束。根据光滑面约束性质，A 处约束力垂直于墙面，指向圆柱体中心；圆柱与凸台间接触也是光滑的，也属于光滑面约束，约束力作用线沿二者的公法线方向（过 B 点作圆柱表面的切线，垂直于切线的方向，即为法线方向），即沿 B 点与 O 点的连线方向，指向 O 点。于是，可以画出圆柱体的受力图如图 1-29b 所示。

【例题 1-4】　梁 A 端为固定铰链支座，B 端为辊轴支座，支承平面与水平面夹角为30°。梁中点 C 处作用有集中力 F（图 1-30a）。如不计梁的自重，试画出梁的受力图。

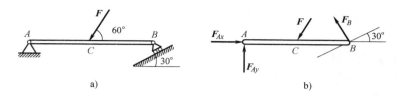

图 1-30　例题 1-4 图

解：（1）选取研究对象

本例中只有 AB 梁一个构件，所以 AB 梁就是研究对象。

（2）解除约束，取分离体

将 A、B 的约束解除，也就是将 AB 梁从原来图 1-30a 的系统中分离出来。

（3）分析主动力与约束力，画出受力图

首先，在梁的中点 C 处画出主动力 F。然后，再根据约束性质，画出约束力：因为 A 端为固定铰链支座，其约束力可以用一个水平分力 F_{Ax} 和一个铅垂分力 F_{Ay} 表示；B 端为辊轴支座，约束力垂直于支承平面并指向 AB 梁，用 F_B 表示，画出梁的受力图如图 1-30b 所示。

请读者思考：能不能应用本章所学过的知识判断出 A 端的约束力方向。

【例题 1-5】　如图 1-31a 所示，直杆 AC 与 BC 在 C 点用光滑铰链连接，二杆在 D 点和 E 点之间用绳索相连。A 处为固定铰链支座，B 端放置在光滑水平面上。杆 AC 的中点作用有集中力 F，其作用线垂直于杆 AC。如不计杆 AC 与 BC 的自重，试分别画出杆 AC 与杆 BC 组成的整体结构的受力图及杆 AC 和杆 BC 的受力图。

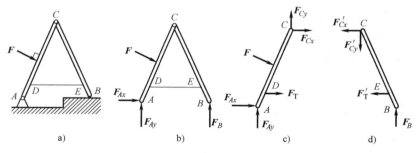

图 1-31　例题 1-5 图

解：（1）整体结构受力图

以整体为研究对象，解除 A、B 两处的约束，得到分离体。作用在整体的外力有：主动力 F；约束力为固定铰支座 A 处的约束力 F_{Ax}、F_{Ay} 及 B 处光滑接触面的约束力 F_B。整体结构的受力图如图 1-31b 所示。

需要注意的是，画整体受力图时，铰链 C 处以及绳索两端 D、E 处的约束都没有解除，这些部分的约束力，都是各相连接部分的相互作用力，这些力对于整体结构而言是内力，因而都不会显示出来，所以不应该画在整体的受力图上。

（2）杆 *AC* 的受力图

以杆 *AC* 为研究对象，解除 *A*、*C*、*D* 三处的约束，得到分离体。作用在杆 *AC* 上的主动力为 *F*。约束力有：固定铰支座 *A* 处的约束力 F_{Ax}、F_{Ay}；铰链 *C* 处约束力 F_{Cx}、F_{Cy}，因为绳索只能承受拉力，所以 *D* 处绳索对杆 *AC* 的约束力为拉力 F_T，杆 *AC* 的受力图如图 1-31c 所示。

（3）杆 *BC* 的受力图

以杆 *BC* 为研究对象，解除 *B*、*C*、*E* 三处的约束，得到分离体。作用在杆 *BC* 上的力有：光滑接触面 *B* 处的约束力 F_B；*E* 处绳索的约束力 F_T'，F_T' 与作用在杆 *AC* 上 *D* 处约束力 F_T 大小相等、方向相反；*C* 处约束力为 F_{Cx}'、F_{Cy}'，二者分别与作用在杆 *AC* 上 *C* 处约束力 F_{Cx}、F_{Cy} 大小相等、方向相反，互为作用力与反作用力。杆 *BC* 的受力图如图 1-31d 所示。

1.6 结论与讨论

1.6.1 关于约束与约束力

正确地分析约束与约束力不仅是静力学的重要内容，而且也是工程设计的基础。

约束力取决于约束的性质，也就是有什么样的约束，就有什么样的约束力。因此，分析构件上的约束力时，首先要分析构件所受约束属于哪一类约束。

约束力的方向在某些情形下是可以确定的，但是，在很多情形下约束力的作用线与指向都是未知的。当约束力的作用线或指向仅凭约束性质不能确定时，可将其分解为两个相互垂直的约束分力，并假设二者的指向。

至于约束力的大小，则需要根据作用在构件上的主动力与约束力之间必须满足的平衡条件确定，这将在第 3 章介绍。

此外，本章只介绍了几种常见的工程约束模型。工程中还有一些约束，其约束力为复杂的分布力系，对于这些约束需要将复杂的分布力加以简化，得到简单的约束力。这类问题将在下一章详细讨论。

1.6.2 关于受力分析

总结受力分析的方法与过程可以概述如下：

受力分析的方法是：

- 首先，确定研究对象所受的主动力或外加载荷。
- 其次，根据约束性质确定约束力，当约束力作用线可以确定，而指向不能确定时，可以假设某一方向，最后根据计算结果的正负号确定假设方向是否与实际方向一致。

受力分析过程是：

- 选择合适的研究对象，取分离体。
- 画出受力图。
- 考察研究对象的平衡，确定全部未知力。

受力分析时注意以下两点是很重要的：

一是研究对象的选择有时不是唯一的，需要根据不同的问题，区别对待。基本原则是：所选择的研究对象上应当既有未知力，又有已知力，或者已经求得的力；同时，通过研究对象的平衡分析，能够求得尽可能多的未知力。

二是分析相互连接的构件受力时，要注意构件与构件之间的作用力与反作用力。例如，例题 1-5 中，分析杆 AC 和杆 BC 受力时，二者在连接处 C 处的约束力就互为作用力与反作用力（图 1-31c、d），即 F'_{Cx}、F'_{Cy} 分别与 F_{Cx}、F_{Cy} 大小相等、方向相反。

1.6.3　关于二力构件

作用在刚体上的两个力平衡的充要条件：二力等值、反向且共线。实际结构中，只要构件的两端是铰链连接，两端之间没有其他外力（包括自重）作用，则这一构件必为二力构件。对于图 1-32 所示各种结构中，请读者判断哪些构件是二力构件，哪些构件不是二力构件。

需要指出的是，充分应用二力平衡和三力平衡的概念，可以使受力分析与计算过程简化。

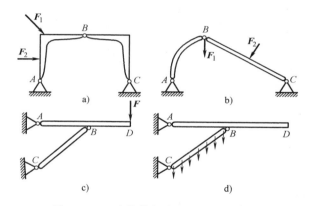

图 1-32　二力构件与非二力构件的判断

1.6.4　关于工程静力学中某些原理的适用性

工程静力学中的某些原理，例如，力的可传性、平衡的必要和充分条件等，对于柔性体是不成立的，而对于弹性体则是在一定的前提下成立。

图 1-33a 中所示的拉杆 ACB，当 B 端作用有拉力 F_T 时，整个拉杆 ACB 都会产生伸长变形。但是，如果将拉力 F_T 沿其作用线从 B 端传至 C 点时（图 1-33b），则只有 AC 段杆产生伸长变形，CB 段却不会产生变形。可见，两种情形下的变形效应是完全不同的。因此，当研究构件的变形效应时，力的可传性是不适用的。

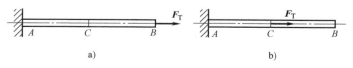

图 1-33　研究变形效应时力的可传性不适用

1-1 习题1-1图 a、b 所示分别为正交坐标系 Ox_1y_1 与斜交坐标系 Ox_2y_2。试将同一个力 F 分别在两种坐标系中分解和投影，比较两种情形下所得的分力与投影。

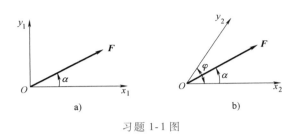

习题 1-1 图

1-2 试画出习题1-2图 a、b 两种情形下各构件的受力图（各连接处均为光滑接触），并加以比较。

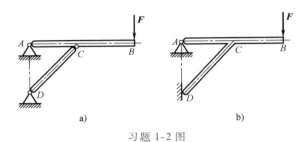

习题 1-2 图

1-3 试画出习题1-3图所示各构件的受力图（各连接处均为光滑接触）。

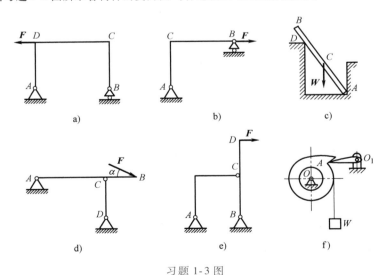

习题 1-3 图

1-4 习题1-4图 a 所示为三角架结构。载荷 F_1 作用在 B 铰上。不计 AB 杆的自重，BD 杆的自重为 W，作用在杆的中点。试画出习题1-4图 b、c、d 所示的分离体（铰链被隔离出来和铰链分别固定于 AB 杆和 BC 杆上）的受力图，并加以讨论。

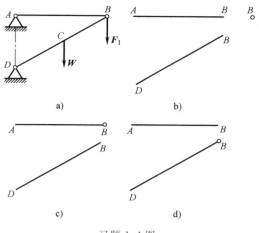

a)   b)

c)   d)

习题 1-4 图

1-5 试画出习题 1-5 图所示结构中各杆的受力图（各连接处均为光滑接触）。

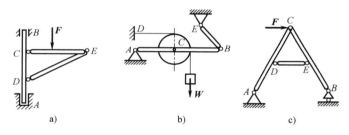

a)   b)   c)

习题 1-5 图

1-6 习题 1-6 图所示刚性构件 ABC 由销钉 A 和拉杆 GH 所悬挂，在构件的 C 点作用有一水平力 F。如果将力 F 沿其作用线移至 D 点或 E 点处（如图所示），请问是否会改变销钉 A 和 D 杆的受力？

1-7 试画出习题 1-7 图所示连续梁中的 AC 和 CD 梁的受力图。

习题 1-6 图   习题 1-7 图

1-8 习题 1-8 图 a、b 所示压路机的碾子可以在推力或拉力作用下滚过 100mm 高的台阶。假定力 F 都是沿着杆 AB 的方向，杆与水平面的夹角为 30°，碾子重量为 250N。试比较这两种情形下，碾子越过台阶所需力 F 的大小。

1-9 习题 1-9 图 a、b 所示两种正方形结构所受载荷 F 均为已知。试求两种结构中 1、2、3 杆的受力。

1-10 习题 1-10 图所示为一绳索拔桩装置。绳索的 E、C 两点拴在架子上，B 点与拴在桩 A 上的绳索 AB 相连接，在 D 点处加一铅垂向下的力 F，AB 可视为铅垂方向，DB 可视为水平方向。已知 $\alpha = 0.1\text{rad}$，$F = 800\text{N}$。试求：绳索 AB 中产生的拔桩力（当 α 很小时，$\tan\alpha \approx \alpha$）。

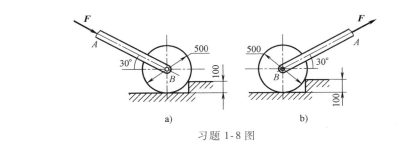

a)   b)

习题 1-8 图

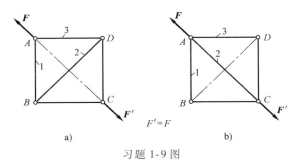

$F' = F$

a)   b)

习题 1-9 图

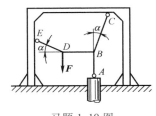

习题 1-10 图

第 2 章
力系的简化

某些力系，从形式上（例如组成力系的力的个数、大小和方向）不完全相同，但其所产生的运动效应却可能是相同的。这时，可以称这些力系为等效力系。

为了判断力系是否等效，必须首先确定表示力系基本特征的最简单、最基本的量——力系基本特征量。这需要通过力系的简化方能实现。

本章首先在物理学的基础上，对力矩的概念加以扩展和延伸。同样在物理学的基础上引出力系基本特征量，然后应用力向一点平移定理和方法对力系加以简化，进而导出力系等效定理，并将其应用于简单力系。

2.1 力系等效与简化的概念

2.1.1 力系的主矢与主矩

物理学中，根据牛顿运动定律得到的质点系（线）动量定理和角动量（动量矩）定理指出：量度质点系运动特征量的是线动量和对某一点的角动量。

线动量对时间的变化率等于作用在质点系上外力的主矢量。角动量对时间的变化率等于作用在质点系上外力对同一点的主矩。什么是主矢和主矩？

● 主矢的概念：由任意多个力所组成的力系(F_1，F_2，$\cdots$，F_n)中所有力的矢量和，称为力系的主矢量，简称为主矢（principal vector），用 F_R 表示。即

$$F_R = \sum_{i=1}^{n} F_i \tag{2-1}$$

● 主矩的概念：力系中所有力对于同一点（O）之矩的矢量和，称为力系对这一点的主矩（principal moment），用 M_O 表示。即

$$M_O = \sum_{i=1}^{n} M_O(F_i) \tag{2-2}$$

需要指出的是，主矢只有大小和方向，并未涉及作用点；主矩却是对于确定点的。因此，对于一个确定的力系，主矢是唯一的；主矩并不是唯一的，同一个力系对于不同的点，主矩一般不相同。

2.1.2 力系等效的概念

如果两个力系的主矢和主矩分别对应相等，二者对于同一刚体就会产生相同的运动效

应，因而称这两个力系为等效力系（equivalent system of forces）。

2.1.3 力系简化的概念

所谓力系的简化，就是将由若干个力和力偶所组成的力系，变为一个力或一个力偶，或者一个力与一个力偶的简单而等效的情形。这一过程称为力系的简化（reduction of force system）。力系简化的基础是力向一点平移定理（theorem of translation of force）。

2.2 力系简化的基础——力向一点平移定理

根据力的可传性，作用在刚体上的力，可以沿其作用线移动，而不会改变力对刚体的作用效应。但是，如果将作用在刚体上的力，从一点平行移动至另一点，力对刚体的作用效应将发生变化。

能不能使作用在刚体上的力平移到作用线以外的任意点，而不改变原有力对刚体的作用效应？答案是肯定的。

为了使平移后与平移前力对刚体的作用等效，需要应用加减平衡力系原理。

假设在任意刚体上的 A 点作用一力 $\boldsymbol{F}$，如图 2-1a 所示，为了使这一力能够等效地平移到刚体上的其他任意一点（例如 B 点），先在这一点施加一对大小相等、方向相反的平衡力系($\boldsymbol{F}$，$\boldsymbol{F}'$)，这一对力的数值与作用在 A 点的力 $\boldsymbol{F}$ 数值相等，作用线与 $\boldsymbol{F}$ 平行，如图 2-1b 所示。

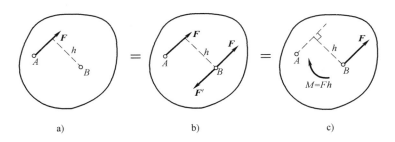

图 2-1 力向一点平移结果

根据加减平衡力系原理，施加上述平衡力系后，力对刚体的作用效应不会发生改变。因此，施加平衡力系后，由 3 个力组成的新力系对刚体的作用与原来的一个力等效。

增加平衡力系后，作用在 A 点的力 $\boldsymbol{F}$ 与作用在 B 点的力 $\boldsymbol{F}'$ 组成一力偶，这一力偶的力偶矩 M 等于力 $\boldsymbol{F}$ 对 B 点之矩，即

$$M = M_B(\boldsymbol{F}) = -Fh \tag{2-3}$$

这样，施加平衡力系后由 3 个力所组成的力系，变成了由作用在 B 点的力 $\boldsymbol{F}$ 和作用在刚体上的一个力偶矩为 M 的力偶所组成的力系，如图 2-1c 所示。如果将作用在 B 点的力 $\boldsymbol{F}$ 向 A 点平移，则所得力偶的方向与图 2-1c 所示力偶方向相反，这时式（2-3）中力偶矩为正值。

根据以上分析，可以得到以下重要结论：

作用于刚体上的力可以平移到任一点，而不改变它对刚体的作用效应，但平移后必须附

加一个力偶，附加力偶的力偶矩等于原力对平移点之矩。此即力向一点平移定理。

力向一点平移结果表明，一个力向任一点平移，得到与之等效的一个力和一个力偶；反之，作用于同一平面内的一个力和一个力偶，也可以合成作用于另一点的一个力。

需要指出的是，力偶矩与力矩一样也是矢量，因此，力向一点平移所得到的力偶矩矢量，可以表示成

$$M = r_{AB} \times F \tag{2-4}$$

式中，r_{AB} 为 A 点至 B 点的矢径。

2.3　平面力系的简化

2.3.1　平面汇交力系与平面力偶系的简化结果

力系中所有力的作用线汇交于一点时，这种力系称为汇交力系。利用矢量合成的方法可以将汇交力系合成为一通过该点的合力，这一合力等于力系中所有力的矢量和。

$$F = \sum_{i=1}^{n} F_i \tag{2-5}$$

所有力的作用线都处于同一平面内的汇交力系称为平面汇交力系。对于平面汇交力系在 Oxy 坐标系中，式（2-5）可以写成力的投影形式

$$\begin{cases} F_x = \sum_{i=1}^{n} F_{ix} \\ F_y = \sum_{i=1}^{n} F_{iy} \end{cases} \tag{2-6}$$

式中，F_x、F_y 分别为合力 F 在 x 轴和 y 轴上的投影；等号右边的项分别为力系中所有的力在 x 轴和 y 轴上投影的代数和。

由若干作用面在同一平面内的力偶所组成的力系称为平面力偶系。平面力偶系只能合成一合力偶，合力偶的力偶矩等于各力偶的力偶矩的代数和。

$$M_O = \sum_{i=1}^{n} M_i = \sum_{i=1}^{n} M_O(F_i) \tag{2-7}$$

2.3.2　平面一般力系向一点简化

下面应用力向一点平移结果以及平面汇交力系和平面力偶系的简化结果，讨论平面一般力系的简化。

设刚体上作用有由任意多个力所组成的平面力系（F_1，F_2，…，F_n），如图 2-2a 所示。现在将力系向其作用平面内任一点简化，这一点称为简化中心，通常用 O 表示。

简化的方法是：将力系中所有的力逐个向简化中心 O 点平移，每平移一个力，便得到一个力和一个力偶，如图 2-2b 所示。

简化的结果，得到一平面汇交力系（F_1'，F_2'，…，F_n'），力系中各力的作用线都通过 O 点（图 2-2c）；同时还得到一平面力偶系（M_1，M_2，…，M_n）（图 2-2c）。平面一般力系向一点简化所得到的平面汇交力系和平面力偶系，还可以分别合成为一个合力和一个合力偶（图 2-2d）。

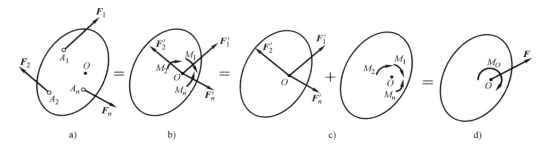

a)   b)   c)   d)

图 2-2 平面力系的简化过程与简化结果

2.3.3 平面力系的简化结果

上述分析结果表明：平面力系向作用面内任意一点简化，一般情形下，得到一个力和一个力偶。所得力的作用线通过简化中心，其矢量称为力系的主矢，它等于力系中所有力的矢量和；所得力偶仍作用于原平面内，其力偶矩称为原力系对于简化中心的主矩，数值等于力系中所有力对简化中心之矩的代数和。

由于力系向任意一点简化，其主矢都是等于力系中所有力的矢量和，所以主矢与简化中心的选择无关；主矩则不然，主矩等于力系中所有力对简化中心之矩的代数和，对于不同的简化中心，力对简化中心之矩各不相同，所以，主矩与简化中心的选择有关。因此，当我们提及主矩时，必须指明是对哪一点的主矩。例如，M_O 就是指对 O 点的主矩。

需要注意的是：主矢与合力是两个不同的概念，主矢只有大小和方向两个要素，并不涉及作用点，可在任意点画出；而合力有三要素，除了大小和方向之外，还必须指明其作用点。

【例题 2-1】 固定于墙内的环形螺钉上，作用有 3 个力 F_1、F_2、F_3，各力的方向如图 2-3a 所示，各力的大小分别为 $F_1 = 3kN$、$F_2 = 4kN$、$F_3 = 5kN$。试求：螺钉作用在墙上的力。

解：要求螺钉作用在墙上的力就是要确定作用在螺钉上所有力的合力。确定合力可以利用力的平行四边形法则，对力系中的各个力两两合成。但是，对于力系中力的个数比较多的情形，这种方法显得很烦琐。而采用合力的投影表达式（2-6），则比较方便。

为了应用式（2-6），首先需要建立坐标系 Oxy，如图 2-3b 所示。

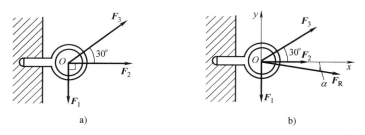

a)   b)

图 2-3 例题 2-1 图

先将各力分别向 x 轴和 y 轴投影，然后代入式（2-6），得

$$F_{Rx} = \sum_{i=1}^{3} F_{ix} = F_{1x} + F_{2x} + F_{3x} = 0 + 4\text{kN} + 5\text{kN} \times \cos30° = 8.33\text{kN}$$

$$F_{Ry} = \sum_{i=1}^{3} F_{iy} = F_{1y} + F_{2y} + F_{3y} = -3\text{kN} + 0 + 5\text{kN} \times \sin30° = -0.5\text{kN}$$

由此可求得合力 $\boldsymbol{F}_R$ 的大小与方向（即其作用线与 x 轴的夹角）分别为

$$F_R = \sqrt{F_{Rx}^2 + F_{Ry}^2} = \sqrt{(8.33\text{kN})^2 + (-0.5\text{kN})^2} = 8.345\text{kN}$$

$$\cos\alpha = \frac{F_{Rx}}{F_R} = \frac{8.33\text{kN}}{8.345\text{kN}} = 0.998$$

$$\alpha = 3.6°$$

【例题 2-2】 作用在刚体上的 6 个力组成处于同一平面内的 3 个力偶($\boldsymbol{F}_1$，$\boldsymbol{F}_1'$)、($\boldsymbol{F}_2$，$\boldsymbol{F}_2'$) 和 ($\boldsymbol{F}_3$，$\boldsymbol{F}_3'$)，如图 2-4 所示，其中 $F_1 = 200\text{N}$，$F_2 = 600\text{N}$，$F_1 = 400\text{N}$。图中长度单位为 mm，试求这 3 个力偶所组成的平面力偶系的合力偶矩。

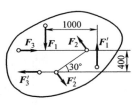

图 2-4 例题 2-2 图

解：根据平面力偶系的简化结果，由式（2-7），本例中 3 个力偶所组成的平面力偶系的合力偶的力偶矩，等于 3 个力偶的力偶矩的代数和，即

$$M_O = \sum_{i=1}^{n} M_i = M_1 + M_2 + M_3 = F_1 \times h_1 + F_2 \times h_2 + F_3 \times h_3$$

$$= 200\text{N} \times 1\text{m} + 600\text{N} \times \frac{0.4\text{m}}{\sin30°} - 400\text{N} \times 0.4\text{m} = 520\text{N} \cdot \text{m}$$

【例题 2-3】 图 2-5 的刚性圆轮上所受复杂力系可以简化为一摩擦力 $\boldsymbol{F}$ 和一力偶矩为 M 的力偶。已知力 $\boldsymbol{F}$ 的数值为 $F = 2.4\text{kN}$。如果要使力 $\boldsymbol{F}$ 和力偶向 B 点的简化结果只是沿水平方向的主矢 $\boldsymbol{F}_R$，而主矩等于零。B 点到轮心 O 的距离 $OB = 12\text{mm}$（图中长度单位为 mm）。求：作用在圆轮上的力偶的力偶矩 M。

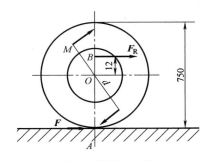

图 2-5 例题 2-3 图

解：因为要求力和力偶向 B 点的简化结果，只有沿水平方向的主矢，即通过 B 点的合力，因而简化后所得的主矩，即合力偶的力偶矩等于零。根据式（2-7），有

$$M_B = \sum_{i=1}^{n} M_i = -M + F \times \overline{AB} = 0$$

其中，M 的负号表示力偶为顺时针转向，式中

$$\overline{AB} = \frac{750\text{mm}}{2} + 12\text{mm} = 387\text{mm} = 0.387\text{m}$$

将其连同力 $F = 2.4\text{kN}$ 代入上式后，解出所要求的力偶矩为

$$M = F \times \overline{AB} = 2.4\text{kN} \times 0.387\text{m} = 0.93\text{kN} \cdot \text{m}$$

2.4 固定端约束的约束力

本节应用平面力系的简化方法分析一种约束力比较复杂的约束。这种约束叫作固定端或插入端（fixed end support）约束。

固定端约束在工程中是很常见的。图2-6a所示为机床上夹持加工件的卡盘，卡盘对工件的约束就是固定端约束；图2-6b所示为车床上夹持车刀的刀架，刀架对车刀的约束也是固定端约束；图2-6c所示为一端镶嵌在建筑物墙内的门或窗户顶部的雨罩，墙对于雨罩的约束也属于固定端约束。

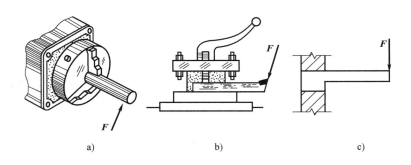

图 2-6　固定端约束的工程实例

固定端对于被约束的构件，在约束处所产生的约束力，是一种比较复杂的分布力系。在平面问题中，如果主动力为平面力系，这一分布约束力系也是平面力系，如图2-7a所示。将这一分布力系向被约束构件根部（例如 A 点）简化，可得到一约束力 $\boldsymbol{F}_A$ 和一约束力偶 M_A，约束力 $\boldsymbol{F}_A$ 的方向以及约束力偶 M_A 偶的转向均不确定，如图2-7b所示。

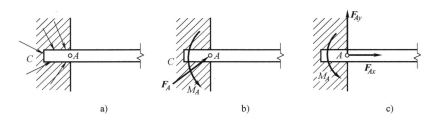

图 2-7　固定端的约束力及其简化

固定端方向未知的约束力 $\boldsymbol{F}_A$ 也可以用两个互相垂直分力 $\boldsymbol{F}_{Ax}$ 和 $\boldsymbol{F}_{Ay}$ 表示（图2-7c）。

约束力偶的转向可任意假设，一般设为正向，即逆时针方向。如果最后计算结果为正值，表明所假设的逆时针方向是正确的；若为负值，说明实际方向与所假设的逆时针方向相反，即为顺时针方向。

固定端约束与固定铰链约束不同的是，不仅限制了被约束构件的移动，还限制了被约束构件的转动。因此，固定端约束力系的简化结果为一个力与一个力偶，与其对构件的约束效果是一致的。

2.5 结论与讨论

2.5.1 关于力的矢量性质的讨论

本章所涉及的力学矢量比较多，因而比较容易混淆。根据这些矢量对刚体所产生的运动效应，以及这些矢量的大小、方向、作用点或作用线，可以将其归纳为三类：定位矢、滑动矢、自由矢。

请读者判断力矢、主矢、力偶矩矢以及主矩分别属于哪一类矢量。

2.5.2 关于平面力系简化结果的讨论

本章介绍了力系简化的理论以及平面一般力系向某一确定点的简化结果。但是，在很多情形下，这并不是力系简化的最后结果。

所谓力系简化的最后结果，是指力系在向某一确定点简化所得到的主矢和对这一点的主矩，还可以进一步简化（确定点以外的点），最后得到一个合力、一个合力偶或二者均为零的情形。

2.5.3 关于实际约束的讨论

上一章和这一章中，分别介绍了铰链约束与固定端约束。这两种约束的差别就在于：铰链约束限制了被约束物体的移动，没有限制被约束物体的转动；固定端约束既限制了被约束物体的移动，也限制了被约束物体的转动。因此，固定端约束与铰链约束相比，增加了一个约束力偶。

实际结构中的约束，被约束物体的转动不可能完全被限制。因而，很多约束可能既不属于铰链约束，也不属于固定端约束，而是介于二者之间。这时，可以简化为铰链上附加一扭转弹簧，表示被约束物体既不能自由转动，又不是完全不能转动。实际结构中的约束，简化为哪一种约束，需要通过实验加以验证。

习　题

2-1　由作用线处于同一平面内的两个力 F 和 $2F$ 所组成的平行力系如习题 2-1 图所示。二力作用线之间的距离为 d。试问：这一力系向哪一点简化，所得结果只有合力，而没有合力偶？确定这一合力的大小和方向；说明这一合力矢量属于哪一类矢量。

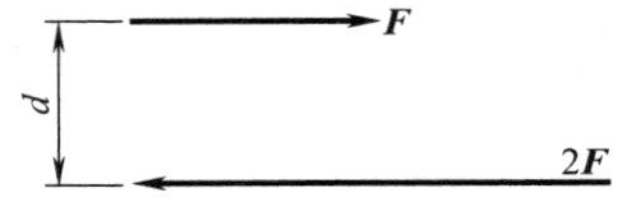

习题 2-1 图

2-2　已知一平面力系对 $A(3,0)$，$B(0,4)$ 和 $C(-4.5,2)$ 三点的主矩分别为 M_A、M_B 和 M_C，如习题 2-2 图所示。若已知：$M_A = 20\text{kN} \cdot \text{m}$、$M_B = 0$ 和 $M_C = -10\text{kN} \cdot \text{m}$，求：这一力系最后简化所得合力的大小、方向和作用线。

2-3　折杆 AB 的三种支承方式如习题 2-3 图所示，设有一力偶矩数值为 M 的力偶作用在折杆 AB 上。试求三种情形下支承处的约束力。

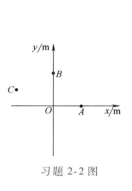

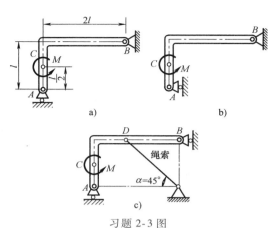

习题 2-2 图

习题 2-3 图

2-4　习题 2-4 图所示的结构中，各构件的自重都略去不计。在构件 AB 上作用一力偶，其力偶矩数值 $M=800\mathrm{N}\cdot\mathrm{m}$。试求支承 A 和 C 处的约束力。

2-5　习题 2-5 图所示的提升机构中，物体放在小台车 C 上，小台车上装有 A、B 轮，可沿铅垂导轨 ED 上下运动。已知物体重 2kN。试求导轨对 A、B 轮的约束力。

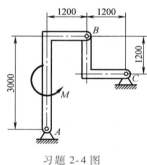

习题 2-4 图

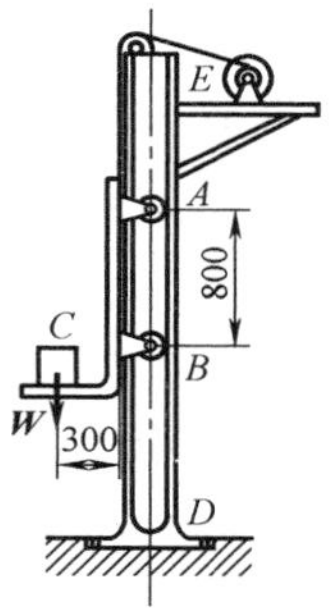

习题 2-5 图

2-6　结构的受力和尺寸如习题 2-6 图所示，求：结构中杆 1、2、3 杆所受的力。

2-7　为了测定飞机螺旋桨所受的空气阻力偶，可将飞机水平放置，其中一轮搁置在地秤上，如习题 2-7 图所示。当螺旋桨未转动时，测得地秤所受的压力为 4.6kN；当螺旋桨转动时，测得地秤所受的压力为 6.4kN。已知两轮间的距离 $l=2.5\mathrm{m}$。试求螺旋桨所受的空气阻力偶的力偶矩 M 的数值。

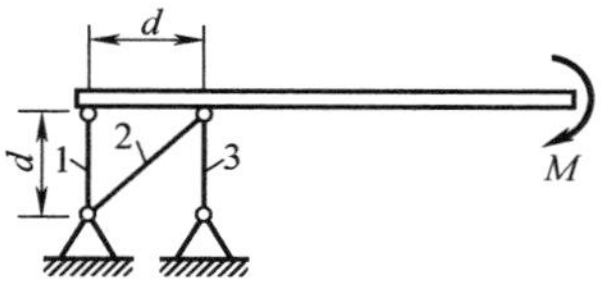

习题 2-6 图

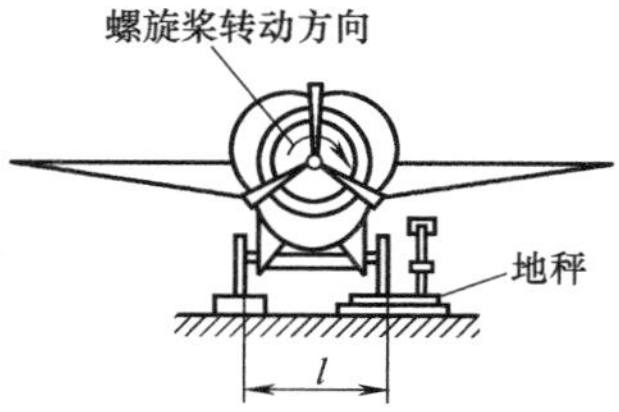

习题 2-7 图

2-8　两种结构的受力和尺寸如习题 2-8 图所示。求：两种情形下 A、C 两处的约束力。

2-9　承受两个力偶作用的机构在习题 2-9 图所示位置时保持平衡，求这时两力偶之间关系的数学表达式。

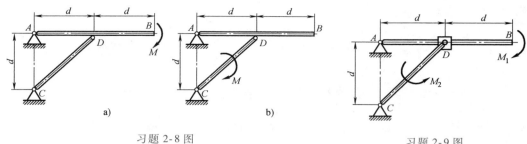

习题 2-8 图　　　　　　　　　　　　　　习题 2-9 图

2-10　承受一个力 F 和一个力偶矩为 M 的力偶同时作用的机构，在习题 2-10 图所示位置时保持平衡。求机构在平衡时，力 F 和力偶矩 M 之间的关系式。

2-11　习题 2-11 图所示三铰拱结构的两半拱上，作用有数值相等、方向相反的两力偶 M。试求 A、B 两处的约束力。

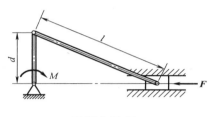

习题 2-10 图

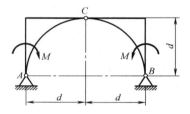

习题 2-11 图

3

第 3 章
工程构件的静力学平衡问题

受力分析的最终任务是确定作用在构件上的所有未知力，作为对工程构件进行强度设计、刚度设计与稳定性设计的基础。

本章将在平面力系简化的基础上，建立平面力系的平衡条件和平衡方程。并应用平衡条件和平衡方程求解单个构件以及由几个构件所组成的系统的平衡问题，确定作用在构件上的全部未知力。此外，本章的最后还将简单介绍考虑摩擦时的平衡问题。

"平衡"不仅是本章的重要概念，而且也是工程力学课程的重要概念。对于一个系统，如果整体是平衡的，则组成这一系统的每一个构件也是平衡的。对于单个构件，如果是平衡的，则构件的每一个局部也是平衡的。这就是整体平衡与局部平衡的概念。

3.1 平面力系的平衡条件与平衡方程

3.1.1 平面一般力系的平衡条件与平衡方程

当力系的主矢和对于任意一点的主矩同时等于零时，力系既不能使物体发生移动，也不能使物体发生转动，即物体处于平衡状态。这是平面力系平衡的充分条件。另一方面，如果力系为平衡力系，则力系的主矢和对于任意一点的主矩必同时等于零。这是平面力系平衡的必要条件。

因此，力系平衡的必要与充分条件（conditions both of necessary and sufficient for equilibrium）是力系的主矢和对任意一点的主矩同时等于零。这一条件简称为平衡条件（equilibrium conditions）。

满足平衡条件的力系称为平衡力系。

本章主要介绍构件在平面力系作用下的平衡问题。

对于平面力系，根据第 2 章中所得到的主矢表达式（2-1）和主矩的表达式（2-2），力系的平衡条件可以写成

$$F_R = \sum_{i=1}^{n} F_i = 0 \tag{3-1}$$

$$M_O = \sum_{i=1}^{n} M_O(F_i) = 0 \tag{3-2}$$

将式（3-1）的矢量形式，改写成力的投影形式，得到

$$\begin{cases} \sum_{i=1}^{n} F_{xi} = 0 \\ \sum_{i=1}^{n} F_{yi} = 0 \\ \sum_{i=1}^{n} M_O(F_i) = 0 \end{cases} \tag{3-3a}$$

这一组方程称为平面力系的**平衡方程**（equilibrium equations）。通常将上述平衡方程中的第1、2两式称为力的平衡方程；第3式称为力矩平衡方程。

以后，为了书写方便，力的平衡方程和力矩的平衡方程也可以写成

$$\begin{cases} \sum F_x = 0 \\ \sum F_y = 0 \\ \sum M_O(F) = 0 \end{cases} \tag{3-3b}$$

上述平衡方程表明，平面力系平衡的必要与充分条件是：力系中所有的力在直角坐标系 Oxy 的各坐标轴上的投影的代数和以及所有的力对任意点之矩的代数和同时等于零。

【例题 3-1】 图 3-1a 所示为悬臂式吊车结构简图。其中 AB 为吊车大梁，BC 为钢索，A、C 处为固定铰链支座，B 处为铰链约束。已知起重电动机 E 与重物的总重力为 P（因为两滑轮之间的距离很小，P 可视为集中力作用在大梁上），梁的重力为 W。已知角度 $\theta = 30°$。求：

（1）电动机处于任意位置时，钢索 BC 所受的力和支座 A 处的约束力；

（2）分析电动机处于什么位置时，钢索的受力最大，并确定其数值。

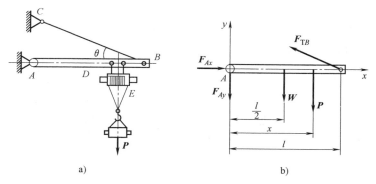

a)　　　　　　　　b)

图 3-1　例题 3-1 图

解：（1）选择研究对象

本例中要求的是钢索 BC 所受的力和支座 A 处的约束力。钢索受有一个未知拉力，若以钢索为研究对象，不可能建立已知力和未知力之间的关系。

吊车大梁 AB 上既有未知的 A 处约束力和钢索的拉力，又作用有已知的电动机和重物的重力以及大梁的重力。所以选择吊车大梁 AB 作为研究对象。将吊车大梁从吊车中隔离出来。

假设 A 处约束力为 F_{Ax} 和 F_{Ay}，钢索的拉力为 F_{TB}，方向如图 3-1b 所示。

建立 Axy 坐标系，如图 3-1b 所示。因为要求电动机处于任意位置时的约束力，所以假设力 P 作用在坐标为 x 处。于是，可以画出吊车大梁 AB 的受力（图 3-1b）。

在吊车大梁 AB 的受力图中，F_{Ax}、F_{Ay} 和 F_{TB} 均为未知约束力与已知的主动力 P 和 W 组成平面力系。因此，应用平面力系的 3 个平衡方程可以求出全部 3 个未知约束力。

（2）建立平衡方程

因为 A 点是力 F_{Ax} 和 F_{Ay} 的汇交点，故先以 A 点为矩心，建立力矩平衡方程，由此求出一个未知力 F_{TB}。然后，再应用力的平衡方程投影形式求出约束力 F_{Ax} 和 F_{Ay}。

$$\sum M_A(F) = 0, \quad -W \times \frac{l}{2} - P \times x + F_{TB} \times l\sin\theta = 0$$

$$F_{TB} = \frac{P \times x + W \times \dfrac{l}{2}}{l\sin\theta} = \frac{2Px}{l} + W \tag{a}$$

$$\sum F_x = 0, \quad F_{Ax} - F_{TB} \times \cos\theta = 0$$

$$F_{Ax} = \left(\frac{2Px + Wl}{l}\right)\cos 30° = \sqrt{3}\left(\frac{P}{l}x + \frac{W}{2}\right) \tag{b}$$

$$\sum F_y = 0, \quad -F_{Ay} - W - P + F_{TB} \times \sin\theta = 0$$

$$F_{Ay} = -\left[\left(\frac{l-x}{l}\right)P + \frac{W}{2}\right] \tag{c}$$

由式（a）的结果可以看出，当 $x = l$，即电动机移动到吊车大梁右端 B 点处时，钢索所受拉力最大。钢索拉力最大值为

$$F_{TB} = \frac{2Pl + Wl}{2l\sin\theta} = \frac{2P + W}{2\sin 30°} = 2P + W \tag{d}$$

【例题 3-2】 A 端固定的悬臂梁 AB 受力如图 3-2a 所示。梁的全长上作用有集度为 q 的均布载荷；自由端 B 处承受一集中力 F 和一力偶 M 的作用。已知 $F = ql$，$M = ql^2$；l 为梁的长度。试求固定端处的约束力。

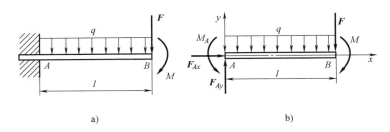

a)   b)

图 3-2 例题 3-2 图

解：（1）研究对象、隔离体与受力图

本例中只有梁一个构件，以梁 AB 为研究对象，解除 A 端的固定端约束，代之以约束力 F_{Ax}、F_{Ay} 和约束力偶 M_A，假设方向如图所示。于是，梁 AB 的受力图如图 3-2b 所示。图中 F、M、q 为已知的外加载荷，是主动力。

（2）将均布载荷简化为集中力

作用在梁上的均匀分布力的合力等于载荷集度与作用长度的乘积，即 ql；合力的方向与

均布载荷的方向相同；合力作用线通过均布载荷作用段的中点。

（3）建立平衡方程，求解未知约束力

通过对 A 点的力矩平衡方程，可以求得固定端的约束力偶 M_A；利用两个力的平衡方程求出固定端的约束力 F_{Ax} 和 F_{Ay}。

$$\sum F_x = 0, \quad F_{Ax} = 0$$

$$\sum F_y = 0, \quad F_{Ay} - ql - F = 0, \quad F_{Ay} = 2ql$$

$$\sum M_A(F) = 0, \quad M_A - ql \times \frac{l}{2} - F \times l - M = 0, \quad M_A = \frac{5}{2}ql^2$$

【例题 3-3】　图 3-3a 所示的刚架由立柱 AB 和横梁 BC 组成。B 处为刚性节点。刚架在 A 处为固定铰链支座；C 处为辊轴支座；受力如图所示。若图中 F 和 l 均为已知，求 A、C 两处的约束力。

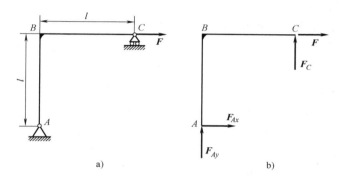

图 3-3　例题 3-3 图

解：（1）**研究对象、隔离体和受力图**

以刚架 ABC 为研究对象，解除 A、C 两处的约束：A 处为固定铰支座，假设互相垂直的两个约束力 F_{Ax} 和 F_{Ay}；C 处为辊轴支座，只有一个约束力 F_C，垂直于支承面，假设方向向上。于是，刚架 ABC 的受力如图 3-3b 所示。

（2）**应用平衡方程求解未知力**

首先，通过对 A 点的力矩平衡方程，可以求得辊轴支座 C 处的约束力 F_C；然后，再利用两个力平衡的投影方程求出固定铰链支座 A 处的约束力 F_{Ax} 和 F_{Ay}。

$$\sum M_A(F) = 0, \quad F_C \times l - F \times l = 0, \quad F_C = F$$

$$\sum F_x = 0, \quad F_{Ax} + F = 0, \quad F_{Ax} = -F$$

$$\sum F_y = 0, \quad F_{Ay} + F_C = 0, \quad F_{Ay} = -F_C = -F$$

其中 F_{Ax} 和 F_{Ay} 均为负值，表明 F_{Ax} 和 F_{Ay} 的实际方向均与假设的方向相反。

【例题 3-4】　图 3-4a 所示简单结构中，半径为 r 的四分之一圆弧杆 AB 与折杆 BDC 在 B 处用铰链连接，A、C 两处均为固定铰链支座，折杆 BDC 上承受力偶矩为 M 的力偶作用，力偶的作用面与结构平面重合。图中 $l = 2r$。若 r、M 均为已知，试求：A、C 两处的约束力。

解：（1）**受力分析**

先考察整体结构的受力：A、C 两处均为固定铰链支座，每处各有两个互相垂直的约束力，所以共有 4 个未知力，而以整体为研究对象，平面力系只能提供 3 个独立的平衡方程。

因此，仅仅以整体为研究对象，无法确定全部未知力。

为了建立求解全部未知力的足够的平衡方程，除了解除 A、C 两处的约束外，还必须解除 B 处的约束。这表明，需要将整体结构拆开。于是，便出现两个构件，同时由于铰链 B 处也有两个互相垂直的约束力，未知力变为6个。两个构件可以提供6个独立的平衡方程，因而可以确定全部未知约束力。根据前面所介绍的方法，应用平面力系平衡方程，即可求出解答。但是，如果应用二力构件平衡的概念以及力偶只能与力偶平衡的概念，求解过程要简单得多。

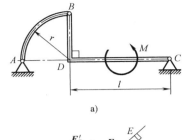

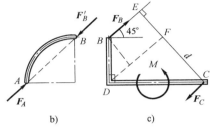

图 3-4 例题 3-4 图

（2）应用二力构件平衡的概念以及力偶只能与力偶平衡的概念求解

圆弧杆两端 A、B 均为铰接，中间无外力作用，因此圆弧杆为二力构件。A、B 两处的约束力 F_A 和 F'_B 大小相等、方向相反并且作用线与 AB 连线重合。其受力如图 3-4b 所示。

折杆 BDC 在 B 处的约束力 F_B 与圆弧杆上 B 处的约束力 F'_B 互为作用力与反作用力，故二者方向相反；C 处为固定铰链支座，有一个方向待定的约束力 F_C。由于作用在折杆上的只有一个外加力偶，因此，为保持折杆平衡，约束力 F_C 和 F_B 必须组成一力偶，与外加力偶 M 平衡。于是，可以画出折杆的受力图如图 3-4c 所示。

根据力偶必须与力偶平衡的概念，对于折杆，有

$$M - F_C \times d = 0, \quad F_C = \frac{M}{d} \tag{a}$$

根据图 3-4c 所示的几何关系，有

$$d = \overline{CF} + \overline{EF} = l\sin45° + r\sin45° = \frac{\sqrt{2}}{2}l + \frac{\sqrt{2}}{2}r = \frac{3\sqrt{2}}{2}r \tag{b}$$

将式（b）代入式（a），求得

$$F_C = F_B = \frac{M}{d} = \frac{\sqrt{2}}{3}\frac{M}{r} \tag{c}$$

最后，应用作用力与反作用力以及二力平衡的概念，求得

$$F_A = F'_B = F_B = \frac{M}{d} = \frac{\sqrt{2}}{3}\frac{M}{r}$$

3.1.2 平面一般力系平衡方程的其他形式

根据平衡的充分条件和必要条件，可以证明，平衡方程除了式（3-3）的形式外，还有以下两种形式：

$$\begin{cases} \sum F_x = 0 \\ \sum M_A(F) = 0 \\ \sum M_B(F) = 0 \end{cases} \qquad (3\text{-}4)$$

式中，A、B 两点的连线不能垂直于 x 轴；

$$\begin{cases} \sum M_A(F) = 0 \\ \sum M_B(F) = 0 \\ \sum M_C(F) = 0 \end{cases} \qquad (3\text{-}5)$$

式中，A、B、C 三点不能位于同一条直线上。

式（3-4）和式（3-5）分别称为平衡方程的"二矩式"和"三矩式"。

在很多情形下，如果选用二矩式或三矩式，一个平衡方程中只包含一个未知力，不会遇到求解联立方程的麻烦。

需要指出的是，对于平衡的平面力系，只有 3 个平衡方程是独立的，3 个独立的平衡方程以外的其他平衡方程便不再是独立的。不独立的平衡方程可以用来验证由独立平衡方程所得结果的正确性。

【例题 3-5】　图 3-5a 所示结构中，A、C、D 三处均为铰链约束。横梁 AB 在 B 处承受集中载荷 F。结构各部分尺寸均示于图中，若已知 F 和 l，试求：撑杆 CD 的受力以及 A 处的约束力。

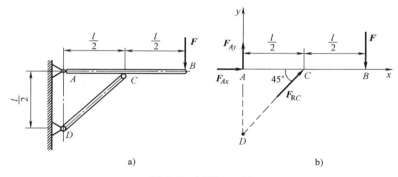

图 3-5　例题 3-5 图

解：（1）受力分析

撑杆 CD 的两端均为铰链约束，中间无其他力作用，故 CD 为二力杆。

因为 CD 为二力杆，横梁 AB 在 C 处的约束力 F_{RC} 与撑杆在 C 处的受力互为作用力与反作用力，其作用线已确定，指向如图中所设。此外，横梁在 A 处为固定铰支座，可提供一个大小和方向均未知的约束力。于是横梁 AB 承受 3 个力作用。根据三力平衡条件，不难确定 A、C 两处的约束力。

为了应用平面力系的平衡方程，现将 A 处的约束力分解为相互垂直的两个分力 F_{Ax} 和 F_{Ay}。于是，横梁 AB 的受力如图 3-5b 所示。

（2）确定研究对象、建立平衡方程、求解未知力

本例所要求的是 CD 杆的受力和 A 处的约束力，若以 CD 杆为研究对象，只能确定两端约束力大小相等、方向相反，不能得到所需结果。

以横梁 AB 为研究对象，其上作用有 F、F_{Ax}、F_{Ay} 和 F_{RC}，4 个力中有 3 个是所要求的量，因而可以由平面力系的 3 个独立平衡方程求得。

应用三矩式平衡方程，以 A 点为矩心，建立力矩平衡方程，F_{Ax} 和 F_{Ay} 不会出现在平衡方程中；以 C 点为矩心，建立力矩平衡方程，F_{Ax} 和 F_{RC} 的作用线都通过 C 点，二者不会出现在这一平衡方程中；以 D 点为矩心，建立力矩平衡方程，F_{Ay} 和 F_{RC} 的作用线都通过 D 点，这一平衡方程中不会出现 F_{Ay} 和 F_{RC}。所以，每个力矩平衡方程中只包含一个未知力。于是，可以写出

$$\sum M_A(F) = 0, \quad -F \times l + F_{RC} \times \frac{l}{2} \sin 45° = 0$$

$$\sum M_C(F) = 0, \quad -F_{Ay} \times \frac{l}{2} - F \times \frac{l}{2} = 0$$

$$\sum M_D(F) = 0, \quad -F_{Ax} \times \frac{l}{2} - F \times l = 0$$

由此解出

$$F_{RC} = 2\sqrt{2}F$$
$$F_{Ay} = -F \qquad （实际方向与图设方向相反）$$
$$F_{Ax} = -2F \qquad （实际方向与图设方向相反）$$

3.2 简单的刚体系统平衡问题

实际工程结构大都是由两个或两个以上构件通过一定约束方式连接起来的系统，因为在工程静力学中构件的模型都是刚体，所以，这种系统称为刚体系统（system of rigid body）。

前几章中，实际上已经遇到过一些简单刚体系统的问题，只不过由于其约束与受力都比较简单，比较容易分析和处理。分析刚体系统平衡问题的基本原则与处理单个刚体的平衡问题是一致的，但有其特点，其中很重要的是要正确判断刚体系统的静定性质，并选择合适的研究对象。现分述如下。

3.2.1 刚体自由度的概念

确定不同运动形式（静止是其特例）物体在空间的位置，所需要的独立坐标数各不相同。以 xOy 坐标平面内运动的刚体为例，若刚体平移（图 3-6a），则可以用刚体上任意一点（例如 A 点）的坐标 (x_A, y_A) 确定刚体在空间中的位置。

若刚体绕定轴转动（图 3-6b），则角坐标 φ 即可确定其在空间中的位置。

若刚体做平面一般运动（既有平移又有转动）（图 3-6c），则需要有 3 个独立的坐标 (x_A, y_A, φ) 才能确定刚体在空间中的位置。

确定刚体在空间中的位置，所需的独立坐标或独立变量数称为刚体的自由度（degree of freedom）。

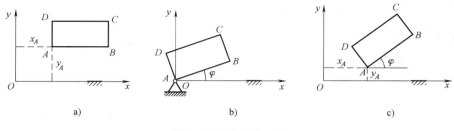

图 3-6　刚体的自由度

第 1 章已介绍，刚体在空间运动所受的限制称为约束。刚体的约束状态与自由度有关。自由度大于零者称为不完全约束；自由度小于或等于零者称为完全约束。

3.2.2　刚体系统静定与超静定的概念

前几节所研究的问题中，作用在自由度为零的刚体上的未知力个数等于独立的平衡方程个数时，应用平衡方程，可以解出全部未知力。这类问题称为静定问题（statically determinate problem）。相应的结构称为静定结构（statically determinate structure）。

实际工程结构中，为了提高结构的强度和刚度，或者为了其他工程要求，常常需要在静定结构上，再加上一些构件或者约束，从而使作用在刚体上未知约束力的数目多于独立的平衡方程数目，因而仅仅依靠刚体平衡条件不能求出全部未知量。这类问题称为超静定问题（statically indeterminate problem）。相应的结构称为超静定结构（statically indeterminate structure）。

需要强调的是，"未知力个数等于独立的平衡方程个数"是判断结构静定的必要而非充分条件。即当独立的平衡方程数目（N_e）等于未知力个数（N_r）时，不一定是静定结构，有可能根本不是结构（图 3-7a）。

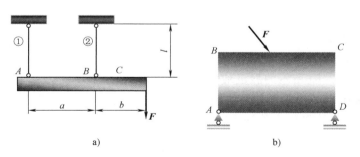

图 3-7　静定结构的判断

当 $N_e > N_r$ 时，为不完全约束问题（图 3-7b）；当 $N_e = N_r$ 时，需要进一步判断自由度，可能为完全约束问题，也可能为不完全约束问题（图 3-7a），若为完全约束，则为静定问题；当 $N_e < N_r$ 时，则为完全约束，为超静定问题。

对于超静定问题，必须考虑物体因受力而产生的变形，补充某些方程，才能使未知量的数目等于方程的数目。求解超静定问题已超出工程静力学的范围，本书将在"材料力学"篇中介绍。本章将讨论静定的刚体系统的平衡问题。

3.2.3 刚体系统的平衡问题的特点与解法

1. 整体平衡与局部平衡的概念

某些刚体系统的平衡问题中，若仅考虑整体平衡，其未知约束力的数目多于平衡方程的数目。但是，如果将刚体系统中的构件分开，依次考虑每个构件的平衡，则可以求出全部未知约束力。这种情形下的刚体系统依然是静定的。

求解刚体系统的平衡问题需要将平衡的概念加以扩展，即：**系统如果整体是平衡的，则组成系统的每一个局部以及每一个刚体也必然是平衡的。**

2. 研究对象有多种选择

由于刚体系统是由多个刚体组成的，因此，研究对象的选择对于能不能求解以及求解过程的繁简程度有很大关系。一般先以整个系统为研究对象，虽然不能求出全部未知约束力，但可求出其中一个或几个未知力。

3. 对刚体系统做受力分析时，要分清内力和外力

内力和外力是相对的，需视选择的研究对象而定。研究对象以外的物体作用于研究对象上的力称为**外力**（external force），研究对象内部各部分间的相互作用力称为**内力**（internal force）。内力总是成对出现，它们大小相等、方向相反、作用线同在一条直线上，分别作用在两个相连接的物体上。

考虑以整体为研究对象的平衡时，由于内力在任意轴上的投影之和以及对任意点的力矩之和均为零，因而不必考虑。但是，一旦将系统拆开，以局部或单个刚体作为研究对象时，在拆开处，原来的内力变成了外力，建立平衡方程时，必须考虑这些力。

4. 严格根据约束的性质确定约束力，注意相互连接物体之间的作用力与反作用力

刚体系统的受力分析过程中，必须严格根据约束的性质确定约束力，特别要注意互相连接物体之间的作用力与反作用力，使作用在平衡系统整体上的力系和作用在每个刚体上的力系都满足平衡条件。

常常有这样的情形，作用在系统上的力系似乎满足平衡条件，但由此而得到的单个刚体本身的力系却是不平衡的。这显然是不正确的。这种情形对于初学者时有发生。

【例题 3-6】 图 3-8a 所示的静定结构称为**连续梁**（continue beam），由 AB 梁和 BC 梁在 B 处用中间铰连接而成。其中 C 处为辊轴支座，A 处为固定端。DE 段梁上承受均布载荷作用，载荷集度为 q；E 处作用有外加力偶，其力偶矩为 M。若 q、M、l 等均为已知，试求：A、C 两处的约束力。

解：（1）受力分析

对于结构整体，在固定端 A 处有 3 个约束力，设为 F_{Ax}、F_{Ay} 和 M_A；在辊轴支座 C 处有 1 个竖直方向的约束力 F_{RC}，这些约束力都是系统的外力。若将结构从 B 处拆开成两个刚体，则铰链 B 处的约束力可以用相互垂直的两个分量表示，但作用在两个刚体上同一处的约束力互为作用力与反作用力，这种约束力对于拆开的单个刚体是外力，对于拆开之前的系统，却是内力。这些力在考察结构整体平衡时并不出现。

因此，整体结构的受力如图 3-8a 所示；AB 和 BC 两个刚体的受力如图 3-8b、c 所示。图中作用于 DB 段和 BE 段梁上的均布载荷的合力为

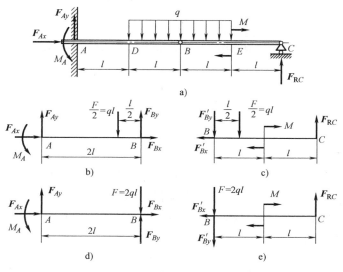

图 3-8　例题 3-6 图

$$\frac{F}{2} = ql$$

（2）考察连续梁整体平衡

考察整体结构的受力图（图 3-8a），其上作用有 4 个未知约束力，而平面力系独立的平衡方程只有 3 个，因此，仅仅考察整体平衡不能求得全部未知约束力，但是可以求得其中某些未知量。例如，由平衡方程

$$\sum F_x = 0$$

可得到

$$F_{Ax} = 0$$

（3）考察局部平衡

考察图 3-8b、c 所示拆开后的 *AB* 梁和 *BC* 梁的平衡。

AB 梁在 *A*、*B* 两处作用有 5 个约束力，其中已求得 $F_{Ax}=0$，尚有 4 个是未知的，故 *AB* 梁不宜最先作研究对象。

BC 梁在 *B*、*C* 两处共有 3 个未知约束力，可由 3 个独立平衡方程确定。因此，先以 *BC* 梁作为研究对象，求得其上的约束力后，再应用拆开后两部分在 *B* 处的约束力互为作用力与反作用力关系，使得 *AB* 梁上 *B* 处的约束力变为已知。

最后再考察 *AB* 梁的平衡，即可求得 *A* 处的约束力。

也可以在确定了 *C* 处的约束力之后再考察整体平衡，求得 *A* 处的约束力。

先考察 *BC* 梁的平衡，由

$$\sum M_B(\boldsymbol{F}) = 0, \quad F_{RC} \times 2l - M - ql \times \frac{l}{2} = 0$$

求得

$$F_{RC} = \frac{M}{2l} + \frac{ql}{4} \tag{a}$$

再考察整体平衡，将 *DE* 段的分布载荷简化为作用于 *B* 处的集中力，其值为 $2ql$。建立

45

平衡方程如下：

$$\sum F_y = 0, \quad F_{Ay} - 2ql + F_{RC} = 0 \tag{b}$$

$$\sum M_A(\boldsymbol{F}) = 0, \quad M_A - 2ql \times 2l - M + F_{RC} \times 4l = 0 \tag{c}$$

将式（a）代入式（b）、式（c）后，得到

$$F_{Ay} = \frac{7}{4}ql - \frac{M}{2l} \tag{d}$$

$$M_A = 3ql^2 - M \tag{e}$$

（4）**结果验证**

为了验证上述结果的正确性，建议读者再以 AB 梁为研究对象，应用已经求得的 F_{Ay} 和 M_A，确定 B 处的约束力，与考察 BC 梁平衡求得的 B 处约束力互相印证。

对于初学者，上述验证过程显得过于烦琐，但对于工程设计，为了确保安全可靠，这种验证过程却是非常必要的。

（5）**本例讨论**

本例中关于均布载荷的简化，有两种方法：考察整体平衡时，将其简化为作用在 B 处的集中力，其值为 2ql；考察局部平衡时，是先拆开，再将作用在各个局部上的均布载荷分别简化为集中力。

在将系统拆开之前，能不能先将均布载荷简化？这样简化得到的集中力应该作用在哪一个局部上？图 3-8d、e 所示的将集中力 F = 2ql 同时作用在两个局部的 B 处，这样的处理是否正确？请读者应用等效力系定理自行分析研究。

【例题 3-7】 图 3-9a 所示为房屋和桥梁中常见的三铰拱（three-pin arch，three hinged arch）结构模型。这种结构由两个构件通过中间铰连接而成：A、B 两处为固定铰链支座；C 处为中间铰。各部分尺寸均示于图中。拱的顶面承受集度为 q 的均布载荷。若已知 q、l、h，且不计拱结构的自重，试求：A、B 两处的约束力。

解：（1）**受力分析**

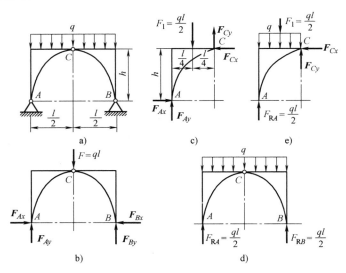

图 3-9 例题 3-7 图

　　固定铰支座 A、B 两处的约束力均用两个相互垂直的分量表示。中间铰 C 处也用两个分量表示其约束力。但前者为外力；后者为内力。内力仅在系统拆开时才会出现。

　　（2）**考察整体平衡**

　　将作用在拱顶面的均布载荷简化为过点 C 的集中力，其值为 $F=ql$，考虑到 A、B 两处的约束力，整体结构的受力如图 3-9b 所示。

　　从图中可以看出，4 个未知约束力中，分别有 3 个约束力的作用线通过 A、B 两点。这表明，应用对 A、B 两处的力矩式平衡方程，可以各求得一个未知力。于是，由

$$\sum M_A(\boldsymbol{F})=0, \quad F_{By}\times l-F\times\frac{l}{2}=0$$

$$\sum M_B(\boldsymbol{F})=0, \quad -F_{Ay}\times l+F\times\frac{l}{2}=0$$

$$\sum F_x=0, \quad F_{Ax}-F_{Bx}=0$$

求得

$$F_{Ay}=F_{By}=\frac{ql}{2} \tag{a}$$

$$F_{Ax}=F_{Bx} \tag{b}$$

方向与图 3-9b 中所设相同。

　　（3）**考察局部平衡**

　　将系统从 C 处拆开，考察左边或右边部分的平衡，由图 3-9c 所示的受力图，其中

$$F_1=\frac{ql}{2}$$

为作用在左边部分顶面均匀载荷的简化结果。于是，可以写出

$$\sum M_C(\boldsymbol{F})=0, \quad F_{Ax}\times h+\frac{ql}{2}\times\frac{l}{4}-F_{Ay}\times\frac{l}{2}=0$$

将式（a）代入后，解得

$$F_{Ax}=F_{Bx}=\frac{ql^2}{8h} \tag{c}$$

　　（4）**本例讨论**

　　怎样验证上述结果式（a）和式（c）的正确性？请读者自行研究。同时请读者分析图 3-9d、e 中的受力图是否正确？

3.3　考虑摩擦时的平衡问题

　　摩擦（friction）是一种普遍存在于机械运动中的自然现象。实际机械与结构中，完全光滑的表面并不存在。两物体接触面之间一般都存在摩擦。在自动控制、精密测量等工程中即使摩擦很小，也会影响到仪器的灵敏度和精确度，因而必须考虑摩擦的影响。

　　研究摩擦就是要充分利用有利的一面，克服其不利的一面。

　　接触物体之间可能会有相对滑动或相对滚动两种运动形式，物体间的摩擦也有滑动摩

擦和滚动摩擦之分。根据接触物体之间是否存在润滑剂，滑动摩擦又可分为干摩擦和湿摩擦。

本书只介绍干摩擦时物体的平衡问题。

3.3.1 滑动摩擦定律

考察图 3-10a 中所示质量为 m、静止地放置于水平面上的物块，设二者接触面都是非光滑面。

在物块上施加水平力 F，并令其自零开始连续增大，使物块具有相对滑动的趋势。这时，物块的受力如图 3-10b 所示。因为是非光滑面接触，故作用在物块上的约束力除法向力 F_N 外，还有一个与运动趋势相反的力，称为静滑动摩擦力，简称静摩擦力（static friction force），用 F_s 表示。

当 $F=0$ 时，由于二者无相对滑动趋势，故静摩擦力 $F_s=0$。当 F 开始增加时，静摩擦力 F_s 随之增加，因为 $F_s=F$ 时，物块仍然保持静止。

F 再继续增加，达到某一临界值 F_{max} 时，静摩擦力达到最大值，即为最大静滑动摩擦力，简称最大静摩擦力，以 F_{max} 表示，物块处于临界状态。其后，物块开始沿力 F 的作用方向滑动。

物块开始运动后，静滑动摩擦力突变至动滑动摩擦力 F_d。此后，主动力 F 的数值若再增加，则摩擦力基本上保持为常值 F_d。

上述过程中主动力与摩擦力之间的关系曲线如图 3-11 所示。

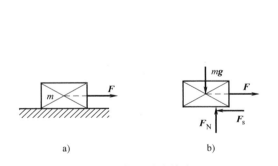

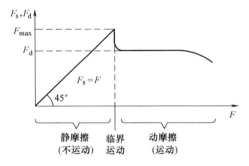

图 3-10　静滑动摩擦力

图 3-11　滑动摩擦力与主动力之间的关系

根据库仑（Coulomb）摩擦定律，**最大静摩擦力**（maximum static friction force）与正压力成正比，其方向与相对滑动趋势的方向相反，而与接触面积的大小无关。

$$F_{max}=f_s F_N \tag{3-6}$$

式中，f_s 称为**静摩擦因数**（static friction factor）。静摩擦因数 f_s 主要与材料和接触面的粗糙程度有关，可在机械工程手册中查到，但由于影响摩擦因数的因素比较复杂，所以如果需要较准确的 f_s 数值，则应由实验测定。

上述分析表明，开始运动之前，即物体保持静止时，静摩擦力的数值在零与最大静摩擦力之间，即

$$0 \leqslant F_s \leqslant F_{max} \tag{3-7}$$

从约束的角度，静滑动摩擦力也是一种约束力，而且是在一定范围内取值的约束力。

3.3.2　考虑摩擦时构件的平衡问题

考虑摩擦时的平衡问题，与不考虑摩擦时的平衡问题有着共同特点，即：物体平衡时应满足平衡条件，解题方法与过程也基本相同。

但是，这类平衡问题的分析过程也有其特点：首先，受力分析时必须考虑摩擦力，而且要注意摩擦力的方向与相对滑动趋势的方向相反；其次，在滑动之前，即处于静止状态时，摩擦力不是一个定值，而是在一定的范围内取值。

【例题 3-8】　图 3-12a 所示为放置于斜面上的物块。物块重 $W = 1000$N；斜面倾角为 30°。物块承受一方向自左至右的水平推力，其数值为 $F = 400$N。若已知物块与斜面之间的摩擦因数 $f_s = 0.2$。求：

（1）物块处于静止状态时，静摩擦力的大小和方向；

（2）使物块向上滑动时，力 F 的最小值。

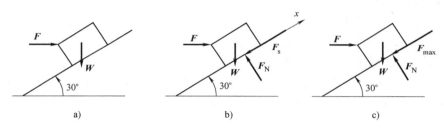

图 3-12　例题 3-8 图

解：根据本例的要求，需要判断物块是否静止。这一类问题的解法是：假设物体处于静止状态，首先由平衡方程求出静摩擦力 F_s 和法向反力 F_N。再求出最大静摩擦力 F_{max}。将 F_s 与 F_{max} 加以比较，若 $|F_s| \leqslant F_{max}$，物体处于静止状态，所求 F_s 有意义；若 $|F_s| > F_{max}$，物体已进入运动状态，所求 F_s 无意义。

（1）确定物块静止时的摩擦力 F_s 值（$|F_s| \leqslant F_{max}$）

以物块为研究对象，假设物块处于静止状态，并有向上滑动的趋势，受力如图 3-12b 所示。其中摩擦力的指向是假设的，若结果为负，则表明实际指向与假设方向相反。由

$$\sum F_x = 0, \quad -F_s - W \sin30° + F \cos30° = 0$$

得

$$F_s = -153.6\text{N} \qquad (a)$$

负号表示实际摩擦力 F_s 的指向与图中所设方向相反，即物体实际上有下滑的趋势，摩擦力的方向实际上是沿斜面向上的。于是，由

$$\sum F_y = 0, \quad F_N - W \cos30° - F \sin30° = 0$$

求得

$$F_N = 1066\text{N}$$

最大静摩擦力为

$$F_{\max} = f_s F_N = 0.2 \times 1066N = 213.2N \qquad (b)$$

比较式（a）和式（b），得到

$$|F_s| < F_{\max}$$

因此，物块在斜面上静止；摩擦力大小为 153.6N，其指向沿斜面向上。

（2）确定物块向上滑动时所需要主动力 F 的最小值 $F_{\min}$

仍以物块为研究对象，此时，物块处于临界状态，即力 F 略大于 $F_{\min}$，物块将发生运动，此时摩擦力 F_s 达到最大值 $F_{\max}$。这时，必须根据运动趋势确定 $F_{\max}$ 的实际方向。于是，物块的受力如图 3-12c 所示。

建立平衡方程和关于摩擦力的物理方程：

$$\sum F_x = 0, \qquad -F_{\max} - W\sin 30° + F_{\min}\cos 30° = 0 \qquad (c)$$

$$\sum F_y = 0, \qquad F_N - W\cos 30° - F_{\min}\sin 30° = 0 \qquad (d)$$

$$F_{\max} = f_s F_N \qquad (e)$$

将式（c）~式（e）联立，解得

$$F_{\min} = 878.75N$$

当力 F 的数值超过 878.75N 时，物块将沿斜面向上滑动。

【例题 3-9】 梯子的上端 B 靠在铅垂的墙壁上，下端 A 搁置在水平地面上。假设梯子与墙壁之间为光滑约束，而与地面之间为非光滑约束，如图 3-13a 所示。已知：梯子与地面之间的摩擦因数为 f_s；梯子的重力为 W。设：

（1）若梯子在倾角 α_1 的位置保持平衡，求 A、B 两处约束力 F_{NA}、F_{NB} 和摩擦力 F_A。

（2）若使梯子不致滑倒，求其倾角 α 的范围。

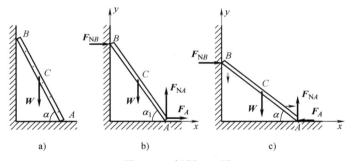

图 3-13 例题 3-9 图

解：（1）梯子在倾角 α_1 的位置保持平衡时的约束力

这种情形下，梯子的受力如图 3-13b 所示。其中将摩擦力 F_A 作为一般的约束力，假设其方向如图所示。于是有

$$\sum M_A(F) = 0, \qquad W \times \frac{l}{2} \times \cos\alpha_1 - F_{NB} \times l \times \sin\alpha_1 = 0$$

$$\sum F_y = 0, \qquad F_{NA} - W = 0$$

$$\sum F_x = 0, \qquad F_A + F_{NB} = 0$$

由此解得

$$F_{NB} = \frac{W\cos\alpha_1}{2\sin\alpha_1} \qquad (a)$$

$$F_{NA} = W \tag{b}$$

$$F_A = -F_{NB} = -\frac{W}{2}\cot\alpha_1 \tag{c}$$

所得 F_A 的结果为负值，表明梯子下端所受的摩擦力与图 3-13b 中所假设的方向相反。

（2）求梯子不滑倒的倾角 α 的范围

这种情形下，摩擦力 F_A 的方向必须根据梯子在地上的滑动趋势预先确定，不能任意假设。于是，梯子的受力如图 3-13c 所示。

平衡方程和物理方程分别为

$$\sum M_A(\boldsymbol{F}) = 0, \quad W\times\frac{l}{2}\times\cos\alpha - F_{NB}\times l\times\sin\alpha = 0 \tag{d}$$

$$\sum F_y = 0, \quad F_{NA} - W = 0 \tag{e}$$

$$\sum F_x = 0, \quad -F_A + F_{NB} = 0 \tag{f}$$

$$F_A = f_s F_{NA} \tag{g}$$

将式（d）~式（g）联立，不仅可以解出 A、B 两处的约束力，而且可以确定保持梯子平衡时的临界倾角

$$\alpha = \operatorname{arccot}(2f_s) \tag{h}$$

由常识可知，角度 α 越大，梯子越易保持平衡，故平衡时梯子对地面的倾角范围为

$$\alpha \geqslant \operatorname{arccot}(2f_s) \tag{i}$$

3.4 结论与讨论

3.4.1　关于坐标系和力矩中心的选择

选择适当的坐标系和力矩中心，可以减少每个平衡方程中所包含未知量的数目。在平面力系的情形下，力矩中心应尽量选在两个或多个未知力的交点上，这样建立的力矩平衡方程中将不包含这些未知力；坐标系中坐标轴取向应尽量与多数未知力相垂直，从而使这些未知力在这一坐标轴上的投影等于零，这同样可以减少平衡方程中未知力的数目。

需要特别指出的是，平面力系的平衡方程虽然有三种形式，但是独立的平衡方程只有三个。这表明，平面力系平衡方程的三种形式是等价的。采用了一种形式的平衡方程，其余形式的平衡方程就不再是独立的，但是可以用于验证所得结果的正确性。

在很多情形下，采用力矩平衡方程计算，往往比采用力的投影平衡方程方便些。

3.4.2　关于受力分析的重要性

读者从本章关于单个刚体与简单刚体系统平衡问题的分析中可以看出，受力分析是决定分析平衡问题成败的关键，只有当受力分析正确无误时，其后的分析才能取得正确的结果。

初学者常常不习惯根据约束的性质分析约束力，而是根据不正确的直观判断确定约束力，例如"根据主动力的方向确定约束力及其方向"就是初学者最容易采用的错误方法。对于图 3-14a 所示的承受水平载荷 $\boldsymbol{F}$ 的平面刚架 ABC，应用上述错误方法，得到图 3-14b 所

示的受力图。请读者分析：这种情形下，刚架 *ABC* 能平衡吗？这一受力图错在哪里？

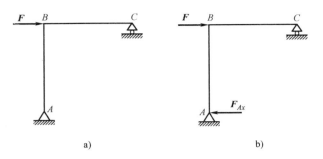

图 3-14　不正确的受力分析之一

又如，对于图 3-15a 所示的三铰拱，当考察其总体平衡时，得到图 3-15b 所示的受力图。根据这一受力图三铰拱整体是平衡的，局部能够平衡吗？这一受力图又错在哪里呢？

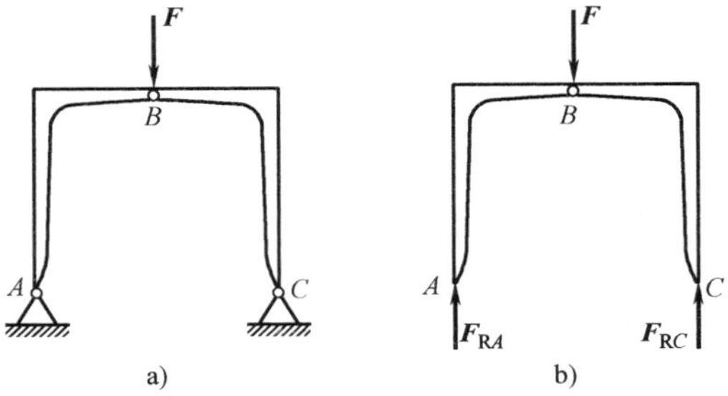

3.4.3 关于求解刚体系统平衡问题时要注意的几个方面

图 3-15　不正确的受力分析之二

根据刚体系统的特点，分析和处理刚体系统平衡问题时，注意以下几方面是很重要的。

● 认真理解、掌握并能灵活运用"系统整体平衡，组成系统的每个局部必然平衡"的重要概念。

某些受力分析，从整体上看，可以使整体平衡，似乎是正确的。但是局部却是不平衡的，因而是不正确的。图 3-15b 所示的错误的受力分析即属此例。

● 要灵活选择研究对象。

所谓研究对象包括系统整体、单个刚体以及由两个或两个以上刚体组成的子系统。灵活选择其中之一或之二作为研究对象，一般应遵循：研究对象上既有未知力，也有已知力或者前面计算过程中已经计算出结果的未知力；同时，应当尽量使一个平衡方程中只包含一个未知约束力，不解或少解联立方程。

● 注意区分内力与外力、作用力与反作用力。

内力只有在系统拆开时才会出现，故而在考察整体平衡时，无须考虑内力。

当同一约束处有两个或两个以上刚体相互连接时，为了区分作用在不同刚体上的约束力是否互为作用力与反作用力，必须逐个刚体进行分析，分清哪一个是施力体，哪一个是受力体。

● 注意对分布载荷进行等效简化。

考察局部平衡时，分布载荷可以在拆开之前简化，也可以在拆开之后简化。要注意的是，先简化、后拆开时，简化后合力加在何处才能满足力系等效的要求。这一问题请读者结合例题 3-6 中图 3-8d、e 所示受力图，加以分析。

3.4.4　摩擦角与自锁的概念

1. 摩擦角

当考虑摩擦时，作用在物体接触面上有法向约束力 $\boldsymbol{F}_N$ 和切向摩擦力 $\boldsymbol{F}_s$，两者的合力便是接触面处所受的总约束力，又称为全约束力，用 $\boldsymbol{F}_R$ 表示，如图 3-16a 所示。图中：

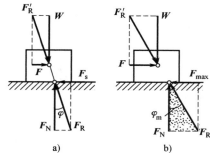

$$\boldsymbol{F}_R = \boldsymbol{F}_N + \boldsymbol{F}_s \qquad (3\text{-}8)$$

全约束力的大小为

$$F_R = \sqrt{F_N^2 + F_s^2} \qquad (3\text{-}9)$$

全约束力作用线与接触面法线的夹角为 φ，由下式确定：

$$\tan\varphi = \frac{F_s}{F_N} \qquad (3\text{-}10)$$

图 3-16　摩擦角

由于物体从静止到开始运动的过程中，摩擦力 F_s 从 0 开始增加直到最大值 F_{max}。上述中的 φ 角，也从 0 开始增加直到最大值，φ 角的最大值称为摩擦角（angle of friction），用 φ_m 表示。由此，在刚刚开始运动的临界状态下，全约束力为

$$\boldsymbol{F}_R = \boldsymbol{F}_N + \boldsymbol{F}_{max} \qquad (3\text{-}11)$$

摩擦角由下式确定：

$$\tan\varphi_{max} = \frac{F_{max}}{F_N} \qquad (3\text{-}12)$$

如图 3-16b 所示。

应用库仑摩擦定律，式（3-12）可以改写成

$$\tan\varphi_{max} = \frac{F_{max}}{F_N} = \frac{f_s F_N}{F_N} = f_s \qquad (3\text{-}13)$$

上述分析结果表明：摩擦角是全约束力 $\boldsymbol{F}_R$ 偏离接触面法线的最大角度；摩擦角的正切值等于静摩擦因数。

2. 自锁现象

当主动力合力的作用线位于摩擦角的范围以内时，无论主动力有多大，物体必定保持平衡（图 3-17），这种现象称为自锁。反之，如果主动力合力的作用线位于摩擦角的范围以外时，无论主动力有多小，物体必定发生运动，这种现象称为不自锁。介于自锁与不自锁之间者为临界状态。

以图 3-17 所示的水平表面上的物块为例，作用在物块上的主动力有重力 mg 和水平推力 $\boldsymbol{F}$。主动力的合力

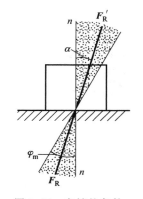

图 3-17　自锁的条件

$$\boldsymbol{F}'_R = m\boldsymbol{g} + \boldsymbol{F}$$

假设主动力合力的作用线与接触面法线之间的夹角为 α。可以证明，物块将存在三种可能运动状态：

- 当 $\alpha < \varphi_m$ 时，物块保持静止（图3-18a）。
- 当 $\alpha > \varphi_m$ 时，物块发生运动（图3-18b）。
- 当 $\alpha = \varphi_m$ 时，物块处于临界状态（图3-18c）。

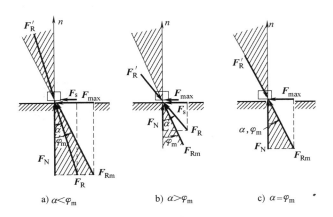

a) $\alpha < \varphi_m$　　　　b) $\alpha > \varphi_m$　　　　c) $\alpha = \varphi_m$

图3-18　物块的三种运动状态

图3-19所示为螺旋零件的示意图，其中 α 为螺旋角。为保证螺旋自锁，必须满足 $\alpha < \varphi_m$。显然，考虑摩擦时，主动力在一定范围内变动，物体仍能保持静止，这种变动范围称为平衡范围。因此，考虑摩擦时平衡所需要的力或其他参数不是一个定值，而是在一定的范围内取值。

3. 物体平衡情形讨论

研究考虑摩擦时的平衡问题，要注意讨论物体所有可能的平衡情形。如图3-20a所示的货箱有两种可能的平衡情形。

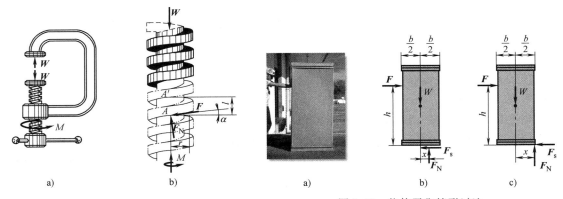

图3-19　螺旋零件的自锁条件　　　　图3-20　物体平衡情形讨论

重量为 W 的货箱放置在粗糙表面上，考察作用在货箱上的推力。如图3-20b所示，如果 F 的数值很小，货箱将保持平衡。当 F 增加时货箱或者在粗糙面上滑动，或者由于表面很粗糙（μ_s 很大），致使约束力合力移至角点处，$x = b/2$，如图3-20c所示，货箱将绕这一点开始翻倒。货箱还有更大的翻倒机会：如果 F 施加在表面上方很高处或者货箱的宽度 b 很小。

3.4.5　空间力系平衡条件与平衡方程简述

在工程实际中，物体所受力的作用线并不处在同一平面内的情形是常见的。例如车床主轴，除受有切削力和作用在齿轮上的切向力、径向力外，还有轴承的约束力，这些作用线不在同一平面内的力所组成的力系，称为空间力系。起重设备、绞车、高压输电线路铁塔和飞机的起落架等结构都采用空间结构，这些结构所受的力属于空间力系。

1. 力对轴之矩

本书第 1 章中曾经指出，力 F 对任意点 O 之矩是这一力使刚体绕 O 点转动效应的量度。在平面问题中，所谓刚体绕 O 点转动，实际上，就是刚体绕过 O 点、且垂直于力作用线与 O 点组成的平面的轴的转动，如图 3-21 所示。因此，力 F 对 O 点之矩就是力 F 使刚体绕 Oz 轴转动效应的量度，称为力 F 对 Oz 轴之矩。显然，力 F 的作用线与 Oz 轴在空间中是相互垂直的，但是这只是力对轴之矩的一种特殊情形。

日常生活中力对轴之矩的例子很多，例如推门或拉门时，人的推力或拉力对门上合页转轴之矩就是力对轴之矩。

一般情形下，力的作用线与轴既不平行也不垂直，这时，力使刚体绕轴转动的效应怎样量度？

设 Oz 轴为刚体上的任意轴，F 为空间任意力，如图 3-22 所示。过力 F 的作用点作一垂直于 Oz 轴的平面 P，将力 F 沿 Oz 轴和 P 平面分解为 F_z 和 F_{xy}。

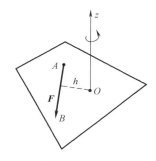

图 3-21　力对点之矩与力对轴之矩

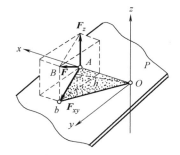

图 3-22　力对轴之矩的计算

由于 F_z 作用线平行 Oz 轴，因而不会使刚体产生绕 Oz 轴的转动效应。于是力 F 使刚体绕 Oz 轴转动的效应便可以用 F_{xy} 对 O 点之矩量度。由于 F_{xy} 也是力 F 在 xOy 平面上的分量，由此，空间力对轴之矩的定义为：

力对轴之矩是力使刚体绕此轴转动效应的量度，它等于该力在垂直于此轴的任一平面上的分量对该轴与平面交点之矩，即

$$M_z(F) = M_O(F_{xy}) = \pm F_{xy}h = 2A_{\triangle OAb} \tag{3-14}$$

式中，h 为 O 点至力 F_{xy} 作用线的距离。

力对轴之矩为代数量，其正负号按右手法则确定：右手握拳四指指向表示力对轴之矩的转动方向，拇指指向若与坐标轴正向一致者为正；与坐标轴正向相反者为负。

根据力对轴之矩的定义，当力沿其作用线移动时，不会改变力对轴之矩（h 和 F_{xy} 都不改变）。

当力的作用线与轴相交（$h=0$）或平行（$F_{xy}=0$）时，力对轴之矩恒等于零。

2. 空间力系的平衡方程

与平面力系类似，空间力系简化结果也得到一主矢和一主矩。即式（2-1）和式（2-2）依然成立：

$$F_R = \sum_{i=1}^{n} F_i$$

$$M_O = \sum_{i=1}^{n} M_O(F_i)$$

与平面力系一样，空间力系的主矢与简化中心无关，空间力系的主矩与简化中心有关。

根据空间力系的简化结果，空间力系平衡的必要条件与充分条件依然是力系的主矢和对任一点主矩都等于零，即式（3-1）和式（3-2）依然成立：

$$F_R = \sum_{i=1}^{n} F_i = 0$$

$$M_O = \sum_{i=1}^{n} M_O(F_i) = 0$$

根据力在空间坐标轴上的投影以及力对坐标轴之矩，将上述两式分别写成力的投影形式和力对轴之矩的形式：

$$\begin{cases} \sum F_x = 0 \\ \sum F_y = 0 \\ \sum F_z = 0 \\ \sum M_x(F) = 0 \\ \sum M_y(F) = 0 \\ \sum M_z(F) = 0 \end{cases} \tag{3-15}$$

其中前三式表示力系中所有力在任选的三个直角坐标轴上投影的代数和等于零，称为力的投影式平衡方程；后三式表示力系中所有力对三个直角坐标轴之矩的代数和等于零，称为力矩式平衡方程。

习 题

3-1　试求习题 3-1 图所示两外伸梁的约束力 F_{RA}、F_{RB}。其中图 a 中 $M=60\text{kN}\cdot\text{m}$，$F=20\text{kN}$；图 b 中 $F=F'=10\text{kN}$，$F_1=20\text{kN}$，$q=20\text{kN/m}$，$d=0.8\text{m}$。

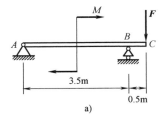
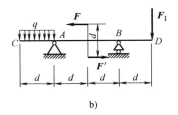

a)　　　　　　　　　　b)

习题 3-1 图

3-2　直角折杆所受载荷、约束及尺寸均如习题 3-2 图所示。试求 A 处全部约束力。

3-3　拖车重 $W = 20\text{kN}$，汽车对它的牵引力 $F = 10\text{kN}$，如习题 3-3 图所示。试求拖车匀速直线行驶时，车轮 A、B 对地面的正压力。

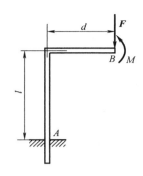

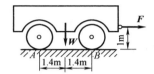

习题 3-2 图　　　　　　　　　　　　习题 3-3 图

3-4　旋转式起重机 ABC 具有铅垂转动轴 AB，起重机重 $W = 3.5\text{kN}$，重心在 D 处，如习题 3-4 图所示。在 C 处吊有重 $W_1 = 10\text{kN}$ 的物体。试求：滑动轴承 A 和推力轴承 B 处的约束力。

3-5　如习题 3-5 图所示，钥匙的横截面为直角三角形，其直角边 $AB = d_1$，$BC = d_2$。设在钥匙上作用一个力偶矩为 M 的力偶。若不计摩擦，且钥匙与锁孔之间的间隙很小，试求钥匙横截面的三顶点 A、B、C 对锁孔孔边的作用力。

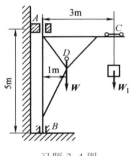

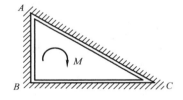

习题 3-4 图　　　　　　　　　　　　习题 3-5 图

3-6　如习题 3-6 图所示，一便桥自由地放置在支座 C 和 D 上，支座间的距离 $CD = 2d = 6\text{m}$。桥面重量可看作均匀分布载荷，载荷集度 $q = \dfrac{5}{3}\text{kN/m}$。设汽车的前、后轮所承受的重量分别为 20kN 和 40kN，两轮间的距离为 3m。试求：当汽车从桥上面驶过而不致使桥面翻转时桥的悬臂部分的最大长度 l。

3-7　装有轮子的起重机，可沿轨道 A、B 移动。起重机桁架下弦 DE 杆的中点 C 上挂有滑轮（习题 3-7 图中未画出），用来吊起挂在链索 CG 上的重物。从材料架上吊起重量 $W = 50\text{kN}$ 的重物。当此重物离开材料架时，链索与铅垂线的夹角 $\alpha = 20°$。为了避免重物摆动，又用水平绳索 GH 拉住重物。设链索张力的水平分力仅由右轨道 B 承受，试求当重物离开材料架时轨道 A、B 的受力。

3-8　试求习题 3-8 图所示静定梁在 A、B、C 三处的全部约束力。已知 d、q 和 M。注意比较和讨论图 a、b、c 三梁的约束力以及图 d、e 两梁的约束力。

3-9　如习题 3-9 图所示，一活动梯子放在光滑的水平地面上，梯子由 AC 与 BC 两部分组成，每部分的重量均为 150N，重心在杆件的中点，AC 与 BC 两部分用铰链 C 和绳子 EF 相连接。今有一重量为 600N 的人，站在梯子的 D 处，试求绳子 EF 的拉力和 A、B 两处的约束力。

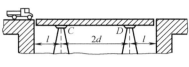

习题 3-6 图   习题 3-7 图

3-10 如习题 3-10 图所示，厂房构架为三铰拱架。桥式起重机沿着垂直于纸面方向的轨道行驶，起重机梁的重量 $W_1 = 20$kN，其重心在梁的中点。梁上的小车和起吊重物的重量 $W_2 = 60$kN。两个拱架的重量均为 $W_3 = 60$kN，二者的重心分别在 D、E 两点，正好与起重机梁的轨道在同一铅垂线上。风的合力为 10kN，方向水平。试求当小车位于离左边轨道的距离等于 2m 时，支座 A、B 两处的约束力。

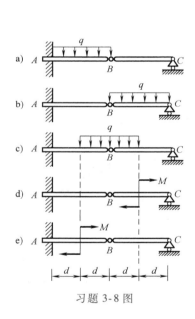

习题 3-8 图

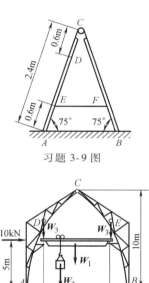

习题 3-9 图

习题 3-10 图

3-11 习题 3-11 图所示为汽车台秤简图，BCF 为整体台面，杠杆 AB 可绕轴 O 转动，B、C、D 三处均为铰链，杆 DC 处于水平位置。假设砝码和汽车的重量分别为 W_1 和 W_2。试求平衡时 W_1 和 W_2 之间的关系。

3-12 尖劈起重装置如习题 3-12 图所示。尖劈 A 的顶角为 α，物块 B 上受力 F_1 的作用。尖劈 A 与物块 B 之间的静摩擦因数为 f_s（有滚珠处摩擦力忽略不计）。如不计尖劈 A 和物块 B 的重量，试求保持平衡时，施加在尖劈 A 上的力 F_2 的范围。

3-13 砖夹的宽度为 250mm，杆件 AGB 和 $GCED$ 在 G 点铰接。已知：砖的重量为 W；提砖的合力为 F，作用在砖夹的对称中心线上；尺寸如习题 3-13 图所示；砖夹与砖之间的静摩擦因数 $f_s = 0.5$。试确定能将砖夹起的 d 值（d 是 G 点到砖块上所受正压力作用线的距离）。

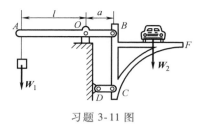

习题 3-11 图

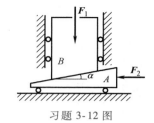

习题 3-12 图

*3-14 习题 3-14 图所示为凸轮顶杆机构，在凸轮上作用有力偶，其力偶矩的大小为 M，顶杆上作用有力 F。已知顶杆与导轨之间的静摩擦因数为 f_s，偏心距为 e，凸轮与顶杆之间的摩擦可以忽略不计。要使顶杆在导轨中向上运动而不致被卡住。试确定滑道的长度 l。

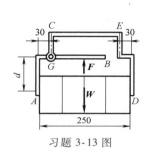

习题 3-13 图

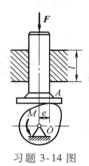

习题 3-14 图

Part II

第 2 篇

材料力学

材料力学（strength of materials）的主要研究对象是弹性体。对于弹性体，除了平衡问题外，还将涉及变形，以及力和变形之间的关系。此外，由于变形，在材料力学中还将涉及弹性体的失效以及与失效有关的设计准则。

将材料力学理论和方法应用于工程，即可对杆类构件或零件进行常规的静力学设计，包括强度、刚度和稳定性设计。

第4章
材料力学的基本概念

在工程静力学中，忽略了物体的变形，将所研究的对象抽象为刚体。实际上，任何固体受力后其内部质点之间均将产生相对运动，使其初始位置发生改变，称之为位移（displacement），从而导致物体发生变形（deformation）。

工程上，绝大多数物体的变形均被限制在弹性范围内，即当外加载荷消除后，物体的变形随之消失，这时的变形称为弹性变形（elastic deformation），相应的物体称为弹性体（elastic body）。

本章介绍材料力学的基本概念。

材料力学所涉及的内容分属于两个学科。一是固体力学（solid mechanics），即研究物体在外力作用下的应力、变形以及与之相关的能量，统称为应力分析（stress analysis）。但是，材料力学又不同于固体力学，材料力学所研究的固体仅限于杆类物体，例如杆、轴、梁等。二是材料科学（materials science）中的材料的力学行为（behaviours of materials），即研究材料在外力和温度作用下所表现出的力学性能（mechanical properties）和失效（failures）行为。但是，材料力学所研究的力学行为仅限于材料的宏观力学行为，不涉及材料的微观机理。

以上两方面的结合使材料力学成为工程设计（engineering design）的重要组成部分，即设计出杆状构件或零部件的合理形状和尺寸，以保证它们具有足够的强度、刚度和稳定性。

4.1 关于材料的基本假定

组成构件的材料，其微观结构和性能一般都比较复杂。研究构件的应力和变形时，如果考虑这些微观结构上的差异，不仅在理论分析中会遇到极其复杂的数学和物理问题，而且在将理论应用于工程实际时也会带来极大的不便。为简单起见，在材料力学中，需要对材料做出一些合理的假定。

4.1.1 均匀连续性假定

均匀连续性假定（homogenization and continuity assumption）——假定材料无空隙、均匀地分布于物体所占的整个空间。

从微观结构看，材料的粒子当然不是处处连续分布的，但从统计学的角度看，只要所考察的物体的几何尺寸足够大，而且所考察的物体中的每一"点"都是宏观上的点，则可以认为物体的全部体积内材料是均匀、连续分布的。根据这一假定，物体内的受力、变形等力学量可以表示为各点坐标的连续函数，从而有利于建立相应的数学模型。

4.1.2 各向同性假定

各向同性假定（isotropy assumption）——假定弹性体在所有方向上均具有相同的物理和力学性能。根据这一假定，可以用一个参数描写各点在各个方向上的某种力学性能。

大多数工程材料虽然微观上不是各向同性的，例如金属材料，其单个晶粒呈结晶各向异性（anisotropy of crystallographic），但当它们形成多晶聚集体的金属时，呈随机取向，因而在宏观上表现为各向同性。

4.1.3 小变形假定

小变形假定（assumption of small deformation）——假定物体在外力作用下所产生的变形与物体本身的几何尺寸相比是很小的。根据这一假定，当考察变形固体的平衡问题时，一般可以略去变形的影响，因而可以直接应用工程静力学方法。

读者不难发现，在工程静力学中，实际上已经采用了上述关于小变形的假定。因为实际物体都是可变形物体，所谓刚体便是实际物体在变形很小时的理想化，即忽略了变形对平衡和运动规律的影响，从这个意义上讲，在材料力学中，当讨论平衡问题时，仍将沿用刚体概念，而在其他场合，必须代之以变形体的概念。此外，读者还会在以后的分析中发现，小变形假定在分析变形几何关系等问题时将使问题大为简化。

4.2 弹性杆件的外力与内力

4.2.1 外力

作用在结构构件上的外力包括外加载荷和约束力，二者组成平衡力系。外力分为体积力和表面力，简称体力和面力。体力分布于整个物体内，并作用在物体的每一个质点上。重力、磁力以及由于运动加速度在质点上产生的惯性力都是体力。面力是研究对象周围物体直接作用在其表面上的力。

4.2.2 内力

考察图 4-1 所示的两根材料和尺寸都完全相同的直杆，所受的载荷（**F**）大小也相同，但方向不同。图 4-1a 所示的梁将远先于图 4-1b 所示的拉杆发生破坏，而且二者的变形形式也是完全不同的。可见，在材料力学中不仅要分析外力，而且要分析内力。

材料力学中的内力不同于工程静力学中物体系统中各个部分之间的相互作用力，也不同

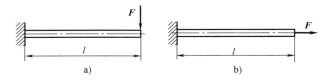

图 4-1 大小相等的外力产生不同的变形和内力

于物理学中基本粒子之间的相互作用力，而是指构件受力后发生变形，其内部各点（宏观上的点）的相对位置发生变化，由此而产生的附加内力，即变形体因变形而产生的内力。这种内力确实存在，例如受拉的弹簧，其内力力图使弹簧恢复原状；人用手提起重物时，手臂肌肉内便产生内力等。

4.2.3　截面法　内力分量

为了揭示承载物体内的内力，通常采用**截面法**（section method）。

这种方法是，用一假想截面将处于平衡状态下的承载物体截为 A、B 两部分，如图 4-2a 所示。为了使其中任意一部分保持平衡，必须在所截的截面上作用某个力系，这就是 A、B 两部分相互作用的内力，如图 4-2b 所示，根据牛顿第三定律，作用在 A 部分截面上的内力与作用在 B 部分同一截面上的内力在对应的点上，大小相等、方向相反。

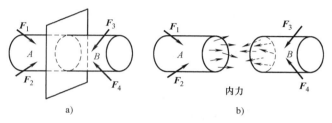

图 4-2　截面法显示弹性体内力

根据材料的连续性假定，作用在截面上的内力应是一个连续分布的力系。在截面上内力分布规律未知的情形下，不能确定截面上各点的内力。但是应用力系简化的基本方法，这一连续分布的内力系可以向截面形心简化为一主矢 $\boldsymbol{F}_{R}$ 和主矩 $\boldsymbol{M}$，再将其沿三个特定的坐标轴分解，便得到该截面上的 6 个内力分量，如图 4-3 所示。

图 4-3 中的沿着杆件轴线方向的内力分量 $\boldsymbol{F}_{N}$ 将使杆件产生沿轴线方向的伸长或压缩变形，称为**轴向**

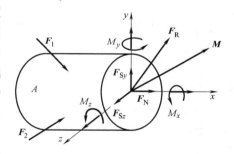

图 4-3　内力与内力分量

力，简称**轴力**（normal force）；$\boldsymbol{F}_{Sy}$ 和 $\boldsymbol{F}_{Sz}$ 将使两个相邻截面分别产生沿 y 和 z 方向的相互错动，这种变形称为剪切变形，这两个内力分量称为**剪力**（shearing force）；内力偶 M_{x} 将使杆件的两个相邻截面产生绕杆件轴线的相对转动，这种变形称为扭转变形，这一内力偶矩称为**扭矩**（torsional moment，torque）；M_{y} 和 M_{z} 则使杆件的两个相邻截面产生绕横截面上的某一轴线的相互转动，从而使杆件分别在 x-z 平面和 x-y 平面内发生弯曲变形，这两个内力偶矩称为**弯矩**（bendingmoment）。

应用平衡方法，考察所截取的任意一部分的平衡，即可求得杆件横截面上各个内力分量的大小和方向。

以图 4-4 所示梁为例，梁上作用一铅垂方向的集中力 $\boldsymbol{F}$，A、B 两处的约束力分别为 $\boldsymbol{F}_{Ay}$、$\boldsymbol{F}_{B}$。为求横截面 m—m 上的内力分量，用假想截面将梁从任意截面 m—m 处截开，分成左、右两段，任取其中一段作为研究对象，例如左段。

此时，左段上作用有外力 F_{Ay}，为保持平衡，截面 m—m 上一定作用有与之平衡的内力，将左段上的所有外力向截面 m—m 的形心平移，得到垂直于梁轴线的外力 F' 及一外力偶矩 M'，根据平衡要求，截面 m—m 上必然有剪力 F_S 和弯矩 M 存在，二者分别与 F' 与 M' 大小相等、方向相反。

若取右段为研究对象，同样可以确定截面 m—m 上的剪力与弯矩，所得的剪力与弯矩数值大小是相同的，但由于与左段截面 m—m 上的剪力、弯矩互为作用与反作用，故方向相反。

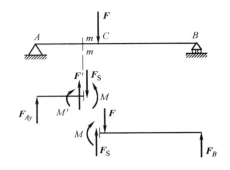

图 4-4　截面法确定杆件横截面上的内力

综上所述，确定杆件横截面上的内力分量的基本方法——截面法，一般包含下列步骤：

- 首先，应用工程静力学方法，确定作用在杆件上的所有未知的外力。
- 在所要考察的横截面处，用假想截面将杆件截开，分为两部分。
- 考察其中任意一部分的平衡，在截面形心处建立合适的直角坐标系，由平衡方程计算出各个内力分量的大小与方向。
- 考察另一部分的平衡，以验证所得结果的正确性。

需要指出的是，当用假想截面将杆件截开，考察其中任意一部分平衡时，实际上已经将这一部分当作刚体，所以所用的平衡方法与在工程静力学中的刚体平衡方法完全相同。

4.3 弹性体受力与变形特征

上一节已经介绍了弹性体受力后，由于变形，其内部将产生相互作用的内力。而且在一般情形下，截面上的内力组成一非均匀分布力系。

由于整体平衡的要求，对于截开的每一部分也必须是平衡的。因此，作用在每一部分上的外力必须与截面上分布内力相平衡，组成平衡力系。这是弹性体受力、变形的第一个特征。这表明，弹性体由变形引起的内力不能是任意的。

在外力作用下，弹性体的变形应使弹性体各相邻部分，既不能断开，也不能发生重叠的现象，图 4-5 所示为从一弹性体中取出的两相邻部分的三种变形状况，其中图 4-5a 所示两部分在变形后发生互相重叠，这当然是不正确的；图 4-5b 所示两部分在变形后断开了，显然这也是不正确的；图 4-5c 所示两部分在变形后协调一致，所以是正确的。

上述分析表明，弹性体受力后发生的变形也不是任意的，必须满足协调（compatibility）一致的要求。这是弹性体受力、变形的第二个特征。此外，弹性体受力后发生的变形还与材料的力学性能有关，这表明，受力与变形之间存在确定的关系，称为物性关系。

变形后两部分相互重叠　　　　变形后两部分相互分离　　　　变形后两部分协调一致
　　　　a)　　　　　　　　　　　　　b)　　　　　　　　　　　　　c)

图 4-5　弹性体变形后各相邻部分之间的相互关系

4.4　杆件横截面上的应力

4.4.1　正应力与切应力的定义

前面已经提到，在外力作用下，杆件横截面上的内力是一个连续分布的力系。一般情形下，这个分布的内力系在横截面上各点处的强弱程度是不相等的。材料力学不仅要研究和确定杆件横截面上分布内力系的合力及其分量，而且还要研究和确定横截面上的内力是怎样分布的，进而确定哪些点处内力最大。

例如，对于图 4-1a 所示的一端固定、另一端自由的梁，读者不难分析出，在集中力 F 作用下，各个横截面上的弯矩 M 是不相等的：固定端处的横截面上弯矩 M 最大，但在这个横截面上，内力并非处处相等，而是截面上、下两边上的数值最大，故破坏首先从这些点处开始。

怎样量度一点处内力的强弱程度？这就需要引进一个新的概念——应力（stress）。

考察图 4-6 所示杆件横截面上微小面积 ΔA，设其上总内力为 ΔF_R，于是在此微小面积上，内力的平均值为

$$\overline{\sigma} = \frac{\Delta F_R}{\Delta A} \qquad (4\text{-}1)$$

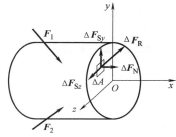

图 4-6　横截面上的应力定义

称为平均应力（average stress）。当所取面积为无限小时，上述平均应力便趋于一极限值，这一极限值便能反映内力在该点处的强弱程度，内力在一点的强弱程度，称为集度（density），应力就是内力在一点处的集度。

将 ΔF_R 分解为 x、y、z 三个方向的分量 ΔF_N、ΔF_{Sy}、ΔF_{Sz}，其中 ΔF_N 垂直于横截面，ΔF_{Sy}、ΔF_{Sz} 平行于横截面。

根据上述应力的定义，可以得到两种应力：一种垂直于横截面；另一种平行于截面，前者称为正应力（normal stress），用希腊字母 σ 表示；后者称为切应力（shearing stress），用希腊字母 τ 表示。

$$\sigma = \lim_{\Delta A \to 0} \frac{\Delta F_N}{\Delta A} \qquad (4\text{-}2)$$

$$\tau = \lim_{\Delta A \to 0} \frac{\Delta F_S}{\Delta A} \qquad (4\text{-}3)$$

其中 F_S 可以是 ΔF_{Sy}，也可以是 ΔF_{Sz}。需要指出的是，上述两式只是作为应力定义的表达式，对于实际应力计算并无意义。

应力的国际单位制记号为 $Pa(N/m^2)$ 或 $MPa(MN/m^2)$。

4.4.2　正应力、切应力与内力分量之间的关系

前面已经提到，内力分量是截面上分布内力系的简化结果。以正应力为例，应用积分方法（图 4-7），不难得出正应力与轴力、弯矩之间存在如下关系式：

$$\int_A \sigma \mathrm{d}A = F_N$$

$$\int_A (\sigma \mathrm{d}A)\, y = -M_z \qquad (4\text{-}4)$$

$$\int_A (\sigma \mathrm{d}A)\, z = M_y$$

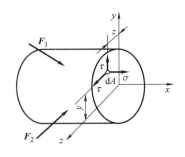

图 4-7　正应力与轴力、弯矩之间的关系

上述表达式一方面表示应力与内力分量间的关系，另一方面也表明，如果已知内力分量并且能够确定横截面上的应力是怎样分布的，就可以确定横截面上各点处的应力数值。

同时，上述关系式还表明，仅仅根据平衡条件，只能确定横截面上的内力分量与外力之间的关系，不能确定各点处的应力。因此，确定横截面上的应力还需增加其他条件。

4.5　正应变与切应变

如果将弹性体看作由许多微单元体所组成，这些微单元体简称为微元体或微元（element），弹性体整体的变形则是所有微元变形累加的结果。而微元的变形则与作用在其上的应力有关。

围绕受力弹性体中的任意点截取微元（通常为正六面体），一般情形下微元的各个面上均有应力作用。下面考察两种最简单的情形，分别如图 4-8a、b 所示。

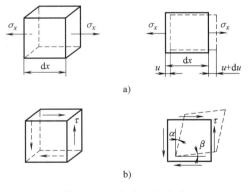

a)

b)

图 4-8　正应变与切应变

对于正应力作用下的微元（图 4-8a），沿着正应力方向和垂直于正应力方向将产生伸长和缩短，这种变形称为线变形。描写弹性体在各点处线变形程度的量，称为线应变或正应变（normal strain），用 ε_x 表示。根据微元变形前、后 x 方向长度 $\mathrm{d}x$ 的相对改变量，有

$$\varepsilon_x = \frac{\mathrm{d}u}{\mathrm{d}x} \qquad (4\text{-}5)$$

式中，$\mathrm{d}x$ 为变形前微元在正应力作用方向的长度；$\mathrm{d}u$ 为微元体变形后相距 $\mathrm{d}x$ 的两截面沿正应力方向的相对位移；ε_x 的下标 x 表示应变方向。

切应力作用下的微元体将发生剪切变形，剪切变形程度用微元体直角的改变量量度。微元直角改变量称为切应变（shearing strain），用 γ 表示。在图 4-8b 中，$\gamma = \alpha + \beta$。γ 的单位为 rad（弧度）。

关于正应力和正应变的正负号，一般约定：拉应变为正；压应变为负。产生拉应变的应力（拉应力）为正；产生压应变的应力（压应力）为负。关于切应力和切应变的正负号将在以后介绍。

4.6 线弹性材料的应力-应变关系

对于工程中常用材料，试验结果表明：若在弹性范围内加载（应力小于某一极限值），对于只承受单方向正应力或承受切应力的微元体，正应力与正应变以及切应力与切应变之间存在着线性关系（图 4-9）：

$$\sigma_x = E\varepsilon_x \quad \text{或} \quad \varepsilon_x = \frac{\sigma_x}{E} \quad\quad (4\text{-}6)$$

$$\tau_x = G\gamma_x \quad \text{或} \quad \gamma_x = \frac{\tau_x}{G} \quad\quad (4\text{-}7)$$

上述两式统称为胡克定律（Hooke law）。式中，E 和 G 为与材料有关的弹性常数：E 称为弹性模量（modulus of elasticity）或杨氏模量（Young modulus）；G 称为切变模量（shearing modulus）。式（4-6）和式（4-7）即为描述线弹性材料物性关系的方程。所谓线弹性材料是指弹性范围内加载时应力-应变满足线性关系的材料。

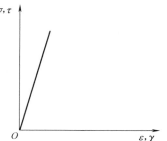

图 4-9　线性的应力-应变关系

4.7 杆件受力与变形的基本形式

实际杆类构件的受力与变形可以是各式各样的，但都可以归纳为：轴向拉伸（或压缩）、剪切、扭转和弯曲等基本形式，以及由两种或两种以上基本受力与变形形式共同形成的组合受力与变形形式。

4.7.1 拉伸或压缩

当杆件两端承受沿轴线方向的拉力或压力载荷时，杆件将产生轴向伸长或压缩变形。这种受力与变形形式称为轴向拉伸或压缩，简称拉伸（tension）或压缩（compression）。拉伸和压缩时的变形分别如图 4-10a、b 所示。

拉伸和压缩时，杆横截面上只有轴力 F_N 一个内力分量。

4.7.2 剪切

作用线垂直于杆件轴线的力，称为横向力（transverse force）。大小相等、方向相反、作用线互相平行、相距很近的两个横向力，作用在杆件上，当这两个力相互错动并保持二者作用线之间的距离不变时，杆件的两个相邻截面将产生相互错动，这种变形称为剪切变形，如图 4-11 所示。这种受力与变形形式称为剪切（shear）。

剪切时，杆件横截面上只有剪力 F_S（可以是 F_{Sy} 或 F_{Sz}）一个内力分量。

4.7.3 扭转

当作用面互相平行的两个力偶作用在杆件的两个横截面内时，杆件的横截面将产生绕杆

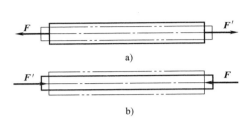

图 4-10　拉伸和压缩时的受力与变形

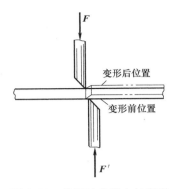

图 4-11　剪切时的受力与变形

件轴线的相互转动，这种变形称为扭转变形，如图 4-12 所示。杆件的这种受力与变形形式称为扭转（torsion or twist）。

杆件承受扭转变形时，其横截面上只有扭矩 M_x 一个内力分量。

4.7.4　平面弯曲

当外加力偶或横向力作用于杆件纵向的某一平面内时（图 4-13），杆件的轴线将在加载平面内弯曲成曲线。这种变形形式称为平面弯曲（bending in a plane），简称弯曲（bending）。

图 4-13a 所示的情形下，杆件横截面上只有弯矩一个内力分量 M（M_y 或 M_z），这时的平面弯曲称为纯弯曲（pure bending）。

对于图 4-13b 所示的情形，横截面上除弯矩外尚有剪力存在。这种弯曲称为横向弯曲（transverse bending）。

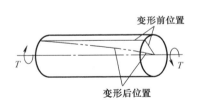

图 4-12　杆件扭转时的受力与变形

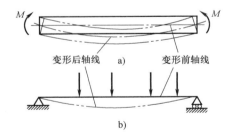

图 4-13　平面弯曲时杆件的受力与变形

4.7.5　组合受力与变形

由上述基本受力形式中的两种或两种以上所共同形成的受力形式即称为组合受力与变形（complex loads and deformation）。例如图 4-14 所示杆件的受力即为拉伸与弯曲的组合受力，其中力 F、力偶 M 都作用在同一平面内，这种情形下，杆件将同时承受拉伸变形与弯曲变形。

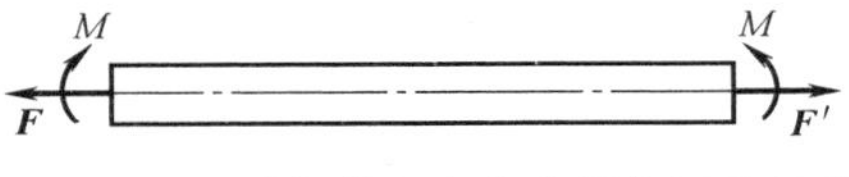

图 4-14　承受拉伸与弯曲共同作用的杆件

杆件承受组合受力与变形时，其横截面上将存在两个或两个以上的内力分量。

实际杆件的受力不管多么复杂，在一定的条件下，都可以简化为基本受力形式的组合。

前面已经提到，工程上将只承受拉伸的杆件统称为杆；只承受压缩的杆件统称为压杆或柱；主要承受扭转的杆件统称为轴；主要承受弯曲的杆件统称为梁。

4.8　结论与讨论

4.8.1　关于工程静力学模型与材料力学模型

所有工程结构的构件，实际上都是可变形的变形体，当变形很小时，变形对物体运动效应的影响甚小，因而在研究运动和平衡问题时一般可将变形略去，从而将变形体抽象为刚体。从这一意义讲，刚体和变形体都是工程构件在确定条件下的力学简化模型。

4.8.2　关于弹性体受力与变形特点

弹性体在载荷作用下，将产生连续分布的内力。弹性体内力应满足：与外力的平衡关系；弹性体自身变形协调关系；力与变形之间的物性关系。这是材料力学与工程静力学的重要区别。

4.8.3　关于工程静力学概念与原理在材料力学中的可用性与限制性

工程中绝大多数构件受力后所产生的变形相对于构件的尺寸都是很小的，这种变形通常称为"小变形"。在小变形条件下，工程静力学中关于平衡的理论和方法能否应用于材料力学，下列问题的讨论对于回答这一问题是有益的：

（1）若将作用在弹性杆上的力（图4-15a），沿其作用线方向移动（图4-15b）。

（2）若将作用在弹性杆上的力（图4-16a），向另一点平移（图4-16b）。

请读者分析：上述两种情形下对弹性杆的平衡和变形将会产生什么影响？

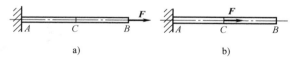

图4-15　力沿作用线移动的结果

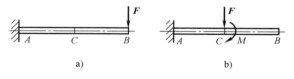

图4-16　力向一点平移的结果

4-1　确定习题4-1图所示结构中螺栓的指定截面Ⅰ—Ⅰ上的内力分量，并指出两种结构中的螺栓分别属于哪一种基本受力与变形形式。

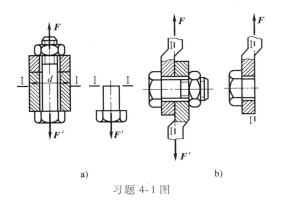

a)   b)

习题 4-1 图

4-2 习题 4-2 图所示直杆 *ACB* 在两端 *A*、*B* 处固定，在 *C* 处受有沿直线方向的外力，这一外力将会在 *A*、*B* 两端产生轴线方向的约束力。关于其两端的约束力有 4 种答案，如图所示。请根据弹性体的受力既满足平衡又必须使各部分的变形协调一致这一特点，分析图示 4 种答案中哪一种是正确的。

正确答案是_____。

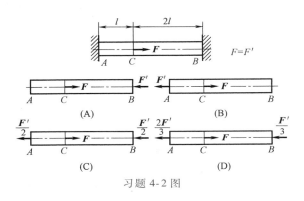

习题 4-2 图

第 5 章
杆件的内力图

杆件在外力作用下，横截面上将产生轴力、剪力、扭矩、弯矩等内力分量。在很多情形下，内力分量沿杆件的长度方向的分布不是均匀的。研究强度问题，需要知道哪些横截面可能最先发生失效，这些横截面称为危险面。内力分量最大的横截面就是首先需要考虑的危险面。研究刚度问题虽然没有危险面的问题，但是也必须知道内力分量沿杆件长度方向是怎样变化的。

为了确定内力分量最大的横截面，必须知道内力分量沿着杆件的长度方向是怎样分布的。杆件的内力图就是表示内力分量变化的图形。

本章首先介绍内力分量的正负号规则；然后介绍轴力图、扭矩图、剪力图与弯矩图，重点是剪力图与弯矩图；最后讨论载荷、剪力、弯矩之间的微分关系及其在绘制剪力图和弯矩图中的应用。

5.1 基本概念与基本方法

确定外力作用下杆件横截面上的内力分量，重要的是正确应用平衡的概念和平衡的方法。这一点与静力分析中的概念和方法相似，但又不完全相同。主要区别在于，在静力分析中只涉及整个系统或单个刚体的平衡，而在确定内力时，不仅要涉及单个构件以及构件系统的平衡，而且还要涉及构件的局部的平衡。因此，需要将平衡的概念加以扩展和延伸。

5.1.1 整体平衡与局部平衡的概念

弹性杆件在外力作用下若保持平衡，则从其上截取的任意部分也必须保持平衡。前者称为整体平衡或总体平衡（overall equilibrium）；后者称为局部平衡（local equilibrium）。

整体是指杆件所代表的某一构件；局部是指：可以是用一截面将杆截成的两部分中的任一部分；也可以是无限接近的两个截面所截出的一微段；还可以是围绕某一点截取的微元或微元的局部；等等。

这种整体平衡与局部平衡的关系，不仅适用于弹性杆件，而且适用于所有弹性体，因而可以称为弹性体平衡原理（equilibrium principle for elastic body）。

5.1.2 杆件横截面上的内力与外力的相依关系

应用上一章中所介绍的截面法，不难证明，当杆件上的外力（包括载荷与约束力）沿杆的轴线方向发生突变时，内力的变化规律也将发生变化。

所谓外力突变，是指有集中力、集中力偶作用的情形以及分布载荷间断或分布载荷集度发生突变的情形。

所谓内力变化规律是指表示内力变化的函数或图线。这表明，如果在两个外力作用点之间的杆件上没有其他外力作用，则这一段杆件所有横截面上的内力可以用同一个数学方程或者同一图线描述。

例如，图 5-1a 所示平面载荷作用的杆，其上的 A—B、C—D、D—E、E—F、G—H、I—J 等各段内力分别按不同的函数规律变化。

5.1.3 控制面

根据以上分析，在一段杆上，内力按一种函数规律变化，这一段杆的两个端截面称为控制面（control cross-section）。控制面也就是函数定义域的两个端截面。据此，下列截面均可能为控制面：

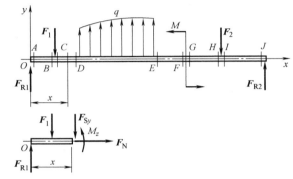

- 集中力作用点两侧截面。
- 集中力偶作用点两侧截面。
- 集度相同的、连续变化的分布载荷起点和终点处截面。

图 5-1a 所示杆件上的 A、B、C、D、E、F、G、H、I、J 等截面都是控制面。

图 5-1　杆件内力与外力的变化有关

5.1.4 杆件内力分量的正负号规则

为了保证杆件同一处左、右两侧截面上具有相同的正负号，不仅要考虑内力分量的方向，而且要看它作用在哪一侧截面上。于是，上述内力分量的正负号规则约定如下：

轴力 F_N：无论作用在哪一侧截面上，使杆件受拉者为正；受压者为负。

剪力 F_S（F_{Sy} 或 F_{Sz}）：使截开部分杆件产生顺时针方向转动者为正；逆时针方向转动者为负。

弯矩 M（M_y 或 M_z）：作用在左侧截面上使截开部分逆时针方向转动；或者作用在右侧截面上使截开部分顺时针方向转动者为正；反之为负。

扭矩 M_x：扭矩矢量方向与截面外法线方向一致者为正；反之为负。

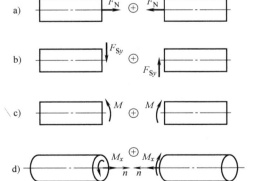

图 5-2　内力分量的正负号规则

图 5-2 所示的 F_N、F_S、M、M_x 都是正方向。

5.1.5 截面法确定指定横截面上的内力分量

应用截面法确定某一个指定横截面上的内力分量，首先，需要用假想横截面从指定横截面处将杆件截为两部分。然后，考察其中任意一部分的受力，由平衡条件，即可得到该截面上的内力分量。

以平面载荷作用情形（图 5-1a）为例，为了确定 C-D 之间的某一横截面上的内力分量，用一假想横截面将杆件截开，考察左边部分的平衡，其受力如图 5-1b 所示，这时截面上只有 $\boldsymbol{F}_N$、$\boldsymbol{F}_{Sy}$ 和 $\boldsymbol{M}_z$ 三个内力分量，假设这些内力分量都是正方向。由于这三个内力分量都作用在外力所在的平面内，所以，应用平面力系的三个平衡方程，即可求得全部内力分量

$$\sum F_x = 0, \quad \sum F_y = 0, \quad \sum M = 0$$

其中矩平衡方程的矩心可以取为所截开截面的中心。

【例题 5-1】 图 5-3a 所示的一端固定另一端自由的梁，称为悬臂梁（cantilever beam）。梁承受集中力 F 及集中力偶 M_e 作用，如图所示。试确定截面 C 及截面 D 上的剪力和弯矩。

解：（1）求截面 C 上的剪力和弯矩

用假想截面从截面 C 处将梁截开，取右段为研究对象，在截开的截面上标出剪力 F_{SC} 和弯矩 M_C 的正方向，如图 5-3b 所示。

由平衡方程

$$\sum F_y = 0, \quad F_{SC} - F = 0$$
$$\sum M_C = 0, \quad M_C - M_e + F \times l = 0$$

解得

$$F_{SC} = F$$
$$M_C = M_e - F \times l = 2Fl - Fl = Fl$$

（2）求截面 D 上的剪力和弯矩

从截面 D 处将梁截开，取右段为研究对象。假设 D、B 两截面之间的距离为 Δ，由于截面 D 与截面 B 无限接近，且位于截面 B 的左侧，故所截梁段的长度 $\Delta \approx 0$。在截开的横截面上标出剪力 F_{SD} 和弯矩 M_D 的正方向，如图 5-3c 所示。

由平衡方程

$$\sum F_y = 0, \quad F_{SD} - F = 0$$
$$\sum M_D = 0, \quad M_D + F \times \Delta = 0$$

解得

$$F_{SD} = F$$
$$M_D = -F \times \Delta = -F \times 0 = 0$$

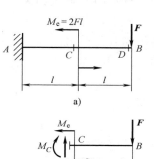

a)

b)

c)

图 5-3 例题 5-1 图

5.2 轴力图与扭矩图

5.2.1 轴力图

沿着杆件轴线方向作用的载荷，通常称为轴向载荷（normal load）。杆件承受轴向载荷

作用时，横截面上只有轴力一种内力分量 F_N。

杆件只在两个端截面处承受轴向载荷时，则杆件的所有横截面上的轴力都是相同的。如果杆件上作用有两个以上的轴向载荷，就只有两个轴向载荷作用点之间的横截面上的轴力是相同的。

表示轴力沿杆件轴线方向变化的图形，称为轴力图（diagram of normal force）。

下面举例说明轴力图的画法。

【例题 5-2】　图 5-4a 所示的直杆，在 B、C 两处作用有集中载荷 F_1 和 F_2，其中 $F_1 = 5\text{kN}$，$F_2 = 10\text{kN}$。试画出杆件的轴力图。

解：（1）**确定约束力**

A 处虽然是固定端约束，但由于杆件只有轴向载荷作用，所以只有一个轴向的约束力 F_A。由平衡方程

$$\sum F_x = 0$$

求得

$$F_A = 5\text{kN}$$

方向如图所示。

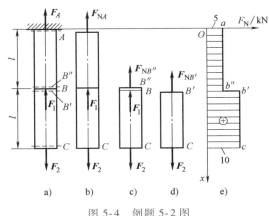

图 5-4　例题 5-2 图

（2）**确定控制面**

在集中载荷 F_2 作用处的 C 截面、约束力 F_A 作用处的 A 截面，以及集中载荷 F_1 作用点 B 处的上、下两侧虚线所示的截面。

（3）**应用截面法**

用假想截面分别从控制面 A、B''、B'、C 处将杆截开，假设横截面上的轴力均为正方向（拉力），并考察截开后下面部分的平衡，如图 5-4b、c、d 所示。

根据平衡方程

$$\sum F_x = 0$$

求得各控制面上的轴力分别为

$$A \text{ 截面：} F_{NA} = F_2 - F_1 = 5\text{kN}$$

$$B'' \text{ 截面：} F_{NB''} = F_2 - F_1 = 5\text{kN}$$

$$B' \text{ 截面：} F_{NB'} = F_2 = 10\text{kN}$$

$$C \text{ 截面：} F_{NC} = F_2 = 10\text{kN}$$

（4）**建立 F_N-x 坐标系，画轴力图**

F_N-x 坐标系中 x 坐标轴沿着杆件的轴线方向，F_N 坐标轴垂直于 x 轴。

将所求得的各控制面上的轴力标在 F_N-x 坐标系中，得到 a、b''、b' 和 c 四点。因为在 A、B'' 之间以及 B'、C 之间，没有其他外力作用，故这两段中的轴力分别与 A（或 B''）截面以及 C（或 B'）截面相同。这表明 a 点与 b'' 点之间以及 c 点与 b' 点之间的轴力图为平行于 x 轴的直线。于是，得到杆的轴力图如图 5-4e 所示。

根据以上分析，绘制轴力图的方法为：

● 确定约束力。

● 根据杆件上作用的载荷以及约束力，确定控制面，也就是轴力图的分段点。

● 应用截面法，用假想截面从控制面处将杆件截开，在截开的截面上，画出未知轴力，并假设为正方向；对截开的部分杆件建立平衡方程，确定控制面上的轴力。

● 建立 F_N-x 坐标系，将所求得的轴力值标在坐标系中，画出轴力图。

5.2.2 扭矩图

作用在杆件上的外力偶矩，可以由外力向杆的轴线简化而得，但是对于传递功率的轴，通常都不是直接给出力或力偶矩，而是给定功率和转速。

因为力偶矩在单位时间内所做之功即为功率，于是有

$$T\omega = P$$

式中，T 为外力偶矩；ω 为轴转动的角速度；P 为轴传递的功率。

考虑到：$1kW = 1000N \cdot m/s$，上式可以改写为

$$T = 9549 \frac{P}{n}(N \cdot m) \tag{5-1}$$

式中，功率 P 的单位为 kW；n 为轴每分钟的转数，单位为 r/min。

在扭转外力偶作用下，圆轴横截面上将产生扭矩。

确定扭矩的方法也是截面法，即假想截面将杆截开分成两部分，横截面上的扭矩与作用在轴的任一部分上的所有外力偶矩组成平衡力系。据此，即可求得扭矩的大小与方向。

如果只在轴的两个端截面作用有外力偶矩，则沿轴线方向所有横截面上的扭矩都是相同的，并且都等于作用在轴上的外力偶矩。

当轴的长度方向上有两个以上的外力偶矩作用时，轴各段横截面上的扭矩将是不相等的，这时需用截面法确定各段横截面上的扭矩。

扭矩沿杆轴线方向变化的图形，称为扭矩图（diagram of torsional moment）。绘制扭矩图的方法与绘制轴力图的方法相似，这里不再重复。

【例题 5-3】　图 5-5a 所示的圆轴，受有四个绕轴线转动的外加力偶，各力偶的力偶矩的大小和方向均示于图中，其中力偶矩的单位为 N · m，尺寸单位为 mm。试画出圆轴的扭矩图。

解：（1）**确定控制面**

从圆轴所受的外加力偶分布可以看出，外加力偶处截面 A、B、C、D 均为控制面。这表明 AB 段、BC 段、CD 段圆轴内，各分段横截面上的扭矩各不相同，但每一段内的扭矩却是相同的。为了计算简化起见，可以在 AB 段、BC 段、CD 段圆轴内任意选取一横截面，例如 1—1、2—2、3—3 截面，这三个横截面上的扭矩即对应三段圆轴上所有横截面上的扭矩。

（2）**应用截面法确定各段圆轴内的扭矩**

用 1—1、2—2、3—3 截面将圆轴截开，所截开的横截面上假设扭矩为正方向，分别如图 5-5b、c、d 所示。考察这些截面左侧或右侧部分圆轴的平衡，由平衡方程

$$\sum M_x = 0$$

求得三段圆轴内的扭矩分别为

$$M_{x1} + 315\text{N} \cdot \text{m} = 0, \quad M_{x1} = -315\text{N} \cdot \text{m}$$

$$M_{x2} + 315\text{N} \cdot \text{m} + 315\text{N} \cdot \text{m} = 0,$$

$$M_{x2} = -630\text{N} \cdot \text{m}$$

$$M_{x3} - 486\text{N} \cdot \text{m} = 0, \quad M_{x3} = 486\text{N} \cdot \text{m}$$

上述计算过程中，由于假定横截面上的扭矩为正方向，所以，结果为正者，表示假设的扭矩正方向是正确的；若为负，说明截面上的扭矩与假定方向相反，即扭矩为负。

（3）**建立 M_x-x 坐标系，画出扭矩图**

建立 M_x-x 坐标系，其中 x 轴平行于圆轴的轴线，M_x 轴垂直于圆轴的轴线。将所求得的各段的扭矩值，标在 M_x-x 坐标

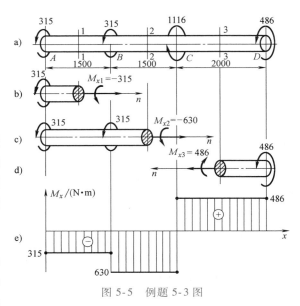

图 5-5　例题 5-3 图

系中，得到相应的点，过这些点作 x 轴的平行线，即得到所需要的扭矩图，如图 5-5e 所示。

5.3　剪力图与弯矩图

5.3.1　剪力方程与弯矩方程

一般受力情形下，梁内剪力和弯矩将随横截面位置的改变而发生变化。描述梁的剪力和弯矩沿长度方向变化的代数方程，分别称为**剪力方程**（equation of shearing force）和**弯矩方程**（equation of bending moment）。

为了建立剪力方程和弯矩方程，必须首先建立 Oxy 坐标系，其中 O 为坐标原点，x 坐标轴与梁的轴线一致，坐标原点 O 一般取在梁的左端，x 坐标轴的正方向自左至右，y 坐标轴铅垂向上。

在建立剪力方程和弯矩方程时，需要根据梁上的外力（包括载荷和约束力）作用状况，确定控制面，从而确定要不要分段，以及分几段，建立剪力方程和弯矩方程。确定了分段之后，首先，在每一段中任意取一横截面，假设这一横截面的坐标为 x；然后，从这一横截面处将梁截开，并假设所截开的横截面上的剪力 $F_\text{S}(x)$ 和弯矩 $M(x)$ 都是正方向；最后，分别应用力的平衡方程和力矩的平衡方程，即可得到剪力 $F_\text{S}(x)$ 和弯矩 $M(x)$ 的表达式，这就是所要求的剪力方程 $F_\text{S}(x)$ 和弯矩方程 $M(x)$。

这一方法和过程实际上与前面所介绍的确定指定横截面上的内力分量的方法和过程是相似的，所不同的是，现在的指定横截面是坐标为 x 的横截面。

需要特别注意的是，在剪力方程和弯矩方程中，x 是变量，而 $F_\text{S}(x)$ 和 $M(x)$ 则是 x 的函数。

【例题 5-4】 图 5-6a 所示的一端为固定铰链支座、另一端为辊轴支座的梁，称为**简支梁**（simply supported beam）。梁上承受集度为 q 的均布载荷作用，梁的长度为 $2l$。试写出该梁的剪力方程和弯矩方程。

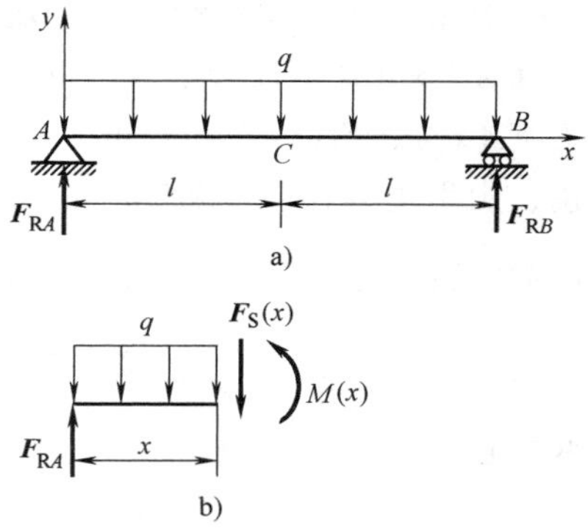

解：（1）**确定约束力**

因为只有铅垂方向的外力，所以支座 A 的水平约束力等于零。又因为梁的结构及受力都是对称的，故支座 A 与支座 B 处铅垂方向的约束力相同。于是，根据平衡条件不难求得

$$F_{RA} = F_{RB} = ql$$

（2）**确定控制面和分段**

因为梁上只作用有连续分布载荷（载荷集度没有突变），没有集中力和集中力偶的作用，所以，从 A 到 B，梁的横截面上的剪力和弯矩可以分别用一个方程描述，因而无须分段建立剪力方程和弯矩方程。

（3）**建立 Axy 坐标系**

以梁的左端 A 为坐标原点，建立 Axy 坐标系，如图 5-6a 所示。

（4）**确定剪力方程和弯矩方程**

以 A、B 之间坐标为 x 的任意截面为假想截面，将梁截开，取左段为研究对象，在截开的截面上标出剪力 $F_S(x)$ 和弯矩 $M(x)$ 的正方向，如图 5-6b 所示。由左段梁的平衡条件

$$\sum F_y = 0, \quad F_{RA} - qx - F_S(x) = 0$$

$$\sum M = 0, \quad M(x) - F_{RA} \times x + qx \times \frac{x}{2} = 0$$

据此，得到梁的剪力方程和弯矩方程分别为

$$F_S(x) = F_{RA} - qx = ql - qx \quad (0 \leqslant x \leqslant 2l)$$

$$M(x) = qlx - \frac{qx^2}{2} \quad (0 \leqslant x \leqslant 2l)$$

这一结果表明，梁上的剪力方程是 x 的线性函数；弯矩方程是 x 的二次函数。

【例题 5-5】 悬臂梁在 B、C 两处分别承受集中力 F 和集中力偶 $M = 2Fl$ 作用，如图 5-7a 所示。梁的全长为 $2l$。试写出梁的剪力方程和弯矩方程。

解：（1）**确定控制面与分段**

由于梁在固定端 A 处作用有约束力、自由端 B 处作用有集中力、中点 C 处作用有集中力偶，所以，截面 A、B、C 均为控制面。因此，需要分为 AC 和 CB 两段建立剪力和弯矩方程。

图 5-6 例题 5-4 图

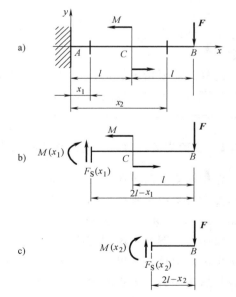

图 5-7 例题 5-5 图

（2）**建立 Axy 坐标系**

以梁的左端 A 为坐标原点，建立 Axy 坐标系，如图 5-7a 所示。

（3）**建立剪力方程和弯矩方程**

在 AC 和 CB 两段分别以坐标为 x_1 和 x_2 的横截面将梁截开，并在截开的横截面上，假设剪力 $F_S(x_1)$、$F_S(x_2)$ 和弯矩 $M(x_1)$、$M(x_2)$ 都是正方向，然后考察截开的右边部分梁的平衡，由平衡方程即可确定所需要的剪力方程和弯矩方程。

AC 段：
$$\sum F_y = 0, \quad F_S(x_1) - F = 0$$
$$\sum M = 0, \quad -M(x_1) + M - F \times (2l - x_1) = 0$$

由此解得

$$F_S(x_1) = F \qquad (0 \leqslant x_1 \leqslant l)$$
$$M(x_1) = M - F(2l - x_1) = 2Fl - F(2l - x_1) = Fx_1 \qquad (0 \leqslant x_1 < l)$$

CB 段：
$$\sum F_y = 0, \quad F_S(x_2) - F = 0$$
$$\sum M = 0, \quad -M(x_2) - F \times (2l - x_2) = 0$$

由此解得

$$F_S(x_2) = F \, (l \leqslant x_2 \leqslant 2l)$$
$$M(x_2) = -F(2l - x_2) \, (0 < x_2 \leqslant l)$$

上述结果表明，AC 段和 CB 段的剪力方程是相同的；弯矩方程不同，但都是 x 的线性函数。

此外，需要指出的是，本例中，因为所考察的是截开后右边部分梁的平衡，与固定端 A 处的约束力无关，所以无须先确定约束力。

5.3.2 载荷集度、剪力、弯矩之间的微分关系

作用在梁上的平面载荷，如果不包含纵向力，这时梁的横截面上将只有弯矩和剪力。表示剪力和弯矩沿梁轴线方向变化的图线，分别称为剪力图（diagram of shearing force）和弯矩图（diagram of bending moment）。

绘制剪力图和弯矩图有两种方法：第一方法是，根据剪力方程和弯矩方程，在 F_S-x 和 M-x 坐标系中首先标出剪力方程和弯矩方程定义域两个端点的剪力值和弯矩值，得到相应的点；然后按照剪力方程和弯矩方程的类型，绘制出相应的图线，便得到所需要的剪力图与弯矩图。

绘制剪力图和弯矩图的第二种方法是，先在 F_S-x 和 M-x 坐标系中标出控制面上的剪力和弯矩数值，然后应用载荷集度、剪力、弯矩之间的微分关系，确定控制面之间的剪力和弯矩图线的形状，无须首先建立剪力方程和弯矩方程。

　　根据相距 $\mathrm{d}x$ 的两个横截面截处微段的平衡，可以得到载荷集度、剪力、弯矩之间存在下列的微分关系：

$$\begin{cases} \dfrac{\mathrm{d}F_{S}}{\mathrm{d}x} = q \\[2mm] \dfrac{\mathrm{d}M}{\mathrm{d}x} = F_{S} \\[2mm] \dfrac{\mathrm{d}^2 M}{\mathrm{d}x^2} = q \end{cases} \qquad (5\text{-}2)$$

　　如果将例题 5-4 中所得到的剪力方程和弯矩方程分别求一次导数，同样也会得到上述微分关系式。例题 5-4 中所得到的剪力方程和弯矩方程分别为

$$F_{S}(x) = ql - qx \qquad (0 \leqslant x \leqslant 2l)$$

$$M(x) = qlx - \frac{qx^2}{2} \qquad (0 \leqslant x \leqslant 2l)$$

将 $F_{S}(x)$ 对 x 求一次导数，将 $M(x)$ 对 x 求一次和二次导数，得到

$$\frac{\mathrm{d}F_{S}(x)}{\mathrm{d}x} = -q$$

$$\frac{\mathrm{d}M(x)}{\mathrm{d}x} = ql - qx = F_{S}$$

$$\frac{\mathrm{d}^2 M}{\mathrm{d}x^2} = -q$$

上述第一式和第三式中等号右边的负号，是由于作用在梁上的均布载荷是向下的。因此，规定：对于向上的均布载荷，微分关系式（5-2）中的载荷集度 q 为正值；对于向下的均布载荷，载荷集度 q 为负值。

　　上述微分关系式（5-2），也说明剪力图和弯矩图图线的几何形状与作用在梁上的载荷集度有关：

　　● 剪力图的斜率等于作用在梁上的均布载荷集度；弯矩图在某一点处的斜率等于对应截面处剪力的数值。

　　● 如果一段梁上没有分布载荷作用，即 $q=0$，这一段梁上剪力的一阶导数等于零，弯矩的一阶导数等于常数，因此，这一段梁的剪力图为平行于 x 轴的水平直线；弯矩图为斜直线。

　　● 如果一段梁上作用有均布载荷，即 $q=$ 常数，这一段梁上剪力的一阶导数等于常数，弯矩的一阶导数为 x 的线性函数，因此，这一段梁的剪力图为斜直线；弯矩图为二次抛物线。

　　● 弯矩图二次抛物线的凸凹性，与载荷集度 q 的正负有关：当 q 为正（向上）时，抛物线为凹曲线，凹的方向与 M 坐标正方向一致；当 q 为负（向下）时，抛物线为凸曲线，凸的方向与 M 坐标正方向一致。

　　上述微分关系将在本章的最后加以证明。

5.3.3　剪力图与弯矩图的绘制

　　根据载荷集度、剪力、弯矩之间的微分关系绘制剪力图与弯矩图的方法，与绘制轴力图

和扭矩图的方法大体相似，但略有差异，主要步骤如下：

- 根据载荷及约束力的作用位置，确定控制面。
- 应用截面法确定控制面上的剪力和弯矩值。
- 建立 F_S-x 和 M-x 坐标系，并将控制面上的剪力和弯矩值标在上述坐标系中，得到若干相应的点。其中 x 坐标沿着梁的轴线自左向右；剪力 F_S 坐标竖直向上，M 坐标可以向上也可以向下，本书采用 M 坐标向下的坐标系。
- 应用微分关系确定各段控制面之间的剪力图和弯矩图的图线，得到所需要的剪力图与弯矩图。

下面举例说明。

【例题5-6】 简支梁受力的大小和方向如图5-8a所示。试画出其剪力图和弯矩图，并确定剪力和弯矩绝对值的最大值：$|F_S|_{max}$ 和 $|M|_{max}$。

解：（1）**确定约束力**

根据力矩平衡方程

$$\sum M_A = 0, \qquad \sum M_F = 0$$

可以求得 A、F 两处的约束力

$$F_{Ay} = 0.89\text{kN}, \qquad F_{Fy} = 1.11\text{kN}$$

方向如图5-8a所示。

（2）**建立坐标系**

建立 F_S-x 和 M-x 坐标系，分别如图5-8b、c所示。

（3）**确定控制面及控制面上的剪力和弯矩值**

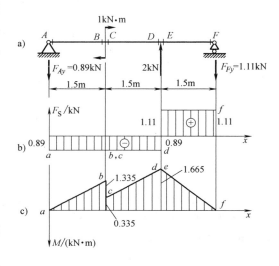

图5-8 例题5-6图

在集中力和集中力偶作用处的两侧截面以及支座反力内侧截面均为控制面，即图5-8a所示 A、B、C、D、E、F 各截面均为控制面。

应用截面法和平衡方程，求得这些控制面上的剪力和弯矩值分别为

A 截面：$F_S = -0.89\text{kN}$，$M = 0$

B 截面：$F_S = -0.89\text{kN}$，$M = -1.335\text{kN·m}$

C 截面：$F_S = -0.89\text{kN}$，$M = -0.335\text{kN·m}$

D 截面：$F_S = -0.89\text{kN}$，$M = -1.665\text{kN·m}$

E 截面：$F_S = 1.11\text{kN}$，$M = -1.665\text{kN·m}$

F 截面：$F_S = 1.11\text{kN}$，$M = 0$

将这些值分别标在 F_S-x 和 M-x 坐标系中，便得到 a、b、c、d、e、f 各点，如图5-8b、c所示。

（4）**根据微分关系连图线**

因为梁上无分布载荷作用，所以剪力 F_S 图形均为平行于 x 轴的直线；弯矩 M 图形均为斜直线。于是，顺序连接 F_S-x 和 M-x 坐标系中的 a、b、c、d、e、f 各点，便得到梁的剪力

图与弯矩图，分别如图 5-8b、c 所示。

从图中不难得到剪力与弯矩的绝对值的最大值分别为

$$|F_S|_{max} = 1.11\text{kN} \quad （发生在 EF 段）$$

$$|M|_{max} = 1.665\text{kN} \cdot \text{m} \quad （发生在 D、E 截面上）$$

从所得到的剪力图和弯矩图中不难看出 AB 段与 CD 段的剪力相等，因而这两段内的弯矩图具有相同的斜率。此外，在集中力作用点两侧截面上的剪力是不相等的，而在集中力偶作用处两侧截面上的弯矩是不相等的，其差值分别为集中力与集中力偶的数值，这是由于维持 DE 小段和 BC 小段梁的平衡所必需的。建议读者自行加以验证。

【例题 5-7】　图 5-9a 所示的梁 ABCD 由一个固定铰链支座和一个辊轴支座所支承，但是梁的一端向外伸出，这种梁称为外伸梁（overhanging beam）。梁的受力以及各部分的尺寸均示于图中。试画出梁的剪力图与弯矩图，并确定剪力和弯矩绝对值的最大值：$|F_S|_{max}$ 和 $|M|_{max}$。

解：（1）**确定约束力**

根据梁的整体平衡，由

$$\sum M_A = 0, \quad \sum M_B = 0$$

可以求得 A、B 两处的约束力

$$F_{Ay} = \frac{9}{4}qa, \quad F_{By} = \frac{3}{4}qa$$

方向如图 5-9a 所示。

（2）**建立坐标系**

建立 F_S-x 和 M-x 坐标系，分别如图 5-9c、d 所示。

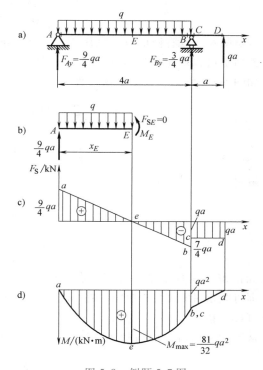

图 5-9　例题 5-7 图

（3）**确定控制面及控制面上的剪力和弯矩值**

由于 AB 段上作用有连续分布载荷，故 A、B 两个截面为控制面，约束力 $\boldsymbol{F}_{By}$ 右侧的 C 截面，以及集中力 qa 左侧的 D 截面，也都是控制面。

应用截面法和平衡方程求得 A、B、C、D 四个控制面上的 F_S、M 数值分别为

A 截面：$F_S = \dfrac{9}{4}qa$，$M = 0$

B 截面：$F_S = -\dfrac{7}{4}qa$，$M = qa^2$

C 截面：$F_S = -qa$，$M = qa^2$

D 截面：$F_S = -qa$，$M = 0$

将这些值分别标在 F_S-x 和 M-x 坐标系中，便得到 a、b、c、d 各点，如图 5-9c、d 所示。

（4）**根据微分关系连图线**

对于剪力图：在 AB 段，因有均布载荷作用，剪力图为一斜直线，于是连接 a、b 两点，即得这一段的剪力图；在 CD 段，因无分布载荷作用，故剪力图为平行于 x 轴的直线，由连接 c、d 两点而得，或者由其中任一点作平行于 x 轴的直线而得。

对于弯矩图：在 AB 段，因有均布载荷作用，图形为二次抛物线。又因为 q 向下为负，弯矩图为凸向 M 坐标正方向的抛物线。于是，AB 段内弯矩图的形状便大致确定。为了确定曲线的位置，除 AB 段上两个控制面上弯矩数值外，还需确定在这一段内二次抛物线有没有极值点，以及极值点的位置和极值点的弯矩数值。从剪力图上可以看出，在 e 点剪力为零。根据

$$\frac{\mathrm{d}M}{\mathrm{d}x} = F_S = 0$$

弯矩图在 e 点有极值点。利用 $F_S = 0$ 这一条件，可以确定极值点 e 的位置 x_E 的数值。进而由截面法可以确定极值点的弯矩数值 M_E。为此，将梁从 x_E 处截开，考察左边部分梁的受力，如图 5-9b 所示。根据平衡方程

$$\sum F_y = 0, \quad \frac{9}{4}qa - q \times x_E = 0$$

$$\sum M = 0, \quad M_E - \frac{qx_E^2}{2} = 0$$

由此解得

$$x_E = \frac{9}{4}a$$

$$M_E = \frac{1}{2}qx_E^2 = \frac{81}{32}qa^2$$

将其标在 $M\text{-}x$ 坐标系中，得到 e 点，根据 a、b、c 三点，以及图形为凸曲线并在 e 点取极值，即可画出 AB 段的弯矩图。在 CD 段因无分布载荷作用，故弯矩图为一斜直线，由 c、d 两点直接连得。

从图中可以看出剪力和弯矩绝对值的最大值分别为

$$|F_S|_{\max} = \frac{9}{4}qa$$

$$|M|_{\max} = \frac{81}{32}qa^2$$

注意到在右边支座处，由于约束力的作用，该处剪力图有突变（支座两侧截面剪力不等），弯矩图在该处出现折点（弯矩图的曲线段在该处的切线斜率不等于斜直线 cd 的斜率）。

5.4 结论与讨论

5.4.1 几点重要结论

● 根据弹性体的平衡原理，应用刚体静力学中的平衡方程，可以确定静定杆件上任意

横截面上的内力分量。

● 内力分量的正负号的规则不同于刚体静力学，但在建立平衡方程时，依然可以规定某一方向为正、相反者为负。

● 剪力方程与弯矩方程都是横截面位置坐标 x 的函数表达式，不是某一个指定横截面上剪力与弯矩的数值。

● 无论是写剪力与弯矩方程，还是画剪力与弯矩图，都需要注意分段。因此，正确确定控制面是很重要的。

● 在轴力图、扭矩图、剪力图和弯矩图中，最重要也是最难的是剪力图与弯矩图。可以根据剪力方程和弯矩方程绘制剪力图和弯矩图，也可以不写方程直接利用载荷集度、剪力、弯矩之间的微分关系绘制剪力图和弯矩图。

5.4.2　正确应用力系简化方法确定控制面上的内力分量

本章介绍了用局部平衡的方法确定控制面上内力分量。某些情形下，采用力系简化方法，确定控制面上的内力分量，可能更方便一些。

以图 5-10a 中的简支梁为例：为求截面 B' 上的内力分量，可以将梁从 B' 处截开，考察左边部分，将其上的外力 B' 处简化得到一力和一力偶，其值分别为

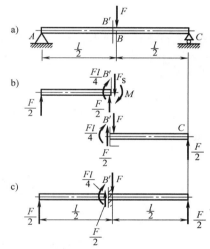

图 5-10　力系简化应用于
确定控制面上的内力

$$\frac{F}{2},\quad \frac{Fl}{4}$$

但是，这并不是 B' 截面上的内力，而是其左边外力的简化结果，仍然是外力。内力分量 F_S 和 M 分别与二者大小相等、方向相反。

如果考察 B' 右侧截面，其上的内力应与 B' 左侧截面上的内力大小相等、方向相反（图 5-10b）。可见，B' 左边部分的外力简化结果，即为其右侧截面上的内力分量。反之，B' 右边部分的外力简化结果即为左侧截面上的内力分量。

上述结果将使控制面上的内力分量的确定过程大为简化，无须将杆一一截开，只需在控制面处做一记号（图 5-10c 中采用斜剖面线标记），然后将外力向该处简化，即可确定该截面上内力分量大小及其正负号。实际分析时，如果概念清楚，也可以不做任何记号。

*5.4.3　剪力、弯矩与载荷集度之间的微分关系的证明

考察仅在 xOy 平面有外力作用的情形，如图 5-11a 所示，其中分布载荷集度 q 向上为正。

用坐标为 x 和 $x+dx$ 的两个相邻横截面从受力的梁上截取长度为 dx 的微段，如图 5-11b 所示。微段的两侧横截面上的剪力和弯矩分别为

x 横截面：F_S，M

$x+dx$ 横截面：F_S+dF_S，$M+dM$

由于 dx 为无穷小距离，因此微段梁上的分布载荷可以看作是均匀分布的，即

$$q(x) = 常数$$

考察 dx 微段的平衡，由平衡方程

$$\sum F_y = 0, \quad F_S + q(x)\,dx - (F_S + dF_S) = 0$$

$$\sum M_C = 0, \quad -M - F_S dx + q(x)\,dx\left(\frac{dx}{2}\right) + (M + dM) = 0$$

忽略力矩平衡方程中的高阶小量，得到

$$\frac{dF_S}{dx} = q$$

$$\frac{dM}{dx} = F_S$$

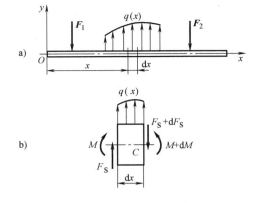

图 5-11　载荷集度、剪力、弯矩之间的微分关系

将其中的第二式再对 x 求一次导数，便得到

$$\frac{d^2 M}{dx^2} = q$$

这就是载荷集度、剪力、弯矩之间的微分关系。因为上三式是根据平衡原理和平衡方法得到的，是整体平衡与局部平衡概念的进一步扩展，所以上述微分关系式又称为平衡微分方程。

习 题

5-1　试用截面法计算习题 5-1 图所示杆件各段的轴力，并画轴力图。

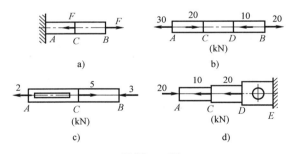

习题 5-1 图

5-2　如习题 5-2 图所示，圆轴上安有 5 个带轮，其中轮 2 为主动轮，由此输入功率 80kW；轮 1、3、4、5 均为从动轮，它们的输出功率分别为 25kW、15kW、30kW、10kW，若圆轴设计成等截面的，为使设计更合理地利用材料，各轮位置可以互相调整。

（1）请判断下列布置中哪一种最合理？

（A）图示位置最合理。

（B）轮 2 与轮 3 互换位置后最合理。

（C）轮 1 与轮 3 互换位置后最合理。

（D）轮 2 与轮 4 互换位置后最合理。

（2）画出带轮合理布置时轴的扭矩图。

5-3　一端固定另一端自由的圆轴承受 4 个外力偶作用，如习题 5-3 图所示。各力偶的力偶矩数值均示

于图中。试画出圆轴的扭矩图。

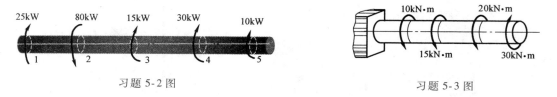

习题 5-2 图　　　　　　　　　　　　　习题 5-3 图

5-4　试求习题 5-4 图所示各梁中指定截面上的剪力、弯矩值。

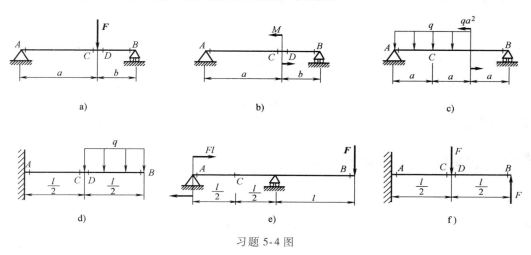

习题 5-4 图

5-5　试写出习题 5-5 图中各梁的剪力方程、弯矩方程。

5-6　试画出习题 5-5 图中各梁的剪力图、弯矩图，并确定剪力和弯矩的绝对值的最大值。

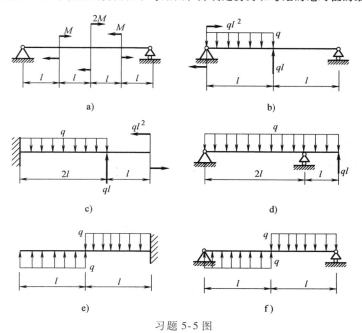

习题 5-5 图

第6章
拉压杆件的应力变形分析与强度设计

　　拉伸和压缩是杆件基本受力与变形形式中最简单的一种，所涉及的一些基本原理与方法比较简单，但在材料力学中却有一定的普遍意义。

　　本章主要介绍杆件承受拉伸和压缩的基本问题，包括：应力、变形；材料在拉伸和压缩时的力学性能以及强度设计。目的是使读者对材料力学有一个初步的、比较全面的了解。

6.1　拉伸与压缩杆件的应力与变形

　　承受轴向载荷的拉（压）杆在工程中的应用非常广泛。例如一些机器和结构中所用的各种紧固螺栓，图 6-1 所示即为其中的一种，在紧固时，要对螺栓施加预紧力，螺栓承受轴向拉力，将发生伸长变形；图 6-2 所示由气缸、活塞、连杆所组成的机构中，不仅连接气缸缸体和气缸盖的螺栓承受轴向拉力，带动活塞运动的连杆由于两端都是铰链约束，因而也是承受轴向载荷的杆件。此外，起吊重物的钢索、桥梁桁架结构中的杆件等，也都是承受拉伸或压缩的杆件。

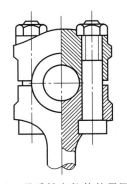

图 6-1　承受轴向拉伸的紧固螺栓

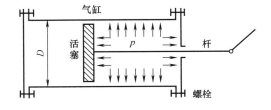

图 6-2　承受轴向拉伸的连杆

6.1.1　应力计算

　　当外力沿着杆件的轴线作用时，其横截面上只有轴力一个内力分量——轴力 F_N。与轴力相对应，杆件横截面上将只有正应力。

　　在很多情形下，杆件在轴力作用下产生均匀的伸长或缩短变形，因此，根据材料均匀性的假定，杆件横截面上的应力均匀分布，如图 6-3 所示。这时横截面上的正应力为

$$\sigma = \frac{F_N}{A} \qquad (6-1)$$

式中，F_N 为横截面上的轴力，由截面法求得；A 为横截面面积。

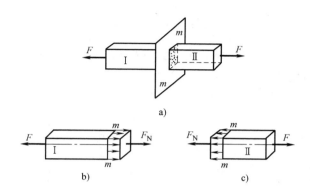

图 6-3 轴向载荷作用下杆件横截面上的正应力

6.1.2 变形计算

1. 绝对变形 弹性模量

设一长度为 l、横截面面积为 A 的等截面直杆，承受轴向载荷后，其长度变为 $l+\Delta l$，其中 Δl 为杆的伸长量（图 6-4a）。试验结果表明：如果所施加的载荷使杆件的变形处于弹性范围内，杆的伸长量 Δl 与杆所承受的轴向载荷成正比，如图 6-4b 所示。写成关系式为

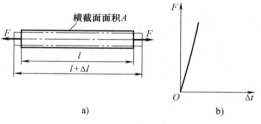

$$\Delta l = \pm \frac{F_N l}{EA} \qquad (6-2)$$

图 6-4 轴向载荷作用下杆件的变形

这是描述弹性范围内杆件承受轴向载荷时力与变形的**胡克定律**（Hooke law）。其中，F_N 为杆横截面上的轴力，当杆件只在两端承受轴向载荷 F 作用时，$F_N = F$；E 为杆材料的弹性模量，它与正应力具有相同的单位；EA 称为杆件的拉伸（或压缩）刚度（tensile or compression rigidity）；式中"＋"号表示伸长变形；"－"号表示缩短变形。

当拉、压杆有两个以上的外力作用时，需要先画出轴力图，然后按式（6-2）分段计算各段的变形，各段变形的代数和即为杆的总伸长量（或缩短量）：

$$\Delta l = \sum_i \frac{F_{Ni} l_i}{(EA)_i} \qquad (6-3)$$

2. 相对变形 正应变

对于杆件沿长度方向均匀变形的情形，其相对伸长量 $\Delta l/l$ 表示轴向变形的程度，即这种情形下杆件的正应变：

$$\varepsilon_x = \frac{\Delta l}{l} \qquad (6-4)$$

将式（6-2）代入上式，考虑到 $\sigma_x = F_N/A$，得到

$$\varepsilon_x = \frac{\Delta l}{l} = \frac{\frac{F_N l}{EA}}{l} = \frac{\sigma_x}{E} \qquad (6-5)$$

需要指出的是，上述关于正应变的表达式（6-5）只适用于杆件各处均匀变形的情形。对于各处变形不均匀的情形（图6-5），则必须考察杆件上沿轴向的微段 $\mathrm{d}x$ 的变形，并以微段 $\mathrm{d}x$ 的相对变形作为杆件局部的变形程度。这时

$$\varepsilon_x = \frac{\Delta \mathrm{d}x}{\mathrm{d}x} = \frac{\frac{F_N \mathrm{d}x}{EA(x)}}{\mathrm{d}x} = \frac{\sigma_x}{E}$$

可见，无论变形均匀还是不均匀，正应力与正应变之间的关系都是相同的。

3. 横向变形　泊松比

杆件承受轴向载荷时，除了轴向变形外，在垂直于杆件轴线方向也同时产生变形，称为横向变形。图6-6所示为拉伸杆件表面一微元（图中虚线所示）的轴向和横向变形的情形。

试验结果表明，若在弹性范围内加载，轴向应变 ε_x 与横向应变 ε_y 之间存在下列关系：

$$\varepsilon_y = -\nu \varepsilon_x \qquad (6-6)$$

式中，ν 为材料的另一个弹性常数，称为泊松比（Poisson ratio）。泊松比为量纲为1的量。

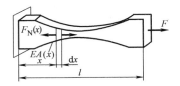

图6-5　杆件轴向变形不均匀的情形

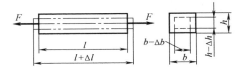

图6-6　轴向变形与横向变形

表6-1给出了几种常用金属材料的 E、ν 的数值。

表6-1　常用金属材料的 E、ν 的数值

材　料	E/GPa	ν
低碳钢	196~216	0.25~0.33
合金钢	186~216	0.24~0.33
灰铸铁	78.5~157	0.23~0.27
铜及其合金	72.6~128	0.31~0.42
铝合金	70	0.33

【例题6-1】　图6-7a所示的变截面直杆，ADE 段为铜制，EBC 段为钢制；在 A、D、B、C 等4处承受轴向载荷。已知：$ADEB$ 段杆的横截面面积 $A_{AB} = 10 \times 10^4 \text{mm}^2$，$BC$ 段杆的横截面面积 $A_{BC} = 5 \times 10^4 \text{mm}^2$；$F = 60\text{kN}$；铜的弹性模量 $E_c = 100\text{GPa}$，钢的弹性模量 $E_s = 210\text{GPa}$；各段杆的长度如图所示，单位为 mm。试求：

（1）直杆横截面上的绝对值最大的正应力 $|\sigma|_{\max}$；

（2）直杆的总变形量 Δl_{AC}。

解：（1）作轴力图

由于直杆上作用有 4 个轴向载荷，而且 AB 段与 BC 段杆横截面面积不相等，为了确定直杆横截面上的最大正应力和杆的总变形量，必须首先确定各段杆的横截面上的轴力。

应用截面法，可以确定 AD、DEB、BC 段杆横截面上的轴力分别为

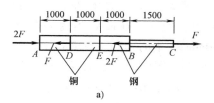

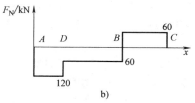

$$F_{NAD} = -2F = -120\text{kN}$$

$$F_{NDE} = F_{NEB} = -F = -60\text{kN}$$

$$F_{NBC} = F = 60\text{kN}$$

图 6-7 例题 6-1 图

于是，在 $F_N\text{-}x$ 坐标系可以画出轴力图，如图 6-7b 所示。

（2）计算直杆横截面上绝对值最大的正应力

根据式（6-1），横截面上绝对值最大的正应力将发生在轴力绝对值最大的横截面，或者横截面面积最小的横截面上。本例中，AD 段轴力最大；BC 段横截面面积最小。所以，最大正应力将发生在这两段杆的横截面上，即

$$\sigma_{AD} = \frac{F_{NAD}}{A_{AD}} = -\frac{120 \times 10^3 \text{N}}{10 \times 10^4 \times 10^{-6} \text{m}^2} = -1.2 \times 10^6 \text{Pa} = -1.2 \text{MPa}$$

$$\sigma_{BC} = \frac{F_{NBC}}{A_{BC}} = \frac{60 \times 10^3 \text{N}}{5 \times 10^4 \times 10^{-6} \text{m}^2} = 1.2 \times 10^6 \text{Pa} = 1.2 \text{MPa}$$

于是，直杆中绝对值最大的正应力：

$$|\sigma|_{\max} = |\sigma_{AD}| = \sigma_{BC} = 1.2 \text{MPa}$$

（3）计算直杆的总变形量

直杆的总变形量等于各段杆变形量的代数和。根据式（6-3），有

$$\Delta l = \sum_i \frac{F_{Ni} l_i}{(EA)_i} = \Delta l_{AD} + \Delta l_{DE} + \Delta l_{EB} + \Delta l_{BC}$$

$$= \frac{F_{NAD} l_{AD}}{E_c A_{AD}} + \frac{F_{NDE} l_{DE}}{E_c A_{DE}} + \frac{F_{NEB} l_{EB}}{E_s A_{EB}} + \frac{F_{NBC} l_{BC}}{E_s A_{BC}}$$

$$= -\frac{120 \times 10^3 \text{N} \times 1000 \times 10^{-3} \text{m}}{100 \times 10^9 \text{Pa} \times 10 \times 10^{-2} \text{m}^2} - \frac{60 \times 10^3 \text{N} \times 1000 \times 10^{-3} \text{m}}{100 \times 10^9 \text{Pa} \times 10 \times 10^{-2} \text{m}^2} -$$

$$\frac{60 \times 10^3 \text{N} \times 1000 \times 10^{-3} \text{m}}{210 \times 10^9 \text{Pa} \times 10 \times 10^{-2} \text{m}^2} + \frac{60 \times 10^3 \text{N} \times 1500 \times 10^{-3} \text{m}}{210 \times 10^9 \text{Pa} \times 5 \times 10^{-2} \text{m}^2}$$

$$= -1.2 \times 10^{-5} \text{m} - 0.6 \times 10^{-5} \text{m} - 0.286 \times 10^{-5} \text{m} + 0.857 \times 10^{-5} \text{m}$$

$$= -1.229 \times 10^{-5} \text{m} = -1.229 \times 10^{-2} \text{mm}$$

上述计算中，DE 和 EB 段杆的横截面面积以及轴力虽然都相同，但由于材料不同，所以需要分段计算变形量。

【例题6-2】 图6-8a所示的结构中，杆 *AB* 为铝制；杆 *CD* 为钢制；横梁 *BDE* 为刚性杆。*A、B、C、D* 四处均为铰链连接，不计杆 *GB* 变形。已知：杆 *AB* 的横截面面积为 $650\mathrm{mm}^2$，铝的弹性模量 $E_{al} = 70\mathrm{GPa}$；杆 *CD* 的横截面面积为 $800\mathrm{mm}^2$，钢材的弹性模量 $E_{st} = 200\mathrm{GPa}$。图中，$a = 2\mathrm{m}$，$b = 4\mathrm{m}$，$l_1 = 3\mathrm{m}$，$l_2 = 4\mathrm{m}$。结构所承受的载荷 $F = 60\mathrm{kN}$。试确定：

（1）杆 *AB* 和 *CD* 横截面上的正应力；

（2）杆 *AB* 和 *CD* 的变形量 Δl；

（3）点 *B*、点 *D* 和点 *E* 的位移。

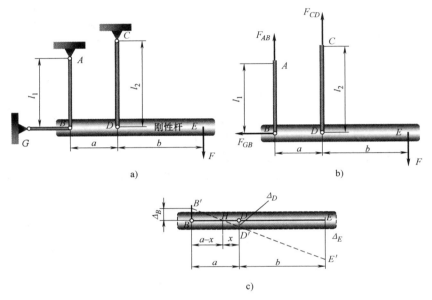

图6-8 例题6-2图

解：（1）杆 *AB* 和杆 *CD* 横截面上的正应力

以刚性杆 *BDE* 为平衡对象，因为 *AB* 和 *CD* 均为二力杆，故刚性杆 *BDE* 的受力如图6-8b所示。应用平衡方程：

$$\sum M_B = 0, \quad \sum M_D = 0,$$

$$F_{CD} \times a - F \times (a+b) = 0$$

$$-F_{AB} \times a - F \times b = 0$$

将 a、b 和 F 数值代入后，解得

$$F_{AB} = -120\mathrm{kN}（压）$$

结果的负号表示实际方向与图中所设方向相反，即为压力。

$$F_{CD} = 180\mathrm{kN}（拉）$$

据此可以计算 *AB* 和 *CD* 杆横截面上的正应力：

$$\sigma(AB) = \frac{F_{AB}}{A_{AB}} = -\frac{120 \times 10^3\,\mathrm{N}}{650 \times 10^{-6}\,\mathrm{m}^2} = -184.6 \times 10^6\,\mathrm{Pa} = -184.6\mathrm{MPa}（压应力）$$

$$\sigma(CD) = \frac{F_{CD}}{A_{CD}} = \frac{180 \times 10^3\,\mathrm{N}}{800 \times 10^{-6}\,\mathrm{m}^2} = 225 \times 10^6\,\mathrm{Pa} = 225\mathrm{MPa}（拉应力）$$

（2）**杆 AB 和杆 CD 的变形量 Δl**

杆 AB 和杆 CD 的变形量 Δl 分别为

$$\Delta l_{AB} = \frac{F_{AB}l_1}{E_{al}A_{AB}} = -\frac{120\times10^3\times3}{70\times10^9\times650\times10^{-6}}\text{m} = -7.91\times10^{-3}\text{m} = -7.91\text{mm}（压缩变形）$$

$$\Delta l_{CD} = \frac{F_{CD}l_2}{E_{st}A_{CD}} = \frac{180\times10^3\times4}{200\times10^9\times800\times10^{-6}} = 4.5\times10^{-3}\text{m} = 4.5\text{mm}（伸长变形）$$

（3）**点 B、点 D 和点 E 的位移**

因为 A 和 C 点固定，所以，AB 杆的变形量就是 B 点的位移量，CD 杆的变形量就是 D 点的位移量。于是有

$$\Delta_B = \Delta l_{AB} = 7.91\text{mm}(\uparrow) \tag{1}$$

$$\Delta_D = \Delta l_{CD} = 4.5\text{mm}(\downarrow) \tag{2}$$

需要指出的是，变形和位移有关，但不是同一概念，位移是相对于某一参考系而言的。

刚性梁 BDE 本身没有变形，但是由于 AB 和 CD 杆的变形，将从水平位置变为倾斜的位置，如图 6-8c 所示。根据图中的几何关系，有

$$\frac{BB'}{DD'} = \frac{BH}{HD}$$

$$\frac{\Delta_B}{\Delta_D} = \frac{a-x}{x} \tag{3}$$

$$\frac{EE'}{DD'} = \frac{HE}{HD}$$

$$\frac{\Delta_E}{\Delta_D} = \frac{b+x}{x} \tag{4}$$

综合式（1）~式（4）解出

$$x = 0.725\text{m}$$

$$\Delta_E = 29.3\text{mm}$$

【例题 6-3】 三角架结构尺寸及受力如图 6-9a 所示。其中 $F = 22.2\text{kN}$；钢杆 BD 的直径 $d_1 = 25.4\text{mm}$；钢梁 CD 的横截面面积 $A_2 = 2.32\times10^3\text{mm}^2$。试求杆 BD 与 CD 的横截面上的正应力。

解：（1）受力分析，确定各杆的轴力

首先对组成三角架结构的构件做受力分析，因为 B、C、D 三处均为铰链连接，BD 与 CD 仅两端受力，故 BD 与 CD 均为二力构件，受力图如图 6-9b 所示，由平衡方程

$$\sum F_x = 0, \quad \sum F_y = 0$$

解得二者的轴力分别为

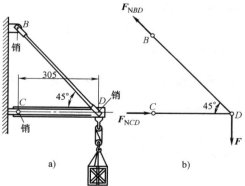

图 6-9 例题 6-3 图

$$F_{NBD} = \sqrt{2}\,F = \sqrt{2} \times 22.2\text{kN} = 31.40\text{kN}$$

$$F_{NCD} = -F = -22.2\text{kN}$$

其中负号表示压力。

（2）计算各杆的应力

应用拉、压杆件横截面上的正应力公式（6-1），BD 杆与 CD 杆横截面上的正应力分别为

BD 杆

$$\sigma_x = \frac{F_{NBD}}{A_{BD}} = \frac{F_{NBD}}{\dfrac{\pi d_1^2}{4}} = \frac{4 \times 31.40 \times 10^3}{\pi \times 25.4^2 \times 10^{-6}}\text{Pa} = 62.0 \times 10^6\,\text{Pa} = 62.0\text{MPa}$$

CD 杆

$$\sigma_x = \frac{F_{NCD}}{A_{CD}} = \frac{F_{NCD}}{A_2} = \frac{-22.2 \times 10^3}{2.32 \times 10^3 \times 10^{-6}}\text{Pa} = -9.57 \times 10^6\,\text{Pa} = -9.57\text{MPa}$$

其中负号表示压应力。

6.2 拉伸与压缩杆件的强度设计

上一节中分析了轴向载荷作用下杆件中的应力和变形，以后的几章中还将对其他载荷作用下的构件做应力和变形分析。但是，在工程应用中，确定应力很少是最终目的，而只是工程师借助于完成下列主要任务的中间过程：

- 分析已有的或设想中的机器或结构，确定它们在特定载荷条件下的性态。
- 设计新的机器或新的结构，使之安全而经济地实现特定的功能。

例如，对于图 6-9a 所示的三角架结构，上一节中已经计算出拉杆 BD 和压杆 CD 横截面上的正应力。现在可能有以下几方面的问题：

- 在这样的应力水平下，两杆分别选用什么材料，才能保证三角架结构可以安全可靠地工作？
- 在给定载荷和材料的情形下，怎样判断三角架结构能否安全可靠地工作？
- 在给定杆件截面尺寸和材料的情形下，怎样确定三角架结构所能承受的最大载荷？

为了回答上述问题，需要引入强度设计的概念。

6.2.1 强度设计准则、安全因数与许用应力

所谓强度设计（strength design）是指将杆件中的最大应力限制在允许的范围内，以保证杆件正常工作，不仅不发生强度失效，而且还要具有一定的安全裕度。对于拉伸与压缩杆件，也就是杆件中的最大正应力满足：

$$\sigma_{max} \leqslant [\sigma] \tag{6-7}$$

这一表达式称为拉伸与压缩杆件的强度设计准则（criterion for strength design），又称为强度条件。其中 $[\sigma]$ 称为许用应力（allowable stress），与杆件的材料力学性能以及工程对杆件

安全裕度的要求有关，由下式确定：

$$[\sigma] = \frac{\sigma^0}{n} \tag{6-8}$$

式中，σ^0 为材料的**极限应力**或**危险应力**（critical stress），由材料的拉伸试验确定；n 为**安全因数**，对于不同的机器或结构，在相应的设计规范中都有不同的规定。

6.2.2 三类强度计算问题

应用强度设计准则，可以解决三类强度问题：

- **强度校核**：已知杆件的几何尺寸、受力大小以及许用应力，校核杆件或结构的强度是否安全，也就是验证设计准则式（6-7）是否满足。如果满足，则杆件或结构的强度是安全的；否则，是不安全的。
- **尺寸设计**：已知杆件的受力大小以及许用应力，根据设计准则，计算所需要的杆件横截面面积，进而设计出合理的横截面尺寸。根据式（6-7）得

$$\sigma_{max} \leqslant [\sigma] \Rightarrow \frac{F_N}{A} \leqslant [\sigma] \Rightarrow A \geqslant \frac{F_N}{[\sigma]} \tag{6-9}$$

式中，F_N 和 A 分别为产生最大正应力的横截面上的轴力和面积。

- **确定杆件或结构所能承受的许用载荷**（allowable load）：根据设计准则式（6-7），确定杆件或结构所能承受的最大轴力，进而求得所能承受的外加载荷。

$$\sigma_{max} \leqslant [\sigma] \Rightarrow \frac{F_N}{A} \leqslant [\sigma] \Rightarrow F_N \leqslant [\sigma]A \Rightarrow [F] \tag{6-10}$$

式中，$[F]$ 为许用载荷。

6.2.3 强度设计准则应用举例

【例题 6-4】 螺纹内径 $d = 15\text{mm}$ 的螺栓，紧固时所承受的预紧力为 $F = 20\text{kN}$。若已知螺栓的许用应力 $[\sigma] = 150\text{MPa}$，试校核螺栓的强度是否安全。

解：（1）**确定螺栓所受轴力**

应用截面法，很容易求得螺栓所受的轴力即为预紧力，即

$$F_N = F = 20\text{kN}$$

（2）**计算螺栓横截面上的正应力**

根据拉伸与压缩杆件横截面上的正应力公式（6-1），螺栓在预紧力作用下，横截面上的正应力为

$$\sigma = \frac{F_N}{A} = \frac{F}{\frac{\pi d^2}{4}} = \frac{4F}{\pi d^2} = \frac{4 \times 20 \times 10^3}{\pi \times (15 \times 10^{-3})^2}\text{Pa} = 113.2 \times 10^6 \text{Pa} = 113.2\text{MPa}$$

（3）**应用设计准则进行校核**

已知许用应力 $[\sigma] = 150\text{MPa}$，而上述计算结果表明，螺栓横截面上的实际应力

$$\sigma = 113.2\text{MPa} < [\sigma] = 150\text{MPa}$$

所以，螺栓的强度是安全的。

【例题 6-5】 图 6-10a 所示为可以绕铅垂轴 OO_1 旋转的吊车简图，其中斜拉杆 AC 由两根 50mm×50mm×5mm 的等边角钢组成，水平横梁 AB 由两根 10 槽钢组成。AC 杆和 AB 梁的材料都是 Q235 钢，许用应力 $[\sigma]$ = 120MPa。当行走小车位于 A 点时（小车的两个轮子之间的距离很小，小车作用在横梁上的力可以看作是作用在 A 点的集中力），求允许的最大起吊重量 W（包括行走小车和电动机的自重）。杆和梁的自重忽略不计。

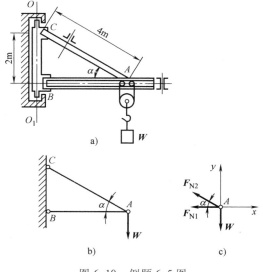

图 6-10　例题 6-5 图

解：（1）**受力分析**

因为所求的是小车在 A 点时所能起吊的最大重量，这种情形下，AB 梁与 AC 两杆的两端都可以简化为铰链连接。所以，吊车的计算模型可以简化为图 6-10b。于是 AB 和 AC 都是二力杆，二者分别承受压缩和拉伸。

（2）**确定二杆的轴力**

以节点 A 为研究对象，并设 AB 和 AC 杆的轴力均为正方向，分别为 F_{N1} 和 F_{N2}。于是节点 A 的受力如图 6-10c 所示。由平衡条件

$$\sum F_x = 0, \quad -F_{N1} - F_{N2}\cos\alpha = 0$$

$$\sum F_y = 0, \quad -W + F_{N2}\sin\alpha = 0$$

由图 6-10a 中的几何尺寸，有

$$\sin\alpha = \frac{1}{2}, \quad \cos\alpha = \frac{\sqrt{3}}{2}$$

于是，由平衡方程解得

$$F_{N1} = -1.73W, \quad F_{N2} = 2W$$

（3）**确定最大起吊重量**

对于 AB 杆，由型钢表查得单根 10 槽钢的横截面面积为 12.74cm^2，注意到 AB 杆由两根槽钢组成，因此，杆横截面上的正应力

$$\sigma_{AB} = \frac{|F_{N1}|}{A_1} = \frac{1.73W}{2 \times 12.74 \ \text{cm}^2}$$

将其代入强度设计准则，得到

$$\sigma_{AB} = \frac{|F_{N1}|}{A_1} = \frac{1.73W}{2 \times 12.74 \ \text{cm}^2} \leqslant [\sigma]$$

由此解出保证 AB 杆强度安全所能承受的最大起吊重量

$$W_1 \leqslant \frac{2 \times [\sigma] \times 12.74 \ \text{cm}^2}{1.73} = \frac{2 \times 120 \times 10^6 \times 12.74 \times 10^{-4}}{1.73}\text{N} = 176.7 \times 10^3 \text{N} = 176.7\text{kN}$$

对于 AC 杆，由型钢表查得单根 50mm×50mm×5mm 等边角钢的横截面面积为 4.803cm^2，注意到 AC 杆由两根角钢组成，杆横截面上的正应力

$$\sigma_{AC} = \frac{F_{N2}}{A_2} = \frac{2W}{2 \times 4.803\ \text{cm}^2}$$

将其代入强度设计准则，得到

$$\sigma_{AC} = \frac{F_{N2}}{A_2} = \frac{W}{4.803\,\text{cm}^2} \leqslant [\sigma]$$

由此解出保证 AC 杆强度安全所能承受的最大起吊重量

$$W_2 \leqslant [\sigma] \times 4.803\ \text{cm}^2 = (120 \times 10^6 \times 4.803 \times 10^{-4})\,\text{N} = 57.6 \times 10^3\,\text{N} = 57.6\,\text{kN}$$

为保证整个吊车结构的强度安全，吊车所能起吊的最大重量，应取上述 W_1 和 W_2 中较小者。于是，吊车的最大起吊重量

$$W = 57.6\,\text{kN}$$

（4）**本例讨论**

根据以上分析，在最大起吊重量 $W = 57.6\,\text{kN}$ 的情形下，显然 AB 杆的强度尚有富余。因此，为了节省材料，同时还可以减轻吊车结构的重量，可以重新设计 AB 杆的横截面尺寸。

根据强度设计准则，有

$$\sigma_{AB} = \frac{|F_{N1}|}{A_1} = \frac{1.73W}{2 \times A_1'} \leqslant [\sigma]$$

其中 A_1' 为单根槽钢的横截面面积。于是，有

$$A_1' \geqslant \frac{1.73W}{2[\sigma]} = \frac{1.73 \times 57.6 \times 10^3}{2 \times 120 \times 10^6}\,\text{m}^2 = 4.2 \times 10^{-4}\,\text{m}^2 = 4.2 \times 10^2\ \text{mm}^2 = 4.2\ \text{cm}^2$$

由型钢表可以查得，5 号槽钢即可满足这一要求。

这种设计实际上是一种等强度的设计，是在保证构件与结构安全的前提下，最经济合理的设计。

6.3 拉伸与压缩时材料的力学性能

上一节中所介绍的强度设计准则中的许用应力

$$[\sigma] = \frac{\sigma^0}{n}$$

其中 σ^0 为材料的极限应力或危险应力。所谓危险应力是指材料发生强度失效时的应力。这种应力不是通过计算，而是通过材料的拉伸试验得到的。

通过拉伸试验，一方面可以观察到材料发生强度失效的现象，另一方面可以得到材料失效时的极限应力值以及其他有关的力学性能指标。

6.3.1 材料拉伸时的应力-应变曲线

进行拉伸试验，首先需要将被试验的材料按国家标准制成标准试样（standard specimen）；然后将试样安装在试验机上，使试样承受轴向拉伸载荷。通过缓慢的加载过程，试验机自动记录下试样所受的载荷和变形，得到应力与应变的关系曲线，称为应力-应变曲

线（stress-strain curve）。

不同的材料，其应力-应变曲线有很大的差异。图 6-11 所示为典型的韧性材料（ductile materials）——低碳钢的拉伸应力-应变曲线；图 6-12 所示为典型的脆性材料（brittle materials）——铸铁的拉伸应力-应变曲线。

通过分析拉伸应力-应变曲线，可以得到材料的若干力学性能指标。

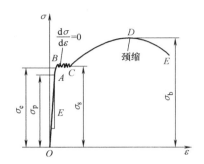

图 6-11　低碳钢的拉伸应力-应变曲线

图 6-12　铸铁的拉伸应力-应变曲线

6.3.2　韧性材料拉伸时的力学性能

1. 弹性模量

应力-应变曲线中的直线段称为线弹性阶段，如图 6-11 中曲线的 OA 部分。弹性阶段中的应力与应变成正比，比例常数即为材料的弹性模量 E。对于大多数脆性材料，其应力-应变曲线上没有明显的直线段，图 6-12 所示的铸铁的应力-应变曲线即属此例。因为没有明显的直线部分，常用割线的斜率作为这类材料的弹性模量，称为割线模量。

2. 比例极限与弹性极限

应力-应变曲线上线弹性阶段的应力最高限称为比例极限（proportional limit），用 σ_p 表示。线弹性阶段之后，应力-应变曲线上有一小段微弯的曲线（图 6-11 中的 AB 段），这表示应力超过比例极限以后，应力与应变不再成正比关系，但是，如果在这一阶段，卸去试样上的载荷，试样的变形将随之消失。这表明，这一阶段内的变形都是弹性变形，因而包括线弹性阶段在内，统称为弹性阶段（图 6-11 中的 OB 段）。弹性阶段的应力最高限称为弹性极限（elastic limit），用 σ_e 表示。大部分韧性材料比例极限与弹性极限极为接近，只有通过精密测量才能加以区分。

3. 屈服应力

许多韧性材料的应力-应变曲线中，在弹性阶段之后，出现近似的水平段，这一阶段中应力几乎不变，而变形急剧增加，这种现象称为屈服（yield），例如图 6-11 所示曲线的 BC 段。这一阶段曲线的最低点的应力值称为屈服应力或屈服强度（yield stress），用 σ_s 表示。

对于没有明显屈服阶段的韧性材料，工程上则规定产生 0.2% 塑性应变时的应力值为其屈服应力，称为材料的条件屈服应力（offset yield stress），用 $\sigma_{0.2}$ 表示。

4. 强度极限

应力超过屈服应力或条件屈服应力后，要使试样继续变形，必须再继续增加载荷。这一阶段称为强化（strengthening）阶段，例如图 6-11 中曲线上的 CD 段。这一阶段应力的最高限称为强度极限（strength limit），用 σ_b 表示。

5. 颈缩与断裂

某些韧性材料（例如低碳钢和铜），应力超过强度极限以后，试样开始发生局部变形，局部变形区域内横截面尺寸急剧缩小，这种现象称为颈缩（neck）。出现颈缩之后，试样变形所需拉力相应减小，应力-应变曲线出现下降阶段，如图 6-11 中曲线上的 DE 段，至 E 点试样拉断。

6.3.3　脆性材料拉伸时的力学性能

对于脆性材料，从开始加载直至试样被拉断，试样的变形都很小。而且，大多数脆性材料拉伸的应力-应变曲线上，都没有明显的直线段，几乎没有塑性变形，也不会出现屈服和颈缩现象，如图 6-12 所示。因而只有断裂时的应力值——强度极限 σ_b。

图 6-13a、b 所示为韧性材料试样发生颈缩和断裂时的照片；图 6-13c 所示为脆性材料试样断裂时的照片。

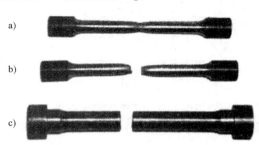

图 6-13　试样的颈缩与断裂

6.3.4　强度失效概念与失效应力

如果构件发生断裂，将完全丧失正常功能，这是强度失效的一种最明显的形式。如果构件没有发生断裂而是产生明显的塑性变形，这在很多工程中都是不允许的，因此，当发生屈服，产生明显塑性变形时，也是失效。根据拉伸试验过程中观察的现象，强度失效的形式可以归纳为：

韧性材料的强度失效——屈服与断裂

脆性材料的强度失效——断裂

因此，发生屈服和断裂时的应力，就是失效应力（failure stress），也就是强度设计中的危险应力。韧性材料与脆性材料的强度失效应力分别为：

韧性材料的强度失效应力——屈服强度 σ_s（或条件屈服强度 $\sigma_{0.2}$）、强度极限 σ_b

脆性材料的强度失效应力——强度极限 σ_b

某些材料力学中将屈服强度与强度极限称为材料的强度指标。

此外，通过拉伸试验还可得到衡量材料韧性性能的指标——延伸率 δ 和截面收缩率 ψ：

$$\delta = \frac{l_1 - l_0}{l_0} \times 100\% \tag{6-11}$$

$$\psi = \frac{A_0 - A_1}{A_0} \times 100\% \tag{6-12}$$

式中，l_0 为试样原长（规定的标距）；A_0 为试样的初始横截面面积；l_1 和 A_1 分别为试样拉断后长度（变形后的标距长度）和断口处最小的横截面面积。

延伸率和截面收缩率的数值越大，表明材料的韧性越好。工程中一般认为 $\delta \geqslant 5\%$ 者为韧性材料；$\delta < 5\%$ 者为脆性材料。

6.3.5 压缩时材料的力学性能

材料压缩试验中通常采用短试样。低碳钢压缩时的应力-应变曲线如图6-14所示。与拉伸时的应力-应变曲线相比较，拉伸和压缩屈服前的曲线基本重合，即拉伸、压缩时的弹性模量及屈服应力相同，但屈服后，由于试样愈压愈扁，应力-应变曲线不断上升，试样不会发生破坏。

铸铁压缩时的应力-应变曲线如图6-15所示，与拉伸时的应力-应变曲线不同的是，压缩时的强度极限却远远大于拉伸时的数值，通常是拉伸强度极限的4~5倍。对于拉伸和压缩强度极限不等的材料，拉伸强度极限和压缩强度极限分别用 σ_b^+ 和 σ_b^- 表示。这种压缩强度极限明显高于拉伸强度极限的脆性材料，通常用于制作受压构件。

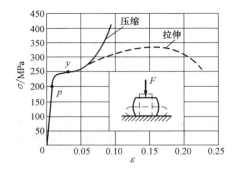

图6-14 低碳钢压缩时的应力-应变曲线

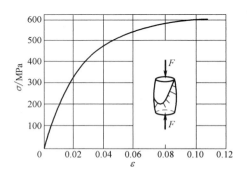

图6-15 铸铁压缩时的应力-应变曲线

表6-2所列为常用工程材料的主要力学性能。

表6-2 常用工程材料的主要力学性能

材料名称	牌号	屈服强度 σ_s/MPa	强度极限 σ_b/MPa	δ_5（%）
普通碳素钢	Q216	186~216	333~412	31
	Q235	216~235	373~461	25~27
	Q274	255~274	490~608	19~21
优质碳素结构钢	15	225	373	27
	40	333	569	19
	45	353	598	16
普通低合金结构钢	12Mn	274~294	432~441	19~21
	16Mn	274~343	471~510	19~21
	15MnV	333~412	490~549	17~19
	18MnMoNb	441~510	588~637	16~17
合金结构钢	40Cr	785	981	9
	50Mn2	785	932	9
碳素铸钢	ZG15	196	392	25
	ZG35	274	490	16
可锻铸铁	KTZ45-5	274	441	5
	KTZ70-2	539	687	2
球墨铸铁	QT40-10	294	392	10
	QT45-5	324	441	5
	QT60-2	412	588	2

（续）

材料名称	牌　号	屈服强度 σ_s/MPa	强度极限 σ_b/MPa	δ_5(%)
灰铸铁	HT15-33		98.1~274(压)	
	HT30-54		255~294(压)	

注：表中 δ_5 是指 $l_0 = 5d_0$ 时标准试样的延伸率。

6.4　结论与讨论

6.4.1　本章的主要结论

通过拉、压构件的变形与强度问题的分析，可以看出，材料力学分析问题的思路和方法与静力分析相比，除了受力分析与平衡方法的应用方面有共同之处以外，还具有自身的特点：

● 一方面不仅要应用平衡原理和平衡方法，确定构件所受的外力，而且要应用截面法确定构件内力；要根据变形的特点确定横截面上的应力分布，建立计算应力的表达式。

● 另一方面还要通过试验确定材料的力学性能，了解材料何时发生失效，进而建立保证构件安全、可靠工作的设计准则。

对于承受拉伸和压缩的杆件，由于变形的均匀性，因而比较容易推知杆件横截面上的正应力均匀分布。对于承受其他变形形式的杆件，同样需要根据变形推知横截面上的应力分布，只不过分析过程要复杂一些。

此外，对于承受拉伸和压缩杆件，直接通过试验就可以建立失效判据，进而建立设计准则。在以后的分析中，将会看到材料在一般受力与变形形式下的失效判据，是无法直接通过试验建立的。但是，轴向拉伸的试验结果，仍然是建立材料在一般受力与变形形式下失效判据的重要依据。

6.4.2　关于应力和变形公式的应用条件

本章得到了承受拉伸或压缩时杆件横截面上的正应力公式与变形公式

$$\sigma_x = \frac{F_N}{A}$$

$$\Delta l = \frac{F_N l}{EA}$$

其中，正应力公式只有杆件沿轴向方向均匀变形时，才是适用的。怎样从受力或内力判断杆件沿轴向方向均匀变形是均匀的呢？这一问题请读者对图 6-16 所示的两杆加以比较、分析和总结。

图 6-16a 所示的直杆，载荷作用线沿着杆件的轴线方向，所有横截面上的轴力作用线都通过横截面的中心。因此，这一杆件的所有横截面上的应力都是均匀分布的，这表明：正应力公式 $\sigma = \dfrac{F_N}{A}$ 对所有横截面都是适用的。

图 6-16b 所示的直杆则不然。这种情形下，对于某些横截面上轴力的作用线通过横截面中心；而另外的一些横截面，当将外力向截面中心简化时，不仅得到一个轴力，而且还有一个弯矩。请读者想一想，这些横截面将会发生什么变形？正应力还会不会均匀分布？哪些横截面上的正应力可以应用 $\sigma = \dfrac{F_N}{A}$ 计算？哪些横截面上则不能应用上述公式？

对于变形公式 $\Delta l = \dfrac{F_N l}{EA}$，应用时有两点必须注意：一是因为导出这一公式时应用了胡克定律，因此，只有杆件在弹性范围内加载时，才能应用上述公式计算杆件的变形；二是公式中的 F_N 为一段杆件内的轴力，只有当杆件仅在两端受力时 F_N 才等于外力 F。当杆件上有多个外力作用，则必须先计算各段轴力，再分段计算变形，然后按代数值相加。

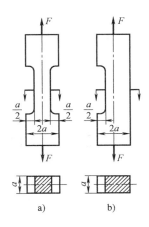

图 6-16 拉伸与压缩正应力公式的适用性

读者还可以思考：为什么变形公式只适用于弹性范围，而正应力公式就没有弹性范围的限制呢？

*6.4.3 关于加力点附近区域的应力分布

前面已经提到拉伸和压缩时的正应力公式，只有在杆件沿轴线方向的变形均匀时，横截面上正应力均匀分布才是正确的。因此，对杆件端部的加载方式有一定的要求。

当杆端承受集中载荷或其他非均匀分布载荷时，杆件并非所有横截面都能保持平面，从而产生均匀的轴向变形。这种情形下，上述正应力公式不是对杆件上的所有横截面都适用。

考察图 6-17a 所示的橡胶拉杆模型，为观察各处的变形大小，加载前在杆表面画上小方格。当集中力通过刚性平板施加于杆件时，若平板与杆端面的摩擦极小，这时杆的各横截面均发生均匀轴向变形，如图6-17b 所示。若载荷通过尖楔块施加于杆端，则在加力点附近区域的变形是不均匀的：一是横截面不再保持平面；二是越是接近加力点的小方格变形越大，如图

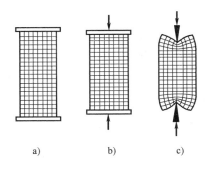

图 6-17 加力点附近局部变形的不均匀性

6-17c 所示。但是，距加力点稍远处，轴向变形依然是均匀的，因此在这些区域，正应力公式仍然成立。

上述分析表明：如果杆端两种外加力静力学等效，则距离加力点稍远处，静力学等效对应力分布的影响很小，可以忽略不计。这一思想最早是由法国科学家圣维南（Saint-Venant）于 1855 年和 1856 年研究弹性力学问题时提出的。1885 年布森涅斯克（Boussinesq）将这一思想加以推广，并称之为圣维南原理（Saint-Venant principle）。当然，圣维南原理也有不适用的情形，这已超出本书的范围。

*6.4.4 关于应力集中的概念

上面的分析说明，在加力点的附近区域，由于局部变形，应力的数值会比一般截面上

的大。

除此而外，当构件的几何形状不连续（discontinuity），诸如开孔或截面突变等处，也会产生很高的局部应力（localized stresses）。图 6-18a 所示为开孔板条承受轴向载荷时，通过孔中心线的截面上的应力分布。图 6-18b 所示为轴向加载的变宽度矩形截面板条，在宽度突变处截面上的应力分布。几何形状不连续处应力局部增大的现象，称为**应力集中**（stress concentration）。

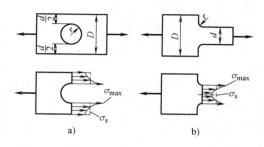

图 6-18　几何形状不连续处的应力集中现象

应力集中的程度用应力集中因数描述。应力集中处横截面上的应力最大值 $\sigma_{\max}$ 与不考虑应力集中时的应力值 σ_{a}（名义应力）之比，称为**应力集中因数**（factor of stress concentration），用 K 表示：

$$K = \frac{\sigma_{\max}}{\sigma_{a}} \tag{6-13}$$

*6.4.5　拉伸和压缩超静定问题简述

前面几节讨论的问题中，作用在杆件上的外力或杆件横截面上的内力，都能够由静力平衡方程直接确定，这类问题称为静定问题。

工程实际中，为了提高结构的强度、刚度，或者为了满足构造及其他工程技术要求，常常在静定结构中再附加某些约束（包括添加杆件）。这时，由于未知力的个数多于所能提供的独立的平衡方程的数目，因而仅仅依靠静力平衡方程无法确定全部未知力。这类问题称为超静定问题。

未知力个数与独立的平衡方程数之差，称为**超静定次数**（degree of statically indeterminate problem）。在静定结构上附加的约束称为**多余约束**（redundant constraint），这种"多余"只是对保证结构的平衡与几何不变性而言的，对于提高结构的强度、刚度则是需要的。

关于静定与超静定问题的概念，本书在第 3 章中曾经做过简单介绍。但是，由于那时所涉及的是刚体模型，所以无法求解超静定问题。现在，研究了拉伸和压缩杆件的受力与变形后，通过变形体模型，就可以求解超静定问题。

多余约束使结构由静定变为超静定，问题由静力平衡可解变为静力平衡不可解，这只是问题的一方面。问题的另一方面是，多余约束对结构或构件的变形起着一定的限制作用，而结构或构件的变形又是与受力密切相关的，这就为求解超静定问题提供了补充条件。

因此，求解超静定问题，除了根据静力平衡条件列出平衡方程外，还必须在多余约束处寻找各构件变形之间的关系，或者构件各部分变形之间的关系，这种变形之间的关系称为**变形协调关系或变形协调条件**（compatibility relations of deformation），进而根据弹性范围内的力和变形之间关系（胡克定律），即物理条件，建立补充方程。总之，求解超静定问题需要综合考察平衡、变形和物理三方面，这是分析超静定问题的基本方法。现举例说明求解超静定问题的一般过程以及超静定结构的特性。

考察图 6-19 所示的两端固定的等截面直杆，杆件沿轴线方向承受一对大小相等、方向

相反的集中力 $F=-F'$，假设杆件的拉伸与约束刚度
为 EA，其中 E 为材料的弹性模量，A 为杆件的横截
面面积。要求各段杆横截面上的轴力，并画出轴
力图。

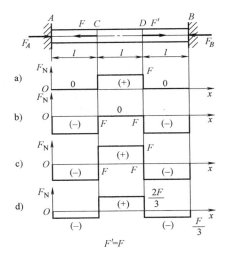

首先，分析约束力，判断超静定次数。在轴向
载荷的作用下，固定端 A、B 两处各有一个沿杆件轴
线方向的约束力 F_A 和 F_B，独立的平衡方程只有一
个，即

$$\sum F_x=0, \quad F_A-F+F'-F_B=0, \quad F_A=F_B \qquad (\text{a})$$

因此，超静定次数 $n=2-1=1$ 次。所以除了平衡方程
外还需要一个补充方程。

其次，为了建立补充方程，需要先建立变形协
调方程。杆件在载荷与约束力作用下，AC、CD、DB
等三段都要发生轴向变形，但是，由于两端都是固
定端，杆件总的轴向变形量必须等于零：

图 6-19　简单的超静定问题

$$\Delta l_{AB}=\Delta l_{AC}+\Delta l_{CD}+\Delta l_{DB}=0 \qquad (\text{b})$$

这就是变形协调条件。

根据胡克定律，即式（6-2），杆件各段的轴力与变形的关系：

$$\Delta l_{AC}=\frac{F_{NAC}l}{EA}, \quad \Delta l_{CD}=\frac{F_{NCD}l}{EA}, \quad \Delta l_{DB}=\frac{F_{NDB}l}{EA} \qquad (\text{c})$$

此即物理方程。应用截面法，式（c）中的轴力分别为

$$F_{NAC}=-F_A（\text{压}）, \quad F_{NCD}=F_N-F_A（\text{拉}）, \quad F_{NDB}=-F_B（\text{压}） \qquad (\text{d})$$

最后将式（a）~式（d）联立，即可解出两固定端的约束力：

$$F_A=F_B=\frac{F}{3}$$

据此即可求得直杆各段的轴力，直杆的轴力图如图 6-19d 所示。

最后请读者从平衡或变形协调两方面分析：图 6-19a、b、c 中的轴力图为什么是不正
确的？

【例题 6-6】　等截面钢制直杆 ABC 在 A、C 两端刚性约束，在中间截面处承受轴向载荷
F 作用，如图 6-20a 所示。已知：$l=0.8\text{m}$，杆的横截面面积 $A=400\text{mm}^2$，$F=50\text{kN}$，钢材的
弹性模量 $E=200\text{GPa}$。试：

（1）确定两端的约束力；

（2）画出轴力图；

（3）计算 AB 和 BC 段杆横截面上的正应力。

解：（1）确定两端的约束力

解除两端的约束，代之以轴向约束力 F_A 和 F_C，如图 6-20b 所示。由于两个未知力，只
有一个平衡方程，所以本例为超静定问题。需要应用平衡、变形协调以及物性关系求解。

平衡方程

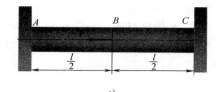

$$\sum F_x = 0, \quad F_A + F_C - F = 0$$

$$F_A = -(F_C - F) \qquad (1)$$

变形协调方程：由于两端固定，所以杆的总伸长量等于零，即

$$\Delta l_{AB} + \Delta l_{BC} = 0 \qquad (2)$$

物性关系方程：根据胡克定律，有

$$\Delta l_{AB} = \frac{F_{NAB}\left(\dfrac{l}{2}\right)}{EA} = -\frac{F_A l}{2EA} \qquad (3)$$

$$\Delta l_{BC} = \frac{F_{NBC}\left(\dfrac{l}{2}\right)}{EA} = \frac{F_C l}{2EA}$$

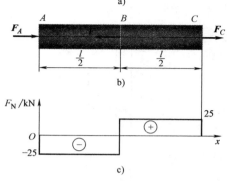

联合求解式（1）~式（3），得到

$$F_C = \frac{F}{2} = 25\text{kN} \qquad (4)$$

$$F_A = \frac{F}{2} = 25\text{kN} \qquad (5)$$

图 6-20 例题 6-6 图

（2）**画出轴力图**

根据上述结果，可以画出轴力图，如图 6-20c 所示。

（3）**计算横截面上的应力**

根据拉伸横截面上的正应力公式，AB 和 BC 段杆横截面上的正应力分别为

$$\sigma(AB) = \frac{F_{NAB}}{A} = -\frac{F_A}{A} = -\frac{25\times10^3}{400\times10^{-6}}\text{Pa} = -62.5\times10^6\,\text{Pa} = -62.5\text{MPa}$$

$$\sigma(BC) = \frac{F_{NBC}}{A} = \frac{F_C}{A} = \frac{25\times10^3}{400\times10^{-6}}\text{Pa} = 62.5\times10^6\,\text{Pa} = 62.5\text{MPa}$$

（4）**本例讨论——对称性与反对称性分析的应用**

对称结构（包括约束）在对称载荷的作用下，其约束力、内力、位移以及变形都将具有对称性质；反之，对称结构在反对称载荷的作用下，其约束力、内力、位移以及变形都将具有反对称性质。

本例中的结构（包括约束）具有对称性，而作用在中间截面（对称面）上的轴向载荷 F 可以看作两个 $F/2$ 组成的反对称载荷（所谓反对称就是将其中的一个载荷反向，变成对称载荷，则原来的载荷就是反对称载荷）。

在反对称载荷作用下，两端的约束力必须是反对称的，也就是大小相等方向相同，且与外加载荷平衡，据此很容易得到

$$F_A = F_C = \frac{F}{2}$$

6-1 习题 6-1 图所示的等截面直杆由钢杆 ABC 与铜杆 CD 在 C 处粘接而成。直杆各部分的直径均为

$d = 36\text{mm}$，受力如图所示。已知钢的弹性模量 $E_s = 200\text{GPa}$，铜的弹性模量 $E_c = 105\text{GPa}$。若不考虑杆的自重，试求 AC 段和 AD 段杆的轴向变形量 Δl_{AC} 和 Δl_{AD}。

6-2 长度 $l = 1.2\text{m}$，横截面面积为 $1.10 \times 10^{-3}\text{m}^2$ 的铝制圆筒放置在固定的刚性块上；直径 $d = 15.0\text{mm}$ 的钢杆 BC 悬挂在铝筒顶端的刚性板上；铝制圆筒的轴线与钢杆的轴线重合，如习题 6-2 图所示。若在钢杆的 C 端施加轴向拉力 F_T，且已知钢和铝的弹性模量分别为 $E_s = 200\text{GPa}$，$E_a = 70\text{GPa}$；轴向载荷 $F_T = 60\text{kN}$，试求钢杆 C 端向下移动的距离。

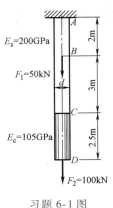

习题 6-1 图

习题 6-2 图

6-3 螺旋压紧装置如习题 6-3 图所示。现已知工件所受的压紧力为 $F = 4\text{kN}$。装置中旋紧螺栓螺纹的内径 $d_1 = 13.8\text{mm}$；固定螺栓内径 $d_2 = 17.3\text{mm}$。两根螺栓材料相同，其许用应力 $[\sigma] = 53.0\text{MPa}$。试校核各螺栓的强度是否安全。

6-4 现场施工所用起重机吊环由两根侧臂组成。每一侧臂 AB 和 BC 都由两根矩形截面杆所组成，A、B、C 三处均为铰链连接，如习题 6-4 图所示。已知起重载荷 $P = 1200\text{kN}$，每根矩形杆截面尺寸比例 $b/h = 0.3$，材料的许用应力 $[\sigma] = 78.5\text{MPa}$。试设计矩形杆的截面尺寸 b 和 h。

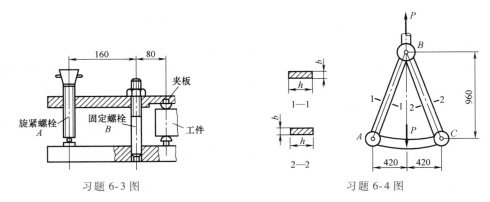

习题 6-3 图

习题 6-4 图

6-5 在习题 6-5 图所示杆系结构中，BC 和 BD 两杆材料相同，抗拉和抗压的许用应力相同均为 $[\sigma]$，且 C 和 D 铰支座安排在同一铅垂直线上，为使杆系结构用料最省，试求夹角 θ 的值。

6-6 习题 6-6 图所示结构中 BC 和 AC 都是圆截面直杆，直径均为 $d = 20\text{mm}$，材料都是 Q235 钢，其许用应力 $[\sigma] = 157\text{MPa}$。试求该结构的许用载荷。

6-7 习题 6-7 图所示的杆件结构中，1、2 杆为木制，3、4 杆为钢制。已知 1、2 杆的横截面面积 $A_1 = A_2 = 4000\text{mm}^2$，3、4 杆的横截面面积 $A_3 = A_4 = 800\text{mm}^2$；1、2 杆的许用应力 $[\sigma_w] = 20\text{MPa}$，3、4 杆的许用应力 $[\sigma_s] = 120\text{MPa}$。试求结构的许用载荷 $[F]$。

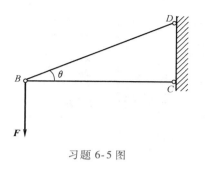

习题 6-5 图

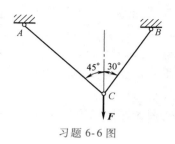

习题 6-6 图

*6-8　如习题 6-8 图所示，由铝板和钢板组成的复合柱，通过刚性板承受纵向载荷 $F=38\text{kN}$，其作用线沿着复合柱的轴线方向。试确定：铝板和钢板横截面上的正应力。

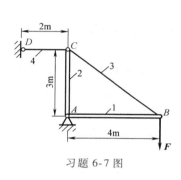

习题 6-7 图

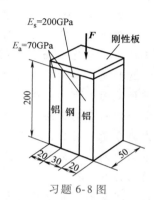

习题 6-8 图

*6-9　铜芯与铝壳组成的复合棒材如习题 6-9 图所示，轴向载荷通过两端刚性板加在棒材上。现已知结构总长减少了 0.24mm。试求：

（1）所加轴向载荷的大小。

（2）铜芯横截面上的正应力。

*6-10　习题 6-10 图所示组合柱由钢和铸铁制成，组合柱横截面为边长为 $2b$ 的正方形，钢和铸铁各占横截面的一半（$b\times2b$）。载荷 F 通过刚性板沿铅垂方向加在组合柱上。已知钢和铸铁的弹性模量分别为 $E_s=196\text{GPa}$，$E_i=98.0\text{GPa}$。今欲使刚性板保持水平位置，试求加力点的位置 x。

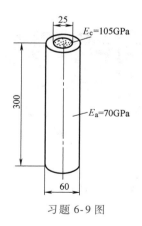

习题 6-9 图

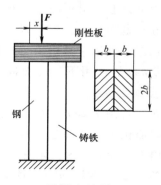

习题 6-10 图

第7章
梁的强度问题

杆件承受垂直于其轴线的外力或位于其轴线所在平面内的力偶作用时，其轴线将弯曲成曲线。这种受力与变形形式称为弯曲。主要承受弯曲的杆件称为梁。

根据内力分析的结果，梁弯曲时，将在弯矩最大的横截面处发生失效。这种最容易发生失效的截面称为"危险截面"。但是，危险截面的哪一点最先发生失效？怎样才能保证梁不发生失效？这些就是本章所要讨论的问题。

要知道横截面上哪一点最先发生失效，必须知道横截面上的应力是怎样分布的。第5章中应用平衡原理与平衡方法，分析了梁承受弯曲时横截面上将有剪力和弯矩两个内力分量。与这两个内力分量相对应，横截面上将有连续分布的切应力和正应力。这些应力在横截面上的分布是不均匀的，应力最大的点将最先发生失效，这些点称为"危险点"。怎样确定梁的横截面上的应力分布？

应力是不可见的，而变形却是可见的，而且应力与应变存在一定的关系。因此，为了确定应力分布，必须分析和研究梁的变形，必须研究材料应力与应变之间的关系，即必须涉及变形协调与应力-应变关系两个重要方面。二者与平衡原理一起组成分析弹性杆件应力分布的基本方法。

绝大多数细长梁的失效，主要与正应力有关，切应力的影响是次要的。本章将主要确定梁横截面上正应力以及与正应力有关的强度问题。

7.1　工程中的弯曲构件

工程中可以看作梁的杆件是很多的。例如，图7-1a 所示桥式起重机的大梁可以简化为两端铰支的简支梁。在起吊重量（集中力 F）及大梁自身重量（均布载荷 q）的作用下，大梁将发生弯曲，如图7-1b 中双点画线所示。

高层建筑（图7-2a），底部与地面固定成一体，因此，可以简化为一端固定的悬臂梁。在风力载荷作用下，将发生弯曲变形，如图7-2b 所示。

火车轮轴支撑在铁轨上，铁轨对车轮的约束，可以看作铰链支座，因此，火车轮轴可以简化为两端外伸梁。由于轴自身重量与车厢以及车厢内装载

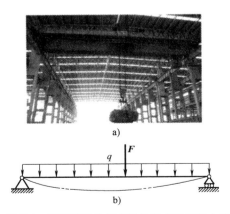

a)

b)

图 7-1　可以简化为简支梁的桥式起重机大梁

的人、货物的重量相比要小得多，可以忽略不计，因此，火车轮轴的受力和变形如图 7-3 所示。

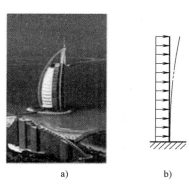

图 7-2 可以简化为悬臂梁的高层建筑

图 7-3 火车轮轴可以简化为两端外伸梁

7.2 与应力分析相关的截面图形几何性质

第 6 章中，讨论拉伸和压缩杆件横截面上应力时，根据拉伸和压缩时均匀变形的特点，推知杆件横截面上的正应力均匀分布，从而得到正应力表达式

$$\sigma = \frac{F_N}{A}$$

式中，A 为杆件的横截面面积。

当杆件横截面上，除了轴力以外还存在弯矩时，其上的应力不再是均匀分布的，这时得到的应力表达式，仍然与横截面上的内力分量以及横截面的几何量有关。但是，这时的几何量将不再是横截面面积，而是其他的形式。

不同受力形式下杆件的应力和变形，不仅取决于内力分量的类型和大小，以及杆件的尺寸，而且与杆件横截面的几何形状有关。因此，研究杆件的应力与变形，研究失效问题以及强度、刚度、稳定问题，都要涉及与截面图形的几何形状和尺寸有关的量。这些量统称为几何量，包括：形心、静矩、惯性矩、惯性半径、极惯性矩、惯性积、主轴等。

研究上述几何量时，完全不考虑研究对象的物理和力学因素，作为纯几何问题加以处理。

7.2.1 静矩、形心及其相互关系

考察任意平面几何图形如图 7-4 所示，在其上取面积微元 dA，该微元在 Oyz 坐标系中的坐标为 y、z（为与本书所用坐标系一致，将通常所用的 Oxy 坐标系改为 Oyz 坐标系）。定义下列积分：

$$\begin{cases} S_y = \int_A z \mathrm{d}A \\ S_z = \int_A y \mathrm{d}A \end{cases}$$

（7-1）

分别称为图形对于 y 轴和 z 轴的截面一次矩（first moment of an area）或静矩（static moment）。静矩的单位为 m^3 或 mm^3。

如果将 dA 视为垂直于图形平面的力，则 ydA 和 zdA 分别为 dA 对于 z 轴和 y 轴的力矩；S_z 和 S_y 则分别为 A 对 z 轴和 y 轴之矩。

图形几何形状的中心称为形心（centroid of an area），若将面积视为垂直于图形平面的力，则形心即为合力的作用点。

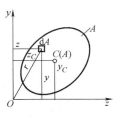

图 7-4　平面图形的静矩与形心

设 z_C、y_C 为形心坐标，则根据合力矩定理

$$\begin{cases} S_z = Ay_C \\ S_y = Az_C \end{cases} \tag{7-2}$$

或

$$\begin{cases} y_C = \dfrac{S_z}{A} = \dfrac{\int_A ydA}{A} \\[4mm] z_C = \dfrac{S_y}{A} = \dfrac{\int_A zdA}{A} \end{cases} \tag{7-3}$$

这就是图形形心坐标与静矩之间的关系。

根据上述关于静矩的定义以及静矩与形心之间的关系可以看出：

● 静矩与坐标轴有关，同一平面图形对于不同的坐标轴有不同的静矩。对某些坐标轴静矩为正；对另外一些坐标轴静矩则可能为负；对于通过形心的坐标轴，图形对其静矩等于零。

● 如果已经计算出静矩，就可以确定形心的位置；反之，如果已知形心在某一坐标系中的位置，则可计算图形对于这一坐标系中坐标轴的静矩。

实际计算中，对于简单的、规则的图形，其形心位置可以直接判断，例如：矩形、正方形、圆形、正三角形等的形心位置是显而易见的。对于组合图形，则先将其分解为若干个简单图形（可以直接确定形心位置的图形）；然后由式（7-2）分别计算它们对于给定坐标轴的静矩，并求其代数和即

$$\begin{cases} S_z = A_1 y_{C1} + A_2 y_{C2} + \cdots + A_n y_{Cn} = \sum_{i=1}^{n} A_i y_{Ci} \\[4mm] S_y = A_1 z_{C1} + A_2 z_{C2} + \cdots + A_n z_{Cn} = \sum_{i=1}^{n} A_i z_{Ci} \end{cases} \tag{7-4}$$

再利用式（7-3），即可得组合图形的形心坐标：

$$\begin{cases} y_C = \dfrac{S_z}{A} = \dfrac{\sum_{i=1}^{n} A_i y_{Ci}}{\sum_{i=1}^{n} A_i} \\[6mm] z_C = \dfrac{S_y}{A} = \dfrac{\sum_{i=1}^{n} A_i z_{Ci}}{\sum_{i=1}^{n} A_i} \end{cases} \tag{7-5}$$

7.2.2　惯性矩、极惯性矩、惯性积、惯性半径

对于图 7-4 中的任意图形，以及给定的坐标系 Oyz，定义下列积分：

$$\begin{cases} I_y = \int_A z^2 \mathrm{d}A \\ I_z = \int_A y^2 \mathrm{d}A \end{cases}$$　(7-6)

分别为图形对于 y 轴和 z 轴的截面二次轴矩（second moment of an area）或惯性矩（moment of inertia）。

定义积分

$$I_\mathrm{P} = \int_A r^2 \mathrm{d}A$$　(7-7)

为图形对于点 O 的截面二次极矩或极惯性矩（polar moment of inertia）。

定义积分

$$I_{yz} = \int_A yz\mathrm{d}A$$　(7-8)

为图形对于通过点 O 的一对坐标轴 y、z 的惯性积（product of inertia）。

定义

$$\begin{cases} i_y = \sqrt{\dfrac{I_y}{A}} \\ i_z = \sqrt{\dfrac{I_z}{A}} \end{cases}$$　(7-9)

分别为图形对于 y 轴和 z 轴的惯性半径（radius of gyration）。

根据上述定义可知：

1）惯性矩和极惯性矩恒为正；而惯性积则由于坐标轴位置的不同，可能为正，也可能为负。三者的单位均为 m^4 或 mm^4。

2）因为 $r^2 = x^2 + y^2$，所以由上述定义，不难得到惯性矩与极惯性矩之间的下列关系：

$$I_\mathrm{P} = I_y + I_z$$　(7-10)

3）根据极惯性矩的定义式（7-7），以及图 7-5 所示的微面积取法，不难得到圆截面对其中心的极惯性矩

$$I_\mathrm{P} = \frac{\pi d^4}{32}$$　(7-11)

或

$$I_\mathrm{P} = \frac{\pi R^4}{2}$$　(7-12)

式中，d 为圆截面的直径；R 为半径。

类似地，还可以得圆环截面对于圆环中心的极惯性矩为

$$I_\mathrm{P} = \frac{\pi D^4}{32}(1-\alpha^4), \qquad \alpha = \frac{d}{D}$$　(7-13)

式中，D 为圆环外直径；d 为内直径。

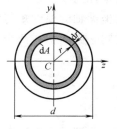

图 7-5　圆形的极惯性矩

根据式（7-10）、式（7-11），注意到圆形对于通过其中心的任意两根轴具有相同的惯性矩，便可得到圆截面对于通过其中心的任意轴的惯性矩均为

$$I = \frac{\pi d^4}{64} \tag{7-14}$$

对于外径为 D、内径为 d 的圆环截面，则有

$$I = \frac{\pi D^4}{64}(1-\alpha^4) , \quad \alpha = \frac{d}{D} \tag{7-15}$$

4）根据惯性矩的定义式（7-6），注意微面积的取法（图7-6），不难求得矩形对于通过其形心、平行于矩形周边轴的惯性矩：

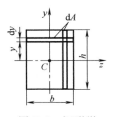

$$\begin{cases} I_y = \dfrac{hb^3}{12} \\ I_z = \dfrac{bh^3}{12} \end{cases} \tag{7-16}$$

图7-6　矩形微面积的取法

应用上述积分定义，还可以计算其他各种简单图形对于给定坐标轴的惯性矩。

必须指出，对于由简单几何图形组合成的图形，为避免复杂数学运算，一般都不采用积分的方法计算它们的惯性矩。而是利用简单图形的惯性矩计算结果以及图形对于不同坐标轴（例如，互相平行的坐标轴；不同方向的坐标轴）惯性矩之间的关系，由求和的方法求得。

7.2.3　惯性矩与惯性积的移轴定理

如图7-7所示的任意图形，在坐标系 Oyz 系中，对于 y、z 轴的惯性矩和惯性积为 I_y、I_z、I_{yz}。另有一坐标系 $O_1 y_1 z_1$，其中 y_1 和 z_1 分别平行于 y 和 z 轴，且 y_1 和 y 轴之间的距离以及 z_1 和 z 轴之间的距离分别为 b 和 a。图形对于 y_1、z_1 轴的惯性矩和惯性积为 I_{y1}、I_{z1}、I_{y1z1}。

所谓移轴定理（parallel-axis theorem）是指图形对于互相平行轴的惯性矩、惯性积之间的关系。即通过已知图形对于一对坐标的惯性矩、惯性积，求图形对另一对与上述坐标轴平行的坐标轴的惯性矩与惯性积。根据惯性矩与惯性积的定义，通过同一微面积在两个坐标系中的坐标之间的关系，可以得到

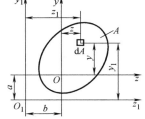

图7-7　移轴定理

$$\begin{cases} I_{y1} = I_y + b^2 A \\ I_{z1} = I_z + a^2 A \\ I_{y1z1} = I_{yz} + abA \end{cases} \tag{7-17}$$

此即关于图形对于平行轴惯性矩与惯性积之间关系的移轴定理。其中 y、z 轴必须通过图形形心。

移轴定理表明：

● 图形对任意轴的惯性矩，等于图形对于与该轴平行的通过形心轴的惯性矩，加上图形面积与两平行轴间距离平方的乘积。

● 图形对于任意一对直角坐标轴的惯性积，等于图形对于平行于该坐标轴的一对通过形心的直角坐标轴的惯性积，加上图形面积与两对平行轴间距离的乘积。

● 因为面积及包含 a^2、b^2 的项恒为正，故自形心轴移至与之平行的任意轴，惯性矩总是增加的。

● a、b 为原坐标系原点在新坐标系中的坐标，要注意二者的正负号；二者同号时 abA 为正，异号时为负。所以，移轴后惯性积有可能增加也可能减少。

7.2.4　惯性矩与惯性积的转轴定理

所谓转轴定理（rotation-axis theorem）是研究坐标轴绕原点转动时，图形对这些坐标轴的惯性矩和惯性积的变化规律。

图 7-8 所示的图形对于 y、z 轴的惯性矩和惯性积分别为 I_y、I_z 和 I_{yz}。

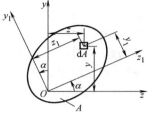

图 7-8　转轴定理

将 Oyz 坐标系绕坐标原点 O 逆时针方向转过 α 角，得到一新的坐标系 Oy_1z_1。图形对新坐标系的 I_{y1}、I_{z1}、I_{y1z1} 与图形对原坐标系 I_y、I_z、I_{yz} 之间存在下列关系：

$$\begin{cases} I_{y1} = \dfrac{I_y+I_z}{2} + \dfrac{I_y-I_z}{2}\cos2\alpha + I_{yz}\sin2\alpha \\[2mm] I_{z1} = \dfrac{I_y+I_z}{2} - \dfrac{I_y-I_z}{2}\cos2\alpha - I_{yz}\sin2\alpha \\[2mm] I_{y1z1} = \dfrac{I_y-I_z}{2}\sin2\alpha + I_{yz}\cos2\alpha \end{cases} \tag{7-18}$$

上述由转轴定理得到的式（7-18），与移轴定理所得到的式（7-17）不同，它不要求 y、z 通过形心。当然，式（7-18）对于绕形心转动的坐标系也是适用的，而且也是实际应用中最感兴趣的。

7.2.5　主轴与形心主轴、主惯性矩与形心主惯性矩

从式（7-18）的第三式可以看出，对于确定的点（坐标原点），当坐标轴旋转时，随着角度 α 的改变，惯性积也发生变化，并且根据惯性积可能为正，也可能为负的特点，总可以找到一角度 α_0 以及相应的 y_0、z_0 轴，图形对于这一对坐标轴的惯性积等于零。

如果图形对于过一点的一对坐标轴的惯性积等于零，则称这一对坐标轴为过这一点的主轴（principal axes）。图形对于主轴的惯性矩称为主惯性矩（principal moment of inertia of an area）。主惯性矩具有极大值或极小值的特征。

主惯性矩由下式计算：

$$\left.\begin{matrix} I_{y0} = I_{\max} \\[2mm] I_{z0} = I_{\min} \end{matrix}\right\} = \dfrac{I_y+I_z}{2} \pm \dfrac{1}{2}\sqrt{(I_y-I_z)^2 + 4I_{yz}^2} \tag{7-19}$$

需要指出的是，对于任意一点（图形内或图形外）都有主轴，而通过形心的主轴称为形心主轴，图形对形心主轴的惯性矩称为形心主惯性矩，简称为形心主矩。

工程计算中有意义的是形心主轴与形心主矩。

当图形有一根对称轴时，对称轴及与之垂直的任意轴即为过二者交点的主轴。例如图 7-9 所示的具有一根对称轴的图形，位于对称轴 y 一侧的部分图形对于 y、z 轴的惯性积与位于另一侧的图形对于 y、z 轴的惯性积，二者数值相等，但正负反号。所以，整个图形对于 y、z 轴的惯性积 $I_{yz} = 0$，故 y、z 轴为主轴。又因为 C 为形心，故 y、z 轴为形心主轴。

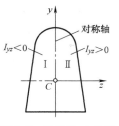

图 7-9　对称轴为主轴

【例题 7-1】　截面图形的几何尺寸如图 7-10 所示。试求图中具有剖面线部分的惯性矩 I_y 和 I_z。

解： 根据积分定义，具有剖面线的图形对于 y、z 轴的惯性矩，等于高为 H、宽为 b 的矩形对于 y、z 轴的惯性矩，减去高为 h、宽为 b 的矩形对于相同轴的惯性矩，即

$$I_y = \frac{Hb^3}{12} - \frac{hb^3}{12} = \frac{b^3}{12}(H-h)$$

$$I_z = \frac{bH^3}{12} - \frac{bh^3}{12} = \frac{b}{12}(H^3 - h^3)$$

上述方法称为负面积法，可用于圆形中有挖空部分的情形，计算比较简捷。

***【例题 7-2】**　T 形截面尺寸如图 7-11a 所示。试求其形心主惯性矩。

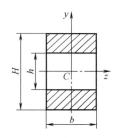

图 7-10　例题 7-1 图

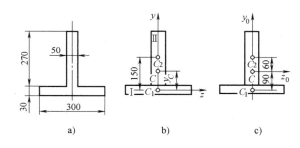

a)　　　　　b)　　　　　c)

图 7-11　例题 7-2 图

解：（1）将所给图形分解为简单图形的组合

将 T 形分解为如图 7-11b 所示的两个矩形 Ⅰ 和 Ⅱ。

（2）确定形心位置

首先，以矩形 Ⅰ 的形心 C_1 为坐标原点，建立如图 7-11b 所示的 C_1yz 坐标系。因为 y 轴为 T 字形的对称轴，故图形的形心必位于该轴上。因此，只需要确定形心在 y 轴上的位置，即确定 y_C。

根据式（7-5），形心 C 的坐标

$$y_C = \frac{\sum_{i=1}^{2} A_i y_{Ci}}{\sum_{i=1}^{2} A_i} = \left[\frac{0 + (270 \times 10^{-3} \times 50 \times 10^{-3}) \times 150 \times 10^{-3}}{300 \times 10^{-3} \times 30 \times 10^{-3} + 270 \times 10^{-3} \times 50 \times 10^{-3}} \right] \text{m}$$

$$= 90 \times 10^{-3} \text{m} = 90 \text{mm}$$

（3）确定形心主轴

因为对称轴及与其垂直的轴即为通过二者交点的主轴，故以形心 C 为坐标原点建立如图 7-11c 所示的 Cy_0z_0 坐标系，其中 z_0 轴通过原点且与对称轴 y_0 垂直，则 y_0、z_0 即为形心主轴。

（4）采用叠加法及移轴定理计算形心主惯性矩 I_{y0} 和 I_{z0}

根据惯性矩的积分定义，有

$$I_{y0} = I_{y0}(\text{I}) + I_{y0}(\text{II}) = \left[\frac{30 \times 10^{-3} \times 300^3 \times 10^{-9}}{12} + \frac{270 \times 10^{-3} \times 50^3 \times 10^{-9}}{12} \right] \text{m}^4$$

$$= 7.03 \times 10^{-5} \text{m}^4 = 7.03 \times 10^7 \text{mm}^4$$

$$I_{z0} = I_{z0}(\text{I}) + I_{z0}(\text{II}) = \left[\frac{300 \times 10^{-3} \times 30^3 \times 10^{-9}}{12} + 90^2 \times 10^{-6} \times (300 \times 10^{-3} \times 30 \times 10^{-3}) + \right.$$

$$\left. \frac{50 \times 10^{-3} \times 270^3 \times 10^{-9}}{12} + 60^2 \times 10^{-6} \times (270 \times 10^{-3} \times 50 \times 10^{-3}) \right] \text{m}^4$$

$$= 2.04 \times 10^{-4} \text{m}^4 = 2.04 \times 10^8 \text{mm}^4$$

7.3　平面弯曲时梁横截面上的正应力

7.3.1　平面弯曲与纯弯曲的概念

对称面：梁的横截面具有对称轴，所有相同的对称轴组成的平面，称为梁的对称面（symmetric plane）。

主轴平面：梁的横截面没有对称轴，但是都有通过横截面形心的形心主轴，所有相同的形心主轴组成的平面，称为梁的主轴平面（plane including principal axes）。由于对称轴也是主轴，所以对称面也是主轴平面；反之则不然。以下的分析和叙述中均使用主轴平面。

平面弯曲：所有外力（包括力、力偶）都作用梁的同一主轴平面内时，梁的轴线弯曲后将弯曲成平面曲线，这一曲线位于外力作用平面内，如图 7-12 所示。这种弯曲称为平面弯曲（plane bending）。

纯弯曲：一般情形下，平面弯曲时，梁的横截面上一般将有两个内力分量，就是剪力和弯矩。如果梁的横截面上只有弯矩一个内力分量，这种平面

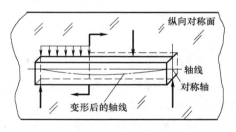

图 7-12　平面弯曲

弯曲称为纯弯曲（pure bending）。图 7-13 所示的几种梁上的 AB 段都属于纯弯曲。纯弯曲情形下，由于梁的横截面上只有弯矩，因而，便只有垂直于横截面的正应力。

横向弯曲：梁在垂直梁轴线的横向力作用下，其横截面上将同时产生剪力和弯矩。这时，梁的横截面上不仅有正应力，还有切应力。这种弯曲称为横向弯曲，简称横弯曲（transverse bending）。

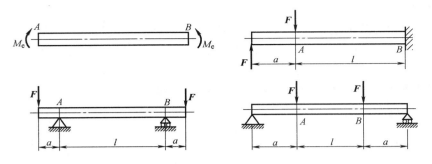

图 7-13　纯弯曲实例

7.3.2　纯弯曲时梁横截面上正应力分析

分析梁横截面上的正应力，就是要确定梁横截面上各点的正应力与弯矩、横截面的形状和尺寸之间的关系。由于横截面上的应力是看不见的，而梁的变形是可以看见的，应力又和变形有关，因此，可以根据梁的变形情形推知梁横截面上的正应力分布。

1. 平面假定与应变分布

如果用容易变形的材料，例如橡胶、海绵，制成梁的模型，然后让梁的模型产生纯弯曲，如图 7-14a 所示。可以看到梁弯曲后，一些层发生伸长变形，另一些层则发生缩短变形，在伸长层与缩短层的交界处那一层，称为梁的中性层或中性面（neutral surface）（图7-14b）。中性层与梁的横截面的交线，称为截面的中性轴（neutral axis）。中性轴垂直于加载方向，对于具有对称轴的横截面梁，中性轴垂直于横截面的对称轴。

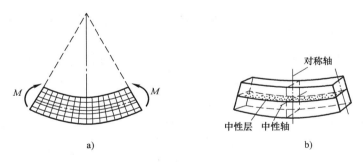

图 7-14　梁横截面上的正应力分析

如果用相邻的两个横截面从梁上截取长度为 $\mathrm{d}x$ 的一微段（图 7-15a），假定梁发生弯曲变形后，微段的两个横截面仍然保持平面，但是绕各自的中性轴转过一角度 $\mathrm{d}\theta$，如图 7-15b所示。这一假定称为平面假定（plane assumption）。

在横截面上建立 $Oxyz$ 坐标系，其中 z 轴与中性轴重合（中性轴的位置尚未确定），y 轴沿横截面高度方向并与加载方向重合。

在图 7-15 所示的坐标系中，微段上到中性面的距离为 y 处长度的改变量为

$$\Delta \mathrm{d}x = -y\mathrm{d}\theta \qquad (7\text{-}20)$$

式中，负号表示 y 坐标为正的线段产生压缩变形；y 坐标为负的线段产生伸长变形。

将线段的长度改变量除以原长 $\mathrm{d}x$，即为线段的正应变。于是，由式（7-20）得到

114

$$\varepsilon = \frac{\Delta \mathrm{d}x}{\mathrm{d}x} = -y \frac{\mathrm{d}\theta}{\mathrm{d}x} = -\frac{y}{\rho} \qquad (7\text{-}21)$$

这就是正应变沿横截面高度方向分布的数学表达式。其中

$$\frac{1}{\rho} = \frac{\mathrm{d}\theta}{\mathrm{d}x} \qquad (7\text{-}22)$$

从图 7-15b 可以看出，ρ 就是中性面弯曲后的曲率半径，也就是梁的轴线弯曲后的曲率半径。因为 ρ 与 y 坐标无关，所以在式（7-21）和式（7-22）中，ρ 为常数。

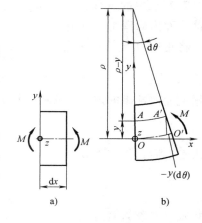

图 7-15 弯曲时微段梁的变形

2. 胡克定律与应力分布

应用弹性范围内的应力-应变关系，即胡克定律

$$\sigma = E\varepsilon \qquad (7\text{-}23)$$

将上面所得到的正应变分布的数学表达式（7-21）代入后，便得到正应力沿横截面高度分布的数学表达式

$$\sigma = -\frac{E}{\rho}y = Cy \qquad (7\text{-}24)$$

式中，C 为待定的比例常数，即

$$C = -\frac{E}{\rho} \qquad (7\text{-}25)$$

式中，E 为材料的弹性模量；ρ 是待定的量。

式（7-24）表明横截面上的弯曲正应力，沿横截面的高度方向从中性轴为零开始呈线性分布。

这一表达式虽然给出了横截面上的应力分布，但仍然不能用于计算横截面上各点的正应力。这是因为尚有两个问题没有解决：一是 y 坐标是从中性轴开始计算的，中性轴的位置还没有确定；二是中性面的曲率半径 ρ 也没有确定。

3. 应用静力方程确定待定常数

为了确定中性轴的位置以及中性面的曲率半径，现在需要应用静力方程。

根据横截面存在正应力这一事实，正应力这种分布力系，在横截面上可以组成轴力或弯矩。但是，根据截面法和平衡条件，纯弯曲时，横截面上只能有弯矩一个内力分量，轴力必须等于零。于是，应用积分的方法，由图 7-16，有

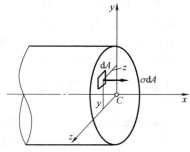

图 7-16 横截面上的正
应力组成的内力分量

$$\int_A \sigma \mathrm{d}A = F_\mathrm{N} = 0 \qquad (7\text{-}26)$$

$$\int_A (\sigma \mathrm{d}A) y = -M_z \qquad (7\text{-}27)$$

115

式（7-27）中的负号表示坐标 y 为正值的微面积 dA 上的力对 z 轴之矩为负值；M_z 为作用在加载平面内的弯矩，可由截面法求得。

将正应力 σ 的表达式（7-24）代入式（7-27），得到

$$\int_A (Cy\,dA)\,y = C\int_A y^2\,dA = -M_z$$

根据截面惯性矩的定义，式中的积分就是梁的横截面对于 z 轴的惯性矩：

$$\int_A y^2\,dA = I_z$$

代入上式后，得到常数

$$C = -\frac{M_z}{I_z} \tag{7-28}$$

再将式（7-28）代入式（7-24），最后得到弯曲时梁横截面上的正应力的计算公式

$$\sigma = -\frac{M_z y}{I_z} \tag{7-29}$$

式中，弯矩 M_z 由截面法平衡求得；截面对于中性轴的惯性矩 I_z 既与截面的形状有关，又与截面的尺寸有关。

4. 中性轴的位置

为了利用公式（7-29）计算梁弯曲时横截面上的正应力，还需要确定中性轴的位置。

将正应力表达式（7-24）代入静力方程（7-26），有

$$\int_A Cy\,dA = C\int_A y\,dA = 0$$

根据截面的静矩定义，式中的积分即为横截面面积对于 z 轴的静矩 S_z。又因为 $C \neq 0$，静矩必须等于零：

$$S_z = \int_A y\,dA = 0$$

前面讨论静矩与截面形心之间的关系时，已经知道：截面对于某一轴的静矩如果等于零，这一轴一定通过截面的形心。前面在分析正应力、设置坐标系时，已经指定 z 轴与中性轴重合。

上述结果表明，中性轴 z 通过截面形心，并且垂直于对称轴，所以，**确定中性轴的位置，就是确定截面的形心位置。**

对于有两根对称轴的截面，两根对称轴的交点就是截面的形心。例如，矩形截面、圆截面、圆环截面等，这些截面的形心都很容易确定。

对于只有一根对称轴的截面，或者没有对称轴的截面的形心，也可以从有关的设计手册中查到。

5. 最大正应力公式与抗弯截面系数

工程上最感兴趣的是横截面上的最大正应力，也就是横截面上到中性轴最远处点上的正应力。这些点的 y 坐标值最大，即 $y = y_{max}$。将 $y = y_{max}$ 代入正应力公式（7-29）得到

$$\sigma_{max} = \frac{M_z y_{max}}{I_z} = \frac{M_z}{W_z} \tag{7-30}$$

式中，$W_z = I_z / y_{max}$，称为抗弯截面系数，单位是 mm^3 或 m^3。

对于宽度为 b、高度为 h 的矩形截面：

$$W_z = \frac{bh^2}{6} \tag{7-31}$$

对于直径为 d 的圆截面：

$$W_z = W_y = W = \frac{\pi d^3}{32} \tag{7-32}$$

对于外径为 D、内径为 d 的圆环截面：

$$W_z = W_y = W = \frac{\pi D^3}{32}(1-\alpha^4)，\quad \alpha = \frac{d}{D} \tag{7-33}$$

对于轧制型钢（工字形钢等），抗弯截面系数 W 可直接从型钢表中查得。

6. 梁弯曲后其轴线的曲率计算公式

将上面所得到的式（7-28）代入式（7-25），得到梁弯曲时的另一个重要公式——梁的轴线弯曲后曲率的数学表达式：

$$\frac{1}{\rho} = \frac{M_z}{EI_z} \tag{7-34}$$

式中，EI_z 称为梁的抗弯刚度。这一结果表明，梁的轴线弯曲后的曲率与弯矩成正比，与抗弯刚度成反比。

7.3.3　梁的弯曲正应力公式的应用与推广

1. 计算梁的弯曲正应力需要注意的几个问题

计算梁弯曲时横截面上的最大正应力，注意以下几点是很重要的：

首先是，关于正应力正负号：

决定正应力是拉应力还是压应力。确定正应力正负号比较简单的方法是首先确定横截面上弯矩的实际方向，确定中性轴的位置；然后根据所要求应力的那一点的位置，以及"弯矩是由分布正应力合成的合力偶矩"这一关系，就可以确定这一点的正应力是拉应力还是压应力（图 7-17）。

其次是，关于最大正应力计算：

如果梁的横截面具有一对相互垂直的对称轴，并且加载方向与其中一根对称轴一致时，则中性轴与另一对称轴一致。此时最大拉应力与最大压应力绝对值相等，由公式（7-30）计算。

如果梁的横截面只有一根对称轴，而且加载方向与对称轴一致，则中性轴过截面形心并垂直对称轴。这时，横截面上最大拉应力与最大压应力绝对值不相等，可由下列二式分别计算：

$$\sigma_{max}^{+} = \frac{M_z y_{max}^{+}}{I_z}（拉），\quad \sigma_{max}^{-} = \frac{M_z y_{max}^{-}}{I_z}（压） \tag{7-35}$$

式中，y_{max}^{+} 为截面受拉一侧离中性轴最远各点到中性轴的距离；y_{max}^{-} 为截面受压一侧离中性轴最远各点到中性轴的距离（图 7-18）。实际计算中，可以不注明应力的正负号，只要在计算结果的后面用括号注明"拉"或"压"即可。

此外，还要注意，某一个横截面上的最大正应力不一定就是梁内的最大正应力，应该首先判断可能产生最大正应力的那些截面，这些截面称为危险截面；然后比较所有危险截面上

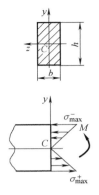

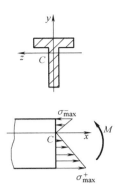

图 7-17　根据弯矩的实际方向
　　　　确定正应力的正负号

图 7-18　最大拉、压应力不等的情形

的最大正应力，其中最大者才是梁内横截面上的最大正应力。保证梁安全工作而不发生破坏，最重要的就是保证这种最大正应力不得超过允许的数值。

　　2. 纯弯曲正应力可以推广到横向弯曲

　　以上有关纯弯曲的正应力的公式，对于非纯弯曲，也就是横截面上除了弯矩之外还有剪力的情形，如果是细长杆，也是近似适用的。理论与试验结果都表明，由于切应力的存在，梁的横截面在梁变形之后将不再保持为平面，而是要发生翘曲。这种翘曲对正应力分布产生影响。但是，对于细长梁，这种影响很小，通常忽略不计。

7.4　平面弯曲曲率与正应力公式应用举例

　　【例题 7-3】　图 7-19 所示为一运动员正在进行撑杆跳的瞬时照片。经测量，这时杆的最小曲率半径为 $\rho = 4.5\mathrm{m}$。已知杆的直径为 $d = 40\mathrm{mm}$，由玻璃纤维增强复合材料制成，其弹性模量 $E = 131\mathrm{GPa}$。试计算：这一瞬时杆内的最大弯曲正应力。

　　解：根据曲率与弯矩和抗弯刚度之间的关系式

$$\frac{1}{\rho} = \frac{M_z}{EI_z}$$

可以写出

$$M_z = \frac{EI_z}{\rho}$$

其中，对于圆截面，

$$I_z = \frac{\pi d^4}{64}$$

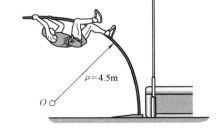

图 7-19　例题 7-3 图

杆中的弯曲正应力

$$\sigma = \frac{M_z}{W_z} = \frac{32M_z}{\pi d^3}$$

将上述 M_z 表达式以及已知数据代入后，得到

$$\sigma = \frac{M_z}{W_z} = \frac{32M_z}{\pi d^3} = \frac{Ed}{2\rho} = \frac{131 \times 10^9 \times 40 \times 10^{-3}}{2 \times 4.5} \text{Pa} = 582 \times 10^6 \text{Pa} = 582 \text{MPa}$$

【例题 7-4】　图 7-20a 中的矩形截面悬臂梁，这时，梁有两个对称面：由横截面铅垂对称轴所组成的平面，称为铅垂对称面；由横截面水平对称轴所组成的平面，称为水平对称面。梁在自由端承受外加力偶作用，力偶矩为 M_e，力偶作用在铅垂对称面内。试画出梁在固定端处横截面上正应力分布图。

解：（1）**确定固定端处横截面上的弯矩**

根据梁的受力，从固定端处将梁截开，考虑右边部分的平衡，可以求得固定端处梁截面上的弯矩：

$$M = M_e$$

方向如图 7-20b 所示。

读者不难证明，这一梁的所有横截面上的弯矩都等于外加力偶的力偶矩 M_e。

（2）**确定中性轴的位置**

因为载荷施加在铅垂平面内（y 方向），所以中性轴通过截面形心并与截面的铅垂对称轴 y 轴垂直。因此，图 7-20c 所示的 z 轴就是中性轴。

（3）**判断横截面上承受拉应力和压应力的区域**

根据弯矩的方向可判断横截面中性轴以上各点均受压应力；横截面中性轴以下各点均受拉应力。

（4）**画梁在固定端截面上正应力分布图**

根据正应力公式，横截面上正应力沿截面高度 y 按直线分布。在上、下边缘正应力最大。本例中，上边缘承受最大压应力；下边缘承受最大拉应力。于是可以画出固定端截面上的正应力分布图，如图 7-20c 所示。

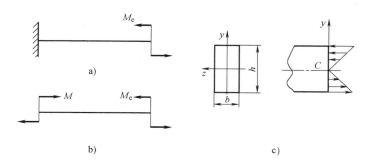

图 7-20　例题 7-4 图

【例题 7-5】　承受均布载荷的简支梁如图 7-21a 所示。已知：梁的截面为矩形，矩形的宽度 $b = 20\text{mm}$，高度 $h = 30\text{mm}$；均布载荷集度 $q = 10\text{kN/m}$；梁的长度 $l = 450\text{mm}$。求：梁最大弯矩截面上 1、2 两点处的正应力。

解：（1）**确定弯矩最大截面以及最大弯矩数值**

根据静力学平衡方程 $\sum M_A = 0$ 和 $\sum M_B = 0$，可以求得支座 A 和 B 处的约束力分别为

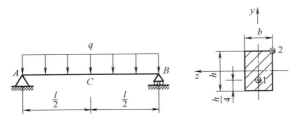

图 7-21 例题 7-5 图

$$F_{RA} = F_{RB} = \frac{ql}{2} = \frac{10 \times 10^3 \times 450 \times 10^{-3}}{2} \text{N} = 2.25 \times 10^3 \text{N}$$

根据第 5 章中类似的例题分析，已经知道梁的中点处横截面上弯矩最大，数值为

$$M_{max} = \frac{ql^2}{8} = \frac{10 \times 10^3 \times (450 \times 10^{-3})^2}{8} \text{N} \cdot \text{m} = 0.253 \times 10^3 \text{N} \cdot \text{m}$$

（2）计算惯性矩

根据矩形截面惯性矩的公式（7-16）的第 2 式，本例题中，梁横截面对 z 轴的惯性矩

$$I_z = \frac{bh^3}{12} = \frac{20 \times 10^{-3} \times (30 \times 10^{-3})^3}{12} \text{m}^4 = 4.5 \times 10^{-8} \text{m}^4$$

（3）求弯矩最大截面上 1、2 两点的正应力

均布载荷作用在纵向对称面内，因此横截面的水平对称轴 z 就是中性轴。根据弯矩最大截面上弯矩的方向，可以判断：1 点受拉应力，2 点受压应力。

1、2 两点到中性轴的距离分别为

$$y_1 = \frac{h}{2} - \frac{h}{4} = \frac{h}{4} = \frac{30 \times 10^{-3}}{4} \text{m} = 7.5 \times 10^{-3} \text{m}$$

$$y_2 = \frac{h}{2} = \frac{30 \times 10^{-3}}{2} \text{m} = 15 \times 10^{-3} \text{m}$$

于是弯矩最大截面上，1、2 两点的正应力分别为

$$\sigma(1) = \frac{M_{max}y_1}{I_z} = \frac{0.253 \times 10^3 \times 7.5 \times 10^{-3}}{4.5 \times 10^{-8}} \text{Pa} = 0.422 \times 10^8 \text{Pa} = 42.2 \text{MPa（拉）}$$

$$\sigma(2) = \frac{M_{max}y_2}{I_z} = \frac{0.253 \times 10^3 \times 15 \times 10^{-3}}{4.5 \times 10^{-8}} \text{Pa} = 0.843 \times 10^8 \text{Pa} = 84.3 \text{MPa（压）}$$

【例题 7-6】 图 7-22 所示 T 形截面简支梁在中点承受集中力 $F = 32\text{kN}$，梁的长度 $l = 2\text{m}$。T 形截面的形心坐标 $y_C = 96.4\text{mm}$，横截面对于 z 轴的惯性矩 $I_z = 1.02 \times 10^8 \text{mm}^4$。求：弯矩最大截面上的最大拉应力和最大压应力。

解：（1）确定弯矩最大截面以及最大弯矩数值

根据静力学平衡方程 $\sum M_A = 0$ 和 $\sum M_B = 0$，可以求得支座 A 和 B 处的约束力分别为 $F_{RA} = F_{RB} = 16\text{kN}$。根据内力分析，梁中点的截面上弯矩最大，数值为

$$M_{max} = \frac{Fl}{4} = 16\text{kN} \cdot \text{m}$$

（2）确定中性轴的位置

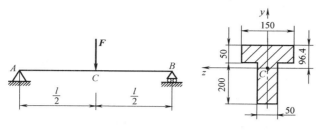

图 7-22　例题 7-6 图

T 形截面只有一根对称轴，而且载荷方向沿着对称轴方向，因此，中性轴通过截面形心并且垂直于对称轴，图 7-22 中的 z 轴就是中性轴。

（3）**确定最大拉应力和最大压应力点到中性轴的距离**

根据中性轴的位置和中间截面上最大弯矩的实际方向，可以确定中性轴以上部分承受压应力；中性轴以下部分承受拉应力。最大拉应力作用点和最大压应力作用点分别为到中性轴最远的下边缘和上边缘上的各点。由图 7-22 所示截面尺寸，可以确定最大拉应力作用点和最大压应力作用点到中性轴的距离分别为

$$y_{max}^{+} = (200+50-96.4)\,mm = 153.6mm, \quad y_{max}^{-} = 96.4mm$$

（4）**计算弯矩最大截面上的最大拉应力和最大压应力**

应用公式（7-35），将 M 的单位化为 N·m；I_z 的单位化为 m^4；y_{max}^{+} 和 y_{max}^{-} 的单位化为 m，得到

$$\sigma_{max}^{+} = \frac{My_{max}^{+}}{I_z} = \frac{16\times10^3 N\cdot m\times153.6\times10^{-3}m}{1.02\times10^8\times(10^{-3})^4 m^4} = 24.09\times10^6 Pa = 24.09MPa \quad （拉）$$

$$\sigma_{max}^{-} = \frac{My_{max}^{-}}{I_z} = \frac{16\times10^3 N\cdot m\times96.4\times10^{-3}m}{1.02\times10^8\times(10^{-3})^4 m^4} = 15.12\times10^6 Pa = 15.12MPa \quad （压）$$

7.5　梁的强度计算

7.5.1　梁的失效判据

与拉伸或压缩杆件失效类似，对于韧性材料制成的梁，当梁的危险截面上的最大正应力达到材料的屈服应力 σ_s 时，便认为梁发生失效；对于脆性材料制成的梁，当梁的危险截面上的最大正应力达到材料的强度极限 σ_b 时，便认为梁发生失效。即

$$\sigma_{max} = \sigma_s （韧性材料） \tag{7-36}$$

$$\sigma_{max} = \sigma_b （脆性材料） \tag{7-37}$$

这就是判断梁是否失效的准则，其中 σ_s 和 σ_b 都由拉伸试验确定。

7.5.2　梁的弯曲强度计算准则

与拉、压杆的强度设计相类似，工程设计中，为了保证梁具有足够的安全裕度，梁的危

险截面上的最大正应力，必须小于许用应力，许用应力等于σ_s或σ_b除以一个大于1的安全因数。于是，有

$$\sigma_{max} \leqslant \frac{\sigma_s}{n_s} = [\sigma] \tag{7-38}$$

$$\sigma_{max} \leqslant \frac{\sigma_b}{n_b} = [\sigma] \tag{7-39}$$

上述两式就是基于最大正应力的梁弯曲强度计算准则，又称为弯曲强度条件，式中，$[\sigma]$为弯曲许用应力；n_s和n_b分别为对应于屈服强度和强度极限的安全因数。

根据上述强度条件，同样可以解决三类强度问题：强度校核、截面尺寸设计、确定许用载荷。

7.5.3 梁的弯曲强度计算步骤

根据梁的弯曲强度设计准则，进行弯曲强度计算的一般步骤为：

（1）根据梁的约束性质，分析梁的受力，确定约束力。

（2）画出梁的弯矩图；根据弯矩图，确定可能的危险截面。

（3）根据应力分布和材料的拉伸与压缩强度性能是否相等，确定可能的危险点：对于拉、压强度相同的材料（如低碳钢等），最大拉应力作用点与最大压应力作用点具有相同的危险性，通常不加以区分；对于拉、压强度性能不同的材料（如铸铁等脆性材料），最大拉应力作用点和最大压应力作用点都有可能是危险点。

（4）应用强度条件进行强度计算：对于拉伸和压缩强度相等的材料，应用强度条件式（7-38）和式（7-39）；对于拉伸和压缩强度不相等的材料，强度条件式（7-38）和式（7-39）可以改写为

$$\sigma_{max}^+ \leqslant [\sigma]^+ \tag{7-40}$$

$$\sigma_{max}^- \leqslant [\sigma]^- \tag{7-41}$$

式中，$[\sigma]^+$和$[\sigma]^-$分别称为拉伸许用应力和压缩许用应力

$$[\sigma]^+ = \frac{\sigma_b^+}{n_b} \tag{7-42}$$

$$[\sigma]^- = \frac{\sigma_b^-}{n_b} \tag{7-43}$$

式中，σ_b^+和σ_b^-分别为材料的拉伸强度极限和压缩强度极限。

【例题 7-7】 图 7-23a 中的圆轴在 A、B 两处的滚珠轴承可以简化为铰链支座；轴的外伸部分 BD 是空心的。轴的直径和其余尺寸以及轴所承受的载荷都标在图中。这样的圆轴主要承受弯曲变形，因此，可以简化为外伸梁。已知的拉伸和压缩的许用应力相等 $[\sigma]$ = 120MPa，试分析圆轴的强度是否安全。

解：（1）确定约束力

因为 A、B 两处的滚珠轴承可以简化为铰链支座，圆轴上又没有水平方向的载荷作用，所以，A、B 两处都只有垂直方向的约束力 F_{RA}、F_{RB}，假设方向都向上。于是，由平衡方程

$\sum M_A = 0$ 和 $\sum M_B = 0$，求得

$$F_{RA} = 2.93\text{kN}, F_{RB} = 5.07\text{kN}$$

（2）画弯矩图，判断可能的危险截面

根据圆轴所承受的载荷和约束力，可以画出圆轴的弯矩图，如图 7-23b 所示。根据弯矩图和圆轴的截面尺寸，在实心部分 C 截面处弯矩最大，为危险截面；在空心部分，轴承 B 以右截面处弯矩最大，也为危险截面。由此得

$$M_C = 1.17\text{kN} \cdot \text{m}, \quad M_B = 0.9\text{kN} \cdot \text{m}$$

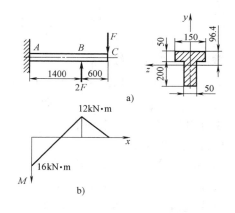

图 7-23 例题 7-7 图

（3）计算危险截面上的最大正应力

应用最大正应力公式（7-30）和圆截面以及圆环截面的抗弯截面系数公式（7-32）和式（7-33），可以计算危险截面上的应力：

C 截面上：$\sigma_{\max} = \dfrac{M}{W} = \dfrac{32M}{\pi D^3} = \dfrac{32 \times 1.17 \times 10^3 \text{N} \cdot \text{m}}{\pi \times (60 \times 10^{-3} \text{m})^3} = 55.2 \times 10^6 \text{Pa} = 55.2\text{MPa}$

B 以右的截面上：

$$\sigma_{\max} = \frac{M}{W} = \frac{32M}{\pi D^3 (1-\alpha^4)} = \frac{32 \times 0.9 \times 10^3 \text{N} \cdot \text{m}}{\pi \times (60 \times 10^{-3} \text{m})^3 \left[1 - \left(\dfrac{40\text{mm}}{60\text{mm}}\right)^4\right]} = 52.9 \times 10^6 \text{Pa} = 52.9\text{MPa}$$

（4）分析梁的强度是否安全

上述计算结果表明，两个危险截面上的最大正应力都小于许用应力 $[\sigma] = 120\text{MPa}$。于是，强度条件得到满足，也就是

$$\sigma < [\sigma]$$

因此，圆轴的强度是安全的。

【例题 7-8】 铸铁制作的悬臂梁，尺寸及受力如图 7-24a 所示，图中 $F = 20\text{kN}$。梁的横截面为 T 形，形心坐标 $y_C = 96.4\text{mm}$，横截面对于 z 轴的惯性矩 $I_z = 1.02 \times 10^8 \text{mm}^4$。已知材料的拉伸许用应力和压缩许用应力分别为 $[\sigma]^+ = 40\text{MPa}$，$[\sigma]^- = 100\text{MPa}$。试校核梁的强度是否安全。

解：（1）**画弯矩图，判断可能的危险截面**

本例中的悬臂梁，可以不求约束力，直接由外加载荷画出弯矩图，如图 7-24b 所示。从弯矩图可以看出，最大正弯矩作用在截面 A 上，

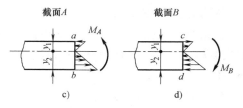

图 7-24 例题 7-8 图

最大负弯矩作用在截面 B 上。由于梁的横截面只有一根对称轴，而且拉伸许用应力和压缩

许用应力不相等，弯矩小的截面上最大拉应力作用点到中性轴的距离，大于弯矩大的截面上最大拉应力作用点到中性轴的距离，所以弯矩小的截面上的最大拉应力也可能比较大。因此，截面 A 和 B 都可能是危险截面。这两个截面上的弯矩值分别为

$$M_A = 16\mathrm{kN \cdot m}, \quad M_B = 12\mathrm{kN \cdot m}$$

方向分别如图 7-24c、d 所示。

（2）根据危险截面上的正应力分布确定可能的危险点

根据危险截面上弯矩的实际方向，可以画出截面 A、B 上的正应力分布图（图 7-24c、d）。从图中可以看出：截面 A 上的 b 点和截面 B 上的 c 点都将产生最大拉应力。但是，截面 A 上的弯矩 M_A 大于截面 B 上的弯矩 M_B，而 b 点到中性轴的距离 y_b 大于 c 点到中性轴的距离 y_c，因此，b 点的拉应力大于 c 点的拉应力。这说明 b 点比 c 点更危险。所以，对于拉应力，只需校核 b 点的强度。

截面 A 上的上边缘各点（例如 a 点）和截面 B 上的下边缘各点（例如 d 点）都承受压应力。但是，截面 A 上的弯矩 M_A 大于截面 B 上的弯矩 M_B，而 a 点到中性轴的距离 y_a 小于 d 点到中性轴的距离 y_d，因此，不能判定 a 点和 d 点的压应力哪一个大。这说明 a 点和 d 点都可能是危险点。所以，对于压应力，a 点和 d 点的强度都需要校核。

（3）计算危险点的正应力，进行强度校核

截面 A 上的下边缘各点（例如 b 点）：

$$\sigma_b^+ = \sigma_{\max}^+ = \frac{M_A y_b}{I_z} = \frac{16 \times 10^3 \times (250 - 96.4) \times 10^{-3}}{1.02 \times 10^8 \times 10^{-12}}\mathrm{Pa} = 24.09 \times 10^6 \mathrm{Pa} = 24.09\mathrm{MPa} < [\sigma]^+$$

截面 A 上的上边缘各点（例如 a 点）

$$\sigma_a^- = \frac{M_A y_a}{I_z} = \frac{16 \times 10^3 \times 96.4 \times 10^{-3}}{1.02 \times 10^8 \times 10^{-12}}\mathrm{Pa} = 15.12 \times 10^6 \mathrm{Pa} = 15.12\mathrm{MPa} < [\sigma]^-$$

截面 B 上的下边缘各点（例如 d 点）

$$\sigma_d^- = \frac{M_B y_d}{I_z} = \frac{12 \times 10^3 \times (250 - 96.4) \times 10^{-3}}{1.02 \times 10^8 \times 10^{-12}}\mathrm{Pa} = 18.07 \times 10^6 \mathrm{Pa} = 18.07\mathrm{MPa} < [\sigma]^-$$

上述结果说明，梁上所有危险截面的危险点的强度都是安全的。

【例题 7-9】 为了起吊重量为 $F = 300\mathrm{kN}$ 的大型设备，采用一台最大起吊重量为 150kN 和一台最大起吊重量为 200kN 的起重机，以及一根工字形轧制型钢作为辅助梁，组成临时的附加悬挂系统，如图 7-25 所示。如果已知辅助梁的长度 $l = 4\mathrm{m}$，型钢材料的许用应力 $[\sigma] = 160\mathrm{MPa}$，试问：

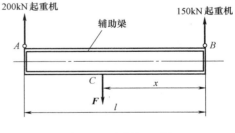

图 7-25 例题 7-9 图

（1）F 加在辅助梁的什么位置，才能保证两台起重机都不超载？

（2）辅助梁应该选择多大型号的工字钢？

解：（1）确定 F 加在辅助梁的位置

F 加在辅助梁的不同位置上，两台起重机所承受的力是不相同的。假设 F 加在辅助梁

的 C 点，这一点到 150kN 吊车的距离为 x。将 F 看作主动力，两台起重机所受的力为约束力，分别用 F_A 和 F_B 表示。由平衡方程

$$\sum M_A = 0, \quad F_B \times l - F \times (l-x) = 0$$

$$\sum M_B = 0, \quad F \times x - F_A \times l = 0$$

解出

$$F_A = \frac{Fx}{l}, \quad F_B = \frac{F(l-x)}{l}$$

令

$$F_A = \frac{Fx}{l} \leqslant 200\text{kN}, \quad F_B = \frac{F(l-x)}{l} \leqslant 150\text{kN}$$

由此解出

$$x \leqslant \frac{200\text{kN} \times 4\text{m}}{300\text{kN}} = 2.667\text{m}, \quad x \geqslant 4\text{m} - \frac{150\text{kN} \times 4\text{m}}{300\text{kN}} = 2\text{m}$$

于是，得到 F 加在辅助梁上作用点的范围为

$$2\text{m} \leqslant x \leqslant 2.667\text{m}$$

（2）确定辅助梁所需要的工字钢型号

根据上述计算得到的 F 加在辅助梁上作用点的范围，当 $x = 2\text{m}$ 时，辅助梁在 B 点受力为 150kN；当 $x = 2.667\text{m}$ 时，辅助梁在 A 点受力为 200kN。

这两种情形下，辅助梁都在 F 作用点处弯矩最大，最大弯矩数值分别为

$$M_{\max}(A) = 200\text{kN} \times (l - 2.667)\text{m} = 200\text{kN} \times (4 - 2.667)\text{m} = 266.6\text{kN} \cdot \text{m}$$

$$M_{\max}(B) = 150\text{kN} \times 2\text{m} = 300\text{kN} \cdot \text{m}$$

$$M_{\max}(B) > M_{\max}(A)$$

因此，应该以 $M_{\max}(B)$ 作为强度计算的依据。于是，由强度条件

$$\sigma_{\max} = \frac{M_{\max}}{W_z} \leqslant [\sigma]$$

可以写出

$$\sigma_{\max} = \frac{M_{\max}(B)}{W_z} \leqslant 160\text{MPa}$$

由此，可以算出辅助梁所需要的抗弯截面系数：

$$W_z \geqslant \frac{M_{\max}(B)}{[\sigma]} = \frac{300 \times 10^3 \text{N} \cdot \text{m}}{160 \times 10^6 \text{Pa}} = 1.875 \times 10^{-3} \text{m}^3 = 1.875 \times 10^3 \text{cm}^3$$

由热轧普通工字钢型钢表中查得 50a 和 50b 工字钢的 W_z 分别为 $1.860 \times 10^3 \text{cm}^3$ 和 $1.940 \times 10^3 \text{cm}^3$。如果选择 50a 工字钢，它的抗弯截面系数 $1.860 \times 10^3 \text{cm}^3$ 比所需要的 $1.875 \times 10^3 \text{cm}^3$ 大约小

$$\frac{1.875 \times 10^3 \text{cm}^3 - 1.860 \times 10^3 \text{cm}^3}{1.875 \times 10^3 \text{cm}^3} \times 100\% = 0.8\%$$

在一般的工程设计中最大正应力可以允许超过许用应力 5%，所以选择 50a 工字钢是可以的。但是，对于安全性要求很高的构件，最大正应力不允许超过许用应力，这时就需要选

择 50b 工字钢。

7.6 斜弯曲

当外力施加在梁的对称面（或主轴平面）内时，梁将产生平面弯曲。当所有外力都作用在同一平面内，但这一平面不是对称面（或主轴平面）时，例如图 7-26a 所示的情形，梁也将会产生弯曲，但不是平面弯曲，这种弯曲称为斜弯曲（skew bending）。还有一种情形也会产生斜弯曲，这就是所有外力都作用对称面（或主轴平面）内，但不是同一对称面（梁的截面具有两个或两个以上对称轴）或主轴平面内。图 7-25b 所示的情形即为一例。

为了确定斜弯曲时梁横截面上的应力，在小变形的条件下，可以将斜弯曲分解成两个纵向对称面内（或主轴平面）的平面弯曲，然后将两个平面弯曲引起的同一点应力的代数值相加，便得到斜弯曲在该点的应力值。

以矩形截面为例，如图 7-27a 所示，当梁的横截面上同时作用两个弯矩 M_y 和 M_z（二者分别都作用在梁的两个对称面内）时，两个弯矩在同一点引起的正应力叠加后，得到如图 7-27b 所示的应力分布图。由于两个弯矩引起的最大拉应力发生在同一点；最大压应力也发生在同一点，因此，叠加后，横截面上的最大拉应力和最大压应力必然发生在矩形截面的角点处。最大拉应力和最大压应力的值由下式确定：

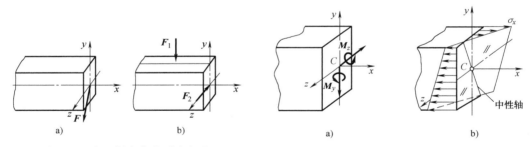

图 7-26　产生斜弯曲的受力方式 　　　图 7-27　斜弯曲时梁横截面上的应力分布

$$\sigma_{max}^{+} = \frac{M_y}{W_y} + \frac{M_z}{W_z} \qquad (7-44a)$$

$$\sigma_{max}^{-} = -\left(\frac{M_y}{W_y} + \frac{M_z}{W_z}\right) \qquad (7-44b)$$

上式不仅对于矩形截面，而且对于槽形截面、工字形截面也是适用的。因为这些截面上由两个主轴平面内的弯矩引起的最大拉应力和最大压应力都发生在同一点。

对于圆截面，上述计算公式是不适用的。这是因为，两个对称面内的弯矩所引起的最大拉应力不发生在同一点，最大压应力也不发生在同一点。

对于圆截面，因为过形心的任意轴均为截面的对称轴，所以当横截面上同时作用有两个弯矩时，可以将弯矩用矢量表示，然后求二者的矢量和，这一合矢量仍然沿着横截面的对称轴方向，合弯矩的作用面仍然与对称面一致，所以平面弯曲的公式依然适用。于是，圆截面

上的最大拉应力和最大压应力计算公式为

$$\sigma_{max}^{+} = \frac{M}{W} = \frac{\sqrt{M_y^2 + M_z^2}}{W} \tag{7-45a}$$

$$\sigma_{max}^{-} = -\frac{M}{W} = -\frac{\sqrt{M_y^2 + M_z^2}}{W} \tag{7-45b}$$

此外，还可以证明，斜弯曲情形下，横截面依然存在中性轴，而且中性轴一定通过横截面的形心，但不垂直于加载方向，这是斜弯曲与平面弯曲的重要区别。

由于最大应力作用点处只有正应力作用，因此，斜弯曲时的强度条件与平面弯曲时完全相同，即式（7-38）或式（7-39）依然适用，即

$$\sigma_{max} \leqslant [\sigma]$$

【例题 7-10】 一般生产车间所用的起重机大梁，两端由钢轨支撑，可以简化为简支梁，如图 7-28a 所示。图中 $l = 4$m。大梁由 32a 热轧普通工字钢制成，许用应力 $[\sigma]$ = 160MPa。起吊重物的重量 $F = 80$kN，并且作用在梁的中点，作用线与 y 轴之间的夹角 $\alpha = 5°$，试校核起重机大梁的强度是否安全。

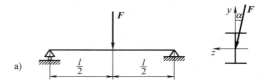

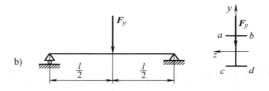

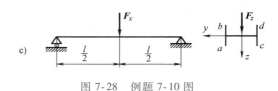

图 7-28 例题 7-10 图

解：（1）**首先，将斜弯曲分解为两个平面弯曲的叠加**

将 F 分解为 y 和 z 方向的两个分力 F_y 和 F_z，将斜弯曲分解为两个平面弯曲，分别如图7-27b、c 所示。图中

$$F_y = F\cos\alpha, \quad F_z = F\sin\alpha$$

（2）**求两个平面弯曲情形下的最大弯矩**

根据前几节的例题所得到的结果，简支梁在中点受力的情形下，最大弯矩 $M_{max} = Fl/4$。将其中的 F 分别替换为 F_y 和 F_z，便得到两个平面弯曲情形下的最大弯矩：

$$M_{max}(F_y) = \frac{F_y \times l}{4} = \frac{F\cos\alpha \times l}{4}$$

$$M_{max}(F_z) = \frac{F_z \times l}{4} = \frac{F\sin\alpha \times l}{4}$$

（3）**计算两个平面弯曲情形下的最大正应力**

在 $M_{max}(F_y)$ 作用的截面上（图 7-28b），截面上边缘的角点 a、b 承受最大压应力；下边缘的角点 c、d 承受最大拉应力。

在 $M_{max}(F_z)$ 作用的截面上（图 7-28c），截面上角点 b、d 承受最大压应力；角点 a、c 承受最大拉应力。

两个平面弯曲叠加结果，角点 c 承受最大拉应力；角点 b 承受最大压应力。因此 b、c 两点都是危险点。这两点的最大正应力数值相等

$$\mid \sigma_{max}(b,c) \mid = \frac{M_{max}(F_z)}{W_y} + \frac{M_{max}(F_y)}{W_z} = \frac{F\sin\alpha \times l}{4W_y} + \frac{F\cos\alpha \times l}{4W_z}$$

其中，$l = 4\text{m}$，$F = 80\text{kN}$，$\alpha = 5°$。另外从型钢表中可查到 32a 热轧普通工字钢的 $W_y = 70.758\text{cm}^3$，$W_z = 692.2\text{cm}^3$。将这些数据代入上式，得到

$$\mid \sigma_{max}(b,c) \mid = \frac{80 \times 10^3\text{N} \times \sin5° \times 4\text{m}}{4 \times 70.758 \times (10^{-2}\text{m})^3} + \frac{80 \times 10^3\text{N} \times \cos5° \times 4\text{m}}{4 \times 692.2 \times (10^{-2}\text{m})^3}$$

$$= 98.5 \times 10^6\text{Pa} + 115.1 \times 10^6\text{Pa} = 213.6 \times 10^6\text{Pa}$$

$$= 213.6\text{MPa} > [\sigma]$$

因此，梁在斜弯曲情形下的强度是不安全的。

如果令上述计算中的 $\alpha = 0$，也就是载荷 F 沿着 y 轴方向，这时产生平面弯曲，上述结果中的第一项变为 0。于是梁内的最大正应力数值为

$$\sigma_{max} = \frac{80 \times 10^3\text{N} \times 4\text{m}}{4 \times 692.2 \times (10^{-2}\text{m})^3} = 115.6 \times 10^6\text{Pa} = 115.6\text{MPa}$$

这一数值远远小于斜弯曲时的最大正应力。可见，载荷偏离对称轴（y）一很小的角度，最大正应力就会有很大的增加（本例题中增加了 84.8%），这对于梁的强度是一种很大的威胁，实际工程中应当尽量避免这种现象的发生。这就是为什么起重机起吊重物时只能在起重机大梁垂直下方起吊，而不允许在大梁的侧面斜方向起吊的原因。

7.7 弯矩与轴力同时作用时横截面上的正应力

当杆件同时承受垂直于轴线的横向力和沿着轴线方向的纵向力时（图 7-29a），杆件的横截面上将同时产生轴力、弯矩和剪力，忽略剪力的影响，轴力和弯矩都将在横截面上产生正应力。

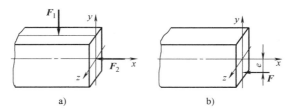

图 7-29 杆件横截面上同时产生轴力和弯矩的受力形式

此外，如果作用在杆件上的纵向力与杆件的轴线不一致，这种情形称为偏心加载。图 7-29b 所示即为偏心加载的一种情形。这时，如果将纵向力向横截面的形心简化，同样，将在杆件的横截面上产生轴力和弯矩。

在梁的横截面上同时产生轴力和弯矩的情形下，根据轴力图和弯矩图，可以确定杆件的危险截面以及危险截面上的轴力 F_N 和弯矩 M_{max}。

轴力 F_N 引起的正应力沿整个横截面均匀分布，轴力为正时产生拉应力；轴力为负时产生压应力：

$$\sigma = \pm\frac{F_N}{A}$$

弯矩 M_{max} 引起的正应力沿横截面高度方向线性分布：

$$\sigma = \frac{M_z y}{I_z} \quad \text{或} \quad \sigma = \frac{M_y z}{I_y}$$

应用叠加法，将二者分别引起的同一点的正应力求代数和，所得到的应力就是二者在同一点引起的总应力。

由于轴力 F_N 和弯矩 M_{max} 的方向有不同形式的组合，因此，横截面上的最大拉伸和压缩正应力的计算式也不完全相同。例如，对于图 7-29b 中的情形，有

$$\sigma^+_{max} = \frac{M}{W} - \frac{F_N}{A} \tag{7-46a}$$

$$\sigma^-_{max} = -\left(\frac{F_N}{A} + \frac{M}{W}\right) \tag{7-46b}$$

式中，$M = Fe$；e 为偏心距；A 为横截面面积。

最大正应力点的强度条件与弯曲时的相同，即

$$\sigma_{max} \leqslant [\sigma]$$

【例题 7-11】 图 7-30a 所示为钻床结构及其受力简图。钻床立柱为空心铸铁管，管的外径为 $D = 140\text{mm}$，内、外径之比 $d/D = 0.75$。铸铁的拉伸许用应力 $[\sigma]^+ = 35\text{MPa}$，压缩许用应力 $[\sigma]^- = 90\text{MPa}$。钻孔时钻头和工作台面的受力如图所示，其中 $F = 15\text{kN}$，力 F 作用线与立柱轴线之间的距离（偏心距）$e = 400\text{mm}$。试校核立柱的强度是否安全。

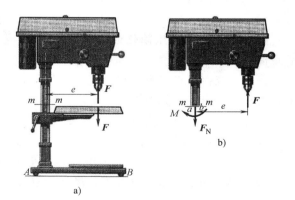

图 7-30 例题 7-11 图

解：（1）**确定立柱横截面上的内力分量**

用假想截面 m—m 将立柱截开，以截开的上半部分为研究对象，如图 7-30b 所示。由平衡条件得截面上的轴力和弯矩分别为

$$F_N = F = 15\text{kN}$$

$$M_z = F \times e = 15\text{kN} \times 400 \times 10^{-3}\text{m} = 6\text{kN} \cdot \text{m}$$

（2）**确定危险截面并计算最大应力**

立柱在偏心力 F 作用下产生拉伸与弯曲组合变形。因为，立柱内所有横截面上的轴力和弯矩都是相同的，所以，所有横截面的危险程度是相同的。根据图 7-30b 所示横截面上轴力 F_N 和弯矩 M_z 的实际方向可知，横截面上左、右两侧上的 b 点和 a 点分别承受最大拉应力

和最大压应力，其值分别为

$$\sigma^+_{max} = \frac{M_z}{W} + \frac{F_N}{A} = \frac{F \times e}{\dfrac{\pi D^3 (1-\alpha^4)}{32}} + \frac{F}{\dfrac{\pi(D^2-d^2)}{4}}$$

$$= \frac{32 \times 15 \times 10^3 \times 400 \times 10^{-3}}{\pi \times (140 \times 10^{-3})^3 (1-0.75^4)} Pa + \frac{4 \times 15 \times 10^3}{\pi[(140 \times 10^{-3})^2 - (0.75 \times 140 \times 10^{-3})^2]} Pa$$

$$= 34.81 \times 10^6 Pa = 34.81 MPa$$

$$\sigma^-_{max} = -\frac{M_z}{W} + \frac{F_N}{A}$$

$$= -\frac{32 \times 15 \times 10^3 \times 400 \times 10^{-3}}{\pi \times (140 \times 10^{-3})^3 (1-0.75^4)} Pa + \frac{4 \times 15 \times 10^3}{\pi[(140 \times 10^{-3})^2 - (0.75 \times 140 \times 10^{-3} m)^2]} Pa$$

$$= -30.35 \times 10^6 Pa = -30.35 MPa$$

二者的数值都小于各自的许用应力值。这表明立柱的拉伸强度和压缩强度都是安全的。

【例题 7-12】 铸铁制连杆承受偏心载荷作用如图 7-31a 所示。横截面的几何尺寸示于图 7-31b 中，图中 y_C 为形心坐标。已知：$y_C = 50.45$mm，横截面对于形心轴 z 的惯性矩 $I_z = 2.259 \times 10^{-6} m^4$；铸铁拉伸时的许用应力 $[\sigma]^+ = 30$MPa，压缩时的许用应力 $[\sigma]^- = 120$MPa。试求：连杆所能承受的最大载荷 F。

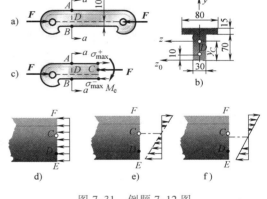

图 7-31 例题 7-12 图

解：（1）**应用力系简化或平衡的方法，确定横截面上的内力**

将偏心载荷 F 向横截面形心简化得到一个轴力和一个弯矩，如图 7-31c 所示。轴力的大小等于 F，方向与之相同（压）；弯矩 $M_e = Fe$，其中 e 为图 7-31b 中 D、C 两点之间的距离。

$$e = y_C - 10\text{mm} = 50.45\text{mm} - 10\text{mm} = 40.45\text{mm} \tag{1}$$

（2）**内力引起的应力分布以及最大拉应力和最大压应力作用点**

图 7-31d、e 所示分别为轴力和弯矩引起的应力分布，二者叠加的结果如图 7-31f 所示。从图中可以看出：最大拉应力发生在横截面上边缘各点；最大压应力发生在横截面下边缘各点。

（3）**确定最大拉应力与最大压应力和偏心载荷之间的关系**

$$\sigma^+_{max} = -\frac{F}{A} + \frac{M_z y_F}{I_z} \tag{2a}$$

$$\sigma^-_{max} = -\left(\frac{F}{A} + \frac{M_z y_E}{I_z} \right) \tag{2b}$$

其中

$$M_z = Fe = F(y_C - 10\text{mm}) \tag{3}$$

$$\sigma^+_{\max} = -\frac{F}{A} + \frac{M_z y_F}{I_z} = -F\left(\frac{1}{A} - \frac{ey_F}{I_z}\right) \tag{4a}$$

$$\sigma^-_{\max} = -\left(\frac{F}{A} + \frac{M_z y_E}{I_z}\right) = -F\left(\frac{1}{A} + \frac{ey_E}{I_z}\right) \tag{4b}$$

（4）应用强度设计准则确定许可载荷

将已知数据代入上式，算得

$$\sigma^+_{\max} = -F\left(\frac{1}{A} - \frac{ey_F}{I_z}\right) = -F\left(\frac{1}{3.30\times10^{-3}} - \frac{40.45\times10^{-3}\times(85-50.45)\times10^{-3}}{2.259\times10^{-6}}\right) = 315F$$

$$\sigma^-_{\max} = -F\left(\frac{1}{A} + \frac{ey_E}{I_z}\right) = -F\left(\frac{1}{3.30\times10^{-3}} + \frac{40.45\times10^{-3}\times50.45\times10^{-3}}{2.259\times10^{-6}}\right) = -1206F$$

应用强度设计准则，最大压应力取其绝对值，由

$$\sigma^+_{\max} = 315F \leqslant [\sigma]^+ = 30\times10^6\,\text{Pa}$$

解得

$$F \leqslant 95.2\times10^3\,\text{N} = 95.2\,\text{kN}$$

由

$$\sigma^-_{\max} = 1206F \leqslant [\sigma]^- = 120\times10^6\,\text{Pa}$$

解得

$$F \leqslant 99.5\times10^3\,\text{N} = 99.5\,\text{kN}$$

所以

$$F \leqslant 95.2\,\text{kN}$$

7.8 结论与讨论

7.8.1 关于弯曲正应力公式的应用条件

首先，平面弯曲正应力公式只能应用于平面弯曲情形。对于截面有对称轴的梁，外加载荷的作用线必须位于梁的对称平面内，才能产生平面弯曲。对于没有对称轴截面的梁，外加载荷的作用线如果位于梁的主轴平面内，也可以产生平面弯曲。

其次，只有在弹性范围内加载，横截面上的正应力才会线性分布，才会得到平面弯曲正应力公式。

最后，平面弯曲正应力公式是在纯弯曲情形下得到的，但是，对于细长杆，由于剪力引起的切应力比弯曲正应力小得多，对强度的影响很小，通常都可以忽略。由此，平面弯曲正应力公式也适用于横截面上有剪力作用的情形。也就是纯弯曲的正应力公式也适用于细长梁横弯曲。

7.8.2 弯曲切应力的概念

当梁发生横向弯曲时，横截面上一般都有剪力存在，截面上与剪力对应的分布内力在各点的强弱程度称为切应力，用希腊字母 τ 表示。切应力的方向一般与剪力的方向相同，作用

线位于横截面内。如图 7-32 所示。

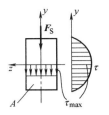

图 7-32　横弯曲时
横截面上的切应力

弯曲切应力在截面上的分布是不均匀的，分布状况与截面的形状有关，一般情形下，最大切应力发生在横截面中性轴上的各点。

对于宽度为 b、高度为 h 的矩形截面，最大切应力

$$\tau_{max} = \frac{3}{2} \frac{F_S}{b \times h} \qquad (7\text{-}47)$$

对于直径为 d 的圆截面，最大切应力

$$\tau_{max} = \frac{4}{3} \frac{F_S}{A}, \qquad A = \frac{\pi d^2}{4} \qquad (7\text{-}48)$$

对于内径为 d、外径为 D 的空心圆截面，最大切应力

$$\tau_{max} = 2.0 \frac{F_S}{A}, \qquad A = \frac{\pi(D^2 - d^2)}{4} \qquad (7\text{-}49)$$

对于工字形截面，腹板上最大切应力近似为

$$\tau_{max} = \frac{F_S}{A} \quad (A\text{ 为腹板面积})$$

若为工字钢，A 可从型钢表中查得。

7.8.3　关于截面的惯性矩

横截面对于某一轴的惯性矩，不仅与横截面面积大小有关，而且还与这些面积到该轴的距离的远近有关。同样的面积，到轴的距离远者，惯性矩大；到轴的距离近者，惯性矩小。为了使梁能够承受更大的力，当然希望截面的惯性矩越大越好。

对于图 7-33a 所示承受均布载荷的矩形截面简支梁，最大弯矩发生在梁的中点。如果需要在梁的中点开一个小孔，请读者分析：图 7-33b、c 中的开孔方式，哪一种最合理？

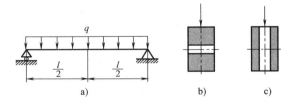

图 7-33　惯性矩与截面形状有关

7.8.4　提高梁强度的措施

前面已经讲到，对于细长梁，影响梁强度的主要因素是梁横截面上的正应力，因此，提高梁的强度，就是设法降低梁横截面上的正应力数值。

工程上，主要从以下几方面提高梁的强度。

1. 选择合理的截面形状

平面弯曲时，梁横截面上的正应力沿着高度方向线性分布，到中性轴越远的点，正应力越大，中性轴附近的各点正应力很小。当离中性轴最远点上的正应力达到许用应力值时，中性轴附近的各点的正应力还远远小于许用应力值。因此，可以认为，横截面上中性轴附近的材料没有被充分利用。为了使这部分材料得到充分利用，在不破坏截面整体性的前提下，可以将横截面上中性轴附近的材料移到距离中性轴较远处，从而形成"合理截面"。工程结构中常用的空心截面和各种各样的薄壁截面（例如工字形、槽形、箱形截面等），都是为了提高梁的强度。

根据最大弯曲正应力公式

$$\sigma_{max} = \frac{M_{max}}{W}$$

为了使 σ_{max} 尽可能地小，必须使 W 尽可能地大。但是，梁的横截面面积有可能随着 W 的增加而增加，这意味着要增加材料的消耗。能不能使 W 增加，而横截面面积不增加或少增加？当然是可能的。这就是采用合理截面，使横截面的 W/A 数值尽可能大。W/A 数值与截面的形状有关。表 7-1 中列出了常见截面的 W/A 数值。

表 7-1　常见截面的 W/A 数值

截面形状				$d/D = 0.8$	
W/A	$0.167h$	$0.167b$	$0.125d$	$0.205D$	$(0.29 \sim 0.31)h$

以宽度为 b、高度为 h 的矩形截面为例，当横截面竖直放置，而且载荷作用在竖直对称面内时，$W/A = 0.167h$；当横截面横向放置，而且载荷作用在短轴对称面内时，$W/A = 0.167b$。如果 $h/b = 2$，则截面竖直放置时的 W/A 值是截面横向放置时的两倍。显然，矩形截面梁竖直放置比较合理。

2. 采用变截面梁或等截面梁

弯曲强度计算是保证梁的危险截面上的最大正应力必须满足强度条件

$$\sigma_{max} = \frac{M_{max}}{W} \leqslant [\sigma]$$

大多数情形下，梁上只有一个或者少数几个截面上的弯矩达到最大值，也就是说只有极少数截面是危险截面。当危险截面上的最大正应力达到许用应力值时，其他大多数截面上的最大正应力还没有达到许用应力值，有的甚至远远没有达到许用应力值。这些截面处的材料同样没有被充分利用。

为了合理地利用材料，减轻结构重量，很多工程构件都设计成变截面的：弯矩大的地方截面大一些，弯矩小的地方截面也小一些。例如火力发电系统中的汽轮机转子（图 7-34a），即采用阶梯轴（图 7-34b）。

如果使每一个截面上的最大正应力都正好等于材料的许用应力，这样设计出的梁就是"等强度梁"。图

a)

b)

图 7-34　汽轮机转子及其阶梯轴

7-35 所示为高速公路高架段所采用的空心"鱼腹梁"，就是一种等强度梁。这种结构使材料得到充分利用。

3. 改善受力状况

改善梁的受力状况，一是改变加载方式；二是调整梁的约束。这些都可以减小梁上的最大弯矩数值。

改变加载方式，主要是将作用在梁上的一个集中力用分布力或者几个比较小的集中力代替。例如图7-36a中在梁的中点承受集中力的简支梁，最大弯矩 $M_{max} = Fl/4$。如果，在主梁上加一副梁，并将集中力变为在梁的全长上均布的载荷，载荷集度 $q = F/l$，如图7-36b所示，这时，主梁上的最大弯矩变为 $M_{max} = Fl/8$。

图7-35 高速公路高架段的空心鱼腹梁

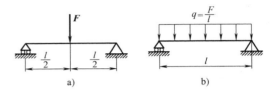

图7-36 改善受力状况提高梁的强度

在某些允许的情形下，改变加力点的位置，使其靠近支座，也可以使梁内的最大弯矩有明显的降低。例如，图7-37中的齿轮轴，齿轮靠近支座时的最大弯矩要比齿轮放在中间时的小得多。

调整梁的约束，主要是改变支座的位置，降低梁上的最大弯矩数值。例如图7-38a中承受均布载荷的简支梁，最大弯矩 $M_{max} = ql^2/8$。如果将支座向中间移动 $0.2l$，如图7-38b所示，这时，梁内的最大弯矩变为 $M_{max} = ql^2/40$。但是，随着支座向梁的中点移动，梁中间截面上的弯矩逐渐减小，而支座处截面上的弯矩却逐渐增大。支座最合理的位置是使梁的中间截面上的弯矩正好等于支座处截面上的弯矩。有兴趣的读者不妨想一想、算一算，这时最合理的位置应该在哪里？

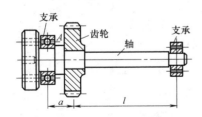

图7-37 改变支承位置减小最大弯矩

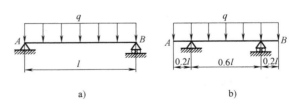

图7-38 支承的最佳位置

习题

7-1 直径为 d 的圆截面梁，两端在对称面内承受力偶矩为 M 的力偶作用，如习题7-1图所示。若已知变形后中性层的曲率半径为 ρ；材料的弹性模量为 E。根据 d、ρ、E 可以求得梁所承受的力偶矩 M。现有四种答案，请判断哪一种是正确的。

习题7-1图

（A） $M = \dfrac{E\pi d^4}{64\rho}$

（B） $M = \dfrac{64\rho}{E\pi d^4}$

（C） $M = \dfrac{E\pi d^3}{32\rho}$

（D） $M = \dfrac{32\rho}{E\pi d^3}$

正确答案是_____。

7-2 矩形截面梁在截面 B 处铅垂对称轴和水平对称轴方向上分别作用有 F，如习题7-2图所示。关于最大拉应力和最大压应力发生在危险截面 A 的哪些点上，有四种答案，请判断哪一种是正确的。

（A） $\sigma^+_{\max}$ 发生在 a 点，$\sigma^-_{\max}$ 发生在 b 点

（B） $\sigma^+_{\max}$ 发生在 c 点，$\sigma^-_{\max}$ 发生在 d 点

（C） $\sigma^+_{\max}$ 发生在 b 点，$\sigma^-_{\max}$ 发生在 a 点

（D） $\sigma^+_{\max}$ 发生在 d 点，$\sigma^-_{\max}$ 发生在 b 点

正确答案是_____。

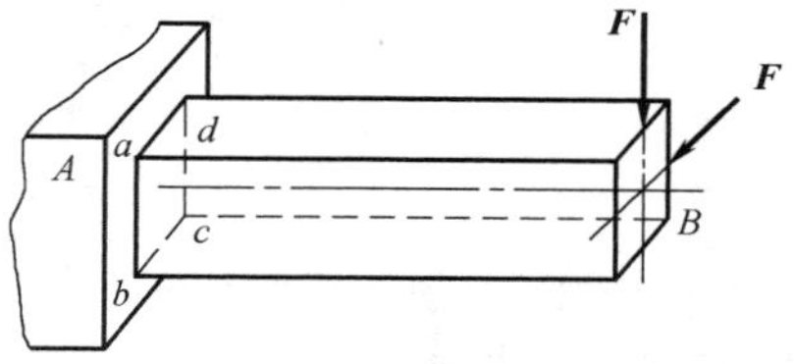

习题 7-2 图

7-3 关于平面弯曲正应力公式的应用条件，有以下四种答案，请判断哪一种是正确的。

（A） 细长梁、弹性范围内加载

（B） 弹性范围内加载、载荷加在对称面或主轴平面内

（C） 细长梁、弹性范围内加载、载荷加在对称面或主轴平面内

（D） 细长梁、载荷加在对称面或主轴平面内

正确答案是_____。

7-4 长度相同、承受同样的均布载荷 q 作用的梁，有习题7-4图所示的四种支承方式，如果从梁的应力分布合理性考虑，请判断哪一种支承方式最合理。

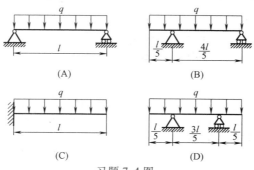

习题 7-4 图

正确答案是_____。

7-5 悬臂梁受力及截面尺寸如习题7-5图所示。图中的尺寸单位未注明者为 mm。求：梁的1—1截面上 A、B 两点的正应力。

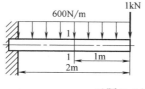

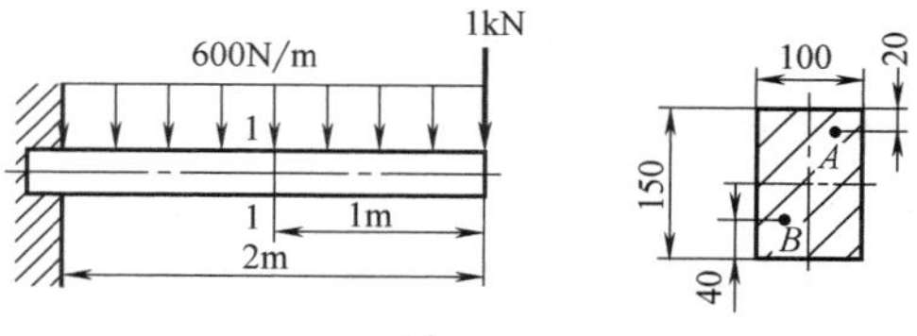

习题 7-5 图

7-6 加热炉炉前机械操作装置如习题 7-6 图所示，图中的尺寸单位为 mm。其操作臂由两根无缝钢管所组成。外伸端装有夹具，夹具与所夹持钢料的总重 $P = 2200N$，平均分配到两根钢管上。求：梁内最大正应力（不考虑钢管自重）。

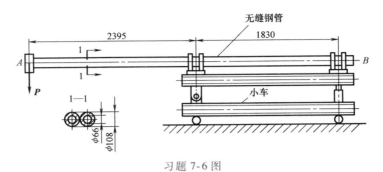

习题 7-6 图

7-7 习题 7-7 图所示矩形截面简支梁，承受均布载荷 q 作用。若已知 $q = 2kN/m$，$l = 3m$，$h = 2b = 240mm$。试求：截面竖放（图 b）和横放（图 c）时梁内的最大正应力，并加以比较。

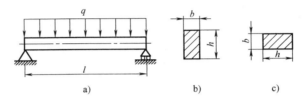

习题 7-7 图

7-8 圆截面外伸梁，其外伸部分是空心的，梁的受力与尺寸如习题 7-8 图所示。图中尺寸单位为 mm。已知 $F = 10kN$，$q = 5kN/m$，许用应力 $[\sigma] = 140MPa$，试校核梁的强度。

7-9 悬臂梁 AB 受力如习题 7-9 图所示，其中 $F = 10kN$，$M = 70kN \cdot m$，$a = 3m$。梁横截面的形状及尺寸均示于图中（单位为 mm），C 为截面形心，截面对中性轴的惯性矩 $I_z = 1.02 \times 10^8 mm^4$，拉伸许用应力 $[\sigma]^+ = 40MPa$，压缩许用应力 $[\sigma]^- = 120MPa$。试校核梁的强度是否安全。

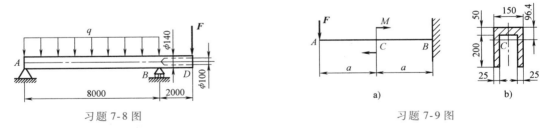

习题 7-8 图   习题 7-9 图

7-10 由 No.10 工字钢制成的 ABD 梁，左端 A 处为固定铰链支座，B 点处用铰链与钢制圆截面杆 BC 连接，BC 杆在 C 处用铰链悬挂，如习题 7-10 图所示。已知圆截面杆直径 $d = 20mm$，梁和杆的许用应力均为 $[\sigma] = 160MPa$，试求：结构的许用均布载荷集度 $[q]$。

7-11 习题 7-11 图所示外伸梁承受集中载荷 F 作用，尺寸如图所示。已知 $F = 20kN$，许用应力 $[\sigma] = 160MPa$，试选择工字钢型号。

7-12 习题 7-12 图所示 AB 梁为简支梁，当载荷 F 直接作用在梁的跨度中点时，梁内最大弯曲正应力超过许用应力 30%。为减小 AB 梁内的最大正应力，在 AB 梁配置一辅助梁 CD，CD 也可以看作是简支梁。

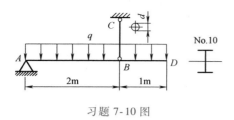

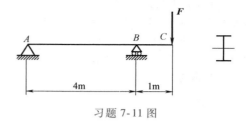

习题 7-10 图

习题 7-11 图

试求辅助梁的长度 a 为何值时，梁 AB 的强度满足要求。

7-13　旋转式起重机由工字梁 AB 及拉杆 BC 组成，A、B、C 三处均可以简化为铰链约束，如习题 7-13 图所示。已知起重载荷 $F = 22\text{kN}$，$l = 2\text{m}$。材料的 $[\sigma] = 100\text{MPa}$。试选择 AB 梁的工字钢型号。

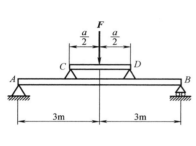

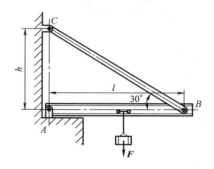

习题 7-12 图

习题 7-13 图

7-14　试求习题 7-14 图 a、b 所示的两杆横截面上最大正应力及其比值。

7-15　习题 7-15 图所示为承受纵向载荷的人骨受力简图。试求：

（1）假定骨骼为实心圆截面，确定横截面 B—B 上的应力分布。

（2）假定骨骼中心部分（其直径为骨骼外直径的一半）由海绵状骨质所组成，忽略海绵状承受应力的能力，确定横截面 B—B 上的应力分布。

（3）确定 1、2 两种情形下，骨骼在横截面 B—B 上最大压应力之比。

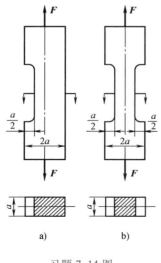

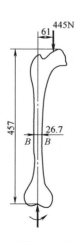

习题 7-14 图

习题 7-15 图

7-16 矩形截面悬臂梁左端为固定端，受力如习题 7-16 图所示，图中尺寸单位为 mm。若已知 $F_1 = 60kN$，$F_2 = 4kN$。求：固定端处横截面上 A、B、C、D 四点的正应力。

7-17 正方形截面杆一端固定，另一端自由，中间部分开有切槽。杆自由端受有平行于杆轴线的纵向力 F。若已知 $F = 1kN$，杆各部分尺寸如习题 7-17 图所示，单位为 mm。试求：杆内横截面上的最大正应力，并指出其作用位置。

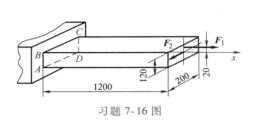

习题 7-16 图

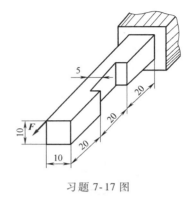

习题 7-17 图

8

第8章
梁的位移分析与刚度设计

上一章中已经提到，如果忽略剪力的影响，在平面弯曲的情形下，梁的轴线将弯曲成平面曲线，梁的横截面变形后依然保持平面，且仍与梁变形后的轴线垂直。由于发生弯曲变形，梁横截面的位置发生改变，这种改变称为位移。

位移是各部分变形累加的结果。位移与变形有着密切联系，但又有严格区别。有变形不一定处处有位移；有位移也不一定有变形。这是因为，杆件横截面的位移不仅与变形有关，而且还与杆件所受的约束有关。

在数学上，确定杆件横截面位移的过程主要是积分运算，积分限或积分常数则与约束条件和连续条件有关。

若材料的应力-应变关系满足胡克定律，又在弹性范围内加载，则位移与力（均为广义的）之间存在线性关系。因此，不同的力在同一处引起的同一种位移可以相互叠加。

本章将在分析变形与位移关系的基础上，建立确定梁位移的小挠度微分方程及其积分的概念，重点介绍工程上应用的叠加法以及梁的刚度设计准则。

8.1 基本概念

8.1.1 梁弯曲后的挠度曲线

梁在弯矩（M_y 或 M_z）的作用下发生弯曲变形，为叙述简便起见，以下讨论只有一个方向的弯矩作用的情形，并略去下标，只用 M 表示弯矩，所得到的结果适用于 M_y 或 M_z 单独作用的情形。

图 8-1a 所示的梁的变形，若在弹性范围内加载，梁的轴线在梁弯曲后变成一条连续光滑曲线，如图 8-1b 所示。这一连续光滑曲线称为弹性曲线（elastic curve）或挠度曲线（deflection curve），简称弹性线或挠曲线。

根据上一章所得到的结果，弹性范围内的挠度曲线在一点的曲率与这一点处横截面上的弯矩、抗弯刚度之间存在下列关系：

$$\frac{1}{\rho} = \frac{M}{EI} \tag{8-1}$$

式中，ρ、M 都是横截面位置 x 的函数，不失一般性

$$\rho = \rho(x), \quad M = M(x)$$

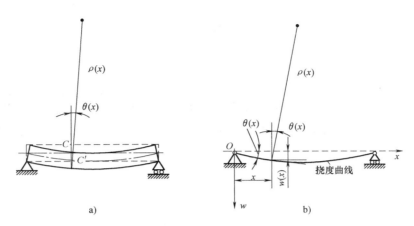

图 8-1 梁的弹性曲线与梁的位移

式（8-1）中的 EI 为横截面的抗弯刚度。对于等截面梁，EI 为常量。

8.1.2 梁的挠度与转角

梁在弯曲变形后，横截面的位置将发生改变，这种位置的改变称为位移（displacement）。梁的位移包括三部分：

- 横截面形心处的垂直于变形前梁的轴线方向的线位移，称为**挠度**（deflection），用 w 表示。
- 梁变形后，横截面相对于变形前的位置绕中性轴转过的角度，称为**转角**（slope），用 θ 表示。
- 横截面形心沿变形前梁的轴线方向的线位移，称为**轴向位移**或**水平位移**（horizontal displacement），用 u 表示。

在小变形情形下，上述位移中，轴向位移 u 与挠度 w 相比为高阶小量，故通常不予考虑。

在图 8-1b 所示 Oxw 坐标系中（注意：w 坐标向下为正），挠度与转角存在下列关系：

$$\frac{\mathrm{d}w}{\mathrm{d}x} = \tan\theta \tag{8-2}$$

在小变形条件下，挠曲线较为平坦，即 θ 很小，因而上式中 $\tan\theta \approx \theta$。于是有

$$\frac{\mathrm{d}w}{\mathrm{d}x} = \theta \tag{8-3}$$

上述两式中 $w=w(x)$，称为**挠度方程**（deflection equation）。

8.1.3 梁的位移与约束密切相关

图 8-2a、b、c 所示三种承受弯曲的梁，在这三种情形下，AB 段各横截面都受有相同的弯矩（$M=Fa$）作用。

根据式（8-1），在上述三种情形下，AB 段梁的曲率（$1/\rho$）处处对应相等，因而挠度曲线具有相同的形状。但是，在三种情形下，由于约束的不同，梁的位移则不完全相同。对

于图 8-2a 所示的无约束梁，因其在空间的位置不确定，故无从确定其位移。

8.1.4 梁的位移分析的工程意义

位移分析中所涉及的梁的变形和位移，都是弹性的。尽管变形和位移都是弹性的，工程设计中，对于结构或构件的弹性位移都有一定的限制。弹性位移过大，也会使结构或构件丧失正常功能，即发生刚度失效。

例如，图 8-3 所示的机械传动机构中的齿轮轴，当变形过大时（图中虚线所示），两齿轮的啮合处将产生较大的挠度和转角，这不仅会影响两个齿轮之间的啮合，以致不能正常工作；而且还会加大齿轮磨损，同时将在转动的过程中产生很大的噪声；此外，当轴的变形很大时，轴在支承处也将产生较大的转角，从而使轴和轴承的磨损大大增加，降低轴和轴承的使用寿命。

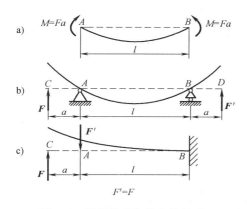

图 8-2 梁的位移与约束的关系

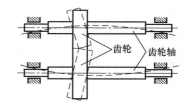

图 8-3 变形后的齿轮轴

工程设计中还有另外一类问题，所考虑的不是限制构件的弹性位移，而是希望在构件不发生强度失效的前提下，尽量产生较大的弹性位移。例如，各种车辆中用于减震的板簧（图 8-4），都是采用厚度不大的板条叠合而成，采用这种结构，板簧既可以承受很大的力而不发生破坏，同时又能承受较大的弹性变形，吸收车辆受到震动和冲击时产生的动能，收到抗震和抗冲击的效果。又如，图 8-5 所示的机械式继电器中的簧片，为了有效地接通或切断电源，在电磁力作用下必须保证触点处有足够大的挠度。

此外，位移分析也是解决超静定问题与振动问题的基础。

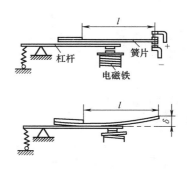

图 8-4 车辆中用于减振的板簧

图 8-5 继电器中簧片的弯曲变形

8.2 小挠度微分方程及其积分

8.2.1 小挠度曲线微分方程

应用挠度曲线的曲率与弯矩和抗弯刚度之间的关系式（8-1），以及数学中关于曲线的曲率公式：

$$\frac{1}{\rho} = \frac{|w''|}{\left[1+\left(\dfrac{\mathrm{d}w}{\mathrm{d}x}\right)^2\right]^{3/2}} \tag{8-4}$$

得到

$$\frac{\dfrac{\mathrm{d}^2 w}{\mathrm{d}x^2}}{\left[1+\left(\dfrac{\mathrm{d}w}{\mathrm{d}x}\right)^2\right]^{3/2}} = \pm\frac{M}{EI} \tag{8-5}$$

在小变形情形下，$\dfrac{\mathrm{d}w}{\mathrm{d}x} = \theta \ll 1$，上式将变为

$$\frac{\mathrm{d}^2 w}{\mathrm{d}x^2} = \pm\frac{M}{EI} \tag{8-6}$$

此式即为确定梁的挠度和转角的微分方程，称为**小挠度微分方程**（differencial equation for small deflection）。式中的正负号与坐标取向有关。

对于图 8-6a 所示的坐标系，弯矩与挠度的二阶导数同号，所以式（8-6）中取正号；对于图 8-6b 所示的坐标系，弯矩与挠度的二阶导数异号，所以式（8-6）中取负号。

本书采用 w 向下、x 向右的坐标系（如图 8-6b 所示），故有

$$\frac{\mathrm{d}^2 w}{\mathrm{d}x^2} = -\frac{M}{EI} \tag{8-7}$$

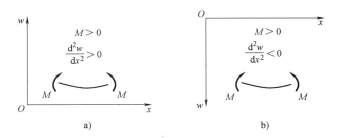

图 8-6　不同的 w 坐标取向

需要指出的是，剪力对梁的位移是有影响的。但是，对于细长梁，这种影响很小，因而常常忽略不计。

对于等截面梁，应用确定弯矩方程的方法，写出弯矩方程 $M(x)$，代入上式后，分别对 x 做不定积分，得到包含积分常数的挠度方程与转角方程：

$$\frac{\mathrm{d}w}{\mathrm{d}x} = -\int_l \frac{M(x)}{EI}\mathrm{d}x + C \qquad\qquad (8\text{-}8)$$

$$w = \int_l \left(-\int_l \frac{M(x)}{EI}\mathrm{d}x\right)\mathrm{d}x + Cx + D \qquad\qquad (8\text{-}9)$$

式中，C、D 为积分常数。

8.2.2 积分常数的确定 约束条件与连续条件

积分法中常数由梁的约束条件与连续条件确定：约束条件是指约束对于挠度和转角的限制：

- 在固定铰支座和辊轴支座处，约束条件为挠度等于零：$w = 0$。
- 在固定端处，约束条件为挠度和转角都等于零：$w = 0$，$\theta = 0$。

连续条件是指，梁在弹性范围内加载，其轴线将弯曲成一条连续光滑曲线，因此，在集中力、集中力偶以及分布载荷间断处，两侧的挠度、转角对应相等：$w_1 = w_2$，$\theta_1 = \theta_2$ 等。

上述方法称为积分法（integration method）。下面举例说明积分法的应用。

【例题 8-1】 承受集中载荷的简支梁，如图 8-7 所示。梁的抗弯刚度 EI、长度 l、载荷 F 等均为已知。试应用小挠度微分方程通过积分，求梁的挠度方程和转角方程，并计算加力点 B 处的挠度和支承 A、C 处的转角。

解：（1）确定梁约束力

首先，应用静力学方法求得梁在支承 A、C 两处的约束力分别如图 8-7 所示。

（2）分段建立梁的弯矩方程

因为 B 处作用有集中力 F，所以需要分为 AB 和 BC 两段建立弯矩方程。

在图示坐标系中，为确定梁在 $0 \sim l/4$ 范围内各截面上的弯矩，只需要考虑左端 A 处的约

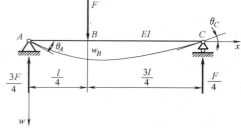

图 8-7 例题 8-1 图

束力 $3F/4$；而确定梁在 $l/4 \sim l$ 范围内各截面上的弯矩，则需要考虑左端 A 处的约束力 $3F/4$ 和载荷 F。于是，AB 和 BC 两段的弯矩方程分别为

$$AB \text{ 段}: M_1(x) = \frac{3}{4}Fx \qquad \left(0 \leqslant x < \frac{l}{4}\right) \qquad\qquad (\text{a})$$

$$BC \text{ 段}: M_2(x) = \frac{3}{4}Fx - F\left(x - \frac{l}{4}\right) \qquad \left(\frac{l}{4} \leqslant x \leqslant l\right) \qquad\qquad (\text{b})$$

（3）将弯矩表达式代入小挠度微分方程并分别积分

$$EI\frac{\mathrm{d}^2 w_1}{\mathrm{d}x^2} = -M_1(x) = -\frac{3}{4}Fx \qquad \left(0 \leqslant x < \frac{l}{4}\right) \qquad\qquad (\text{c})$$

$$EI\frac{\mathrm{d}^2 w_2}{\mathrm{d}x^2} = -M_2(x) = -\frac{3}{4}Fx + F\left(x - \frac{l}{4}\right) \qquad \left(\frac{l}{4} \leqslant x \leqslant l\right) \qquad\qquad (\text{d})$$

将式（c）积分后，得

$$EI\theta_1 = -\frac{3}{8}Fx^2 + C_1 \tag{e}$$

$$EIw_1 = -\frac{1}{8}Fx^3 + C_1 x + D_1 \tag{f}$$

将式（d）积分后，得

$$EI\theta_2 = -\frac{3}{8}Fx^2 + \frac{1}{2}F\left(x - \frac{l}{4}\right)^2 + C_2 \tag{g}$$

$$EIw_2 = -\frac{1}{8}Fx^3 + \frac{1}{6}F\left(x - \frac{l}{4}\right)^3 + C_2 x + D_2 \tag{h}$$

其中，C_1、D_1、C_2、D_2 为积分常数，由支承处的约束条件和 AB 段与 BC 段梁交界处的连续条件确定。

（4）**利用约束条件和连续条件确定积分常数**

在支座 A、C 两处挠度应为零，即

$$x = 0, \qquad w_1 = 0 \tag{i}$$

$$x = l, \qquad w_2 = 0 \tag{j}$$

因为，梁弯曲后的轴线应为连续光滑曲线，所以 AB 段与 BC 段梁交界处的挠度和转角必须分别相等，即

$$x = \frac{l}{4}, \qquad w_1 = w_2 \tag{k}$$

$$x = \frac{l}{4}, \qquad \theta_1 = \theta_2 \tag{l}$$

将式（i）代入式（f），得

$$D_1 = 0$$

将式（l）代入式（e）、式（g），得到

$$C_1 = C_2$$

将式（k）代入式（f）、式（h），得到

$$D_1 = D_2$$

将式（j）代入式（h），有

$$0 = -\frac{1}{8}Fl^3 + \frac{1}{6}F\left(l - \frac{l}{4}\right)^3 + C_2 l$$

从中解出

$$C_1 = C_2 = \frac{7}{128}Fl^2$$

（5）**确定转角方程和挠度方程以及指定横截面的挠度与转角**

将所得的积分常数代入式（e）~式（h），得到梁的转角和挠度方程为

$$0 \leqslant x < \frac{l}{4}, \qquad \theta(x) = \frac{F}{EI}\left(-\frac{3}{8}x^2 + \frac{7}{128}l^2\right)$$

$$w(x) = \frac{F}{EI}\left(-\frac{1}{8}x^3 + \frac{7}{128}l^2 x\right)$$

$$\frac{l}{4} \leqslant x \leqslant l, \qquad \theta(x) = \frac{F}{EI}\left[-\frac{3}{8}x^2 + \frac{1}{2}\left(x - \frac{l}{4}\right)^2 + \frac{7}{128}l^2\right]$$

$$w(x) = \frac{F}{EI}\left[-\frac{1}{8}x^3 + \frac{1}{6}\left(x - \frac{l}{4}\right)^3 + \frac{7}{128}l^2 x\right]$$

据此，可以算得加力点 B 处的挠度和支承处 A、C 的转角分别为

$$w_B = \frac{3}{256}\frac{Fl^3}{EI}, \qquad \theta_A = \frac{7}{128}\frac{Fl^2}{EI}, \qquad \theta_C = -\frac{5}{128}\frac{Fl^2}{EI}$$

8.3　工程中的叠加法

在很多的工程计算手册中，已将各种支承条件下的静定梁，在各种典型载荷作用下的挠度和转角表达式一一列出，简称为挠度表（参见表 8-1）。

基于杆件变形后其轴线为一光滑连续曲线和位移是杆件变形累加的结果这两个重要概念，以及在小变形条件下的力的独立作用原理，采用叠加法（superposition method）由现有的挠度表可以得到在很多复杂情形下梁的位移。

8.3.1　叠加法应用于多个载荷作用的情形

当梁上受有几种不同的载荷作用时，都可以将其分解为各种载荷单独作用的情形，由挠度表查得这些情形下的挠度和转角，再将所得结果叠加后，便得到几种载荷同时作用的结果。

【例题 8-2】　简支梁同时承受均布载荷 q、集中力 ql 和集中力偶 ql^2，如图 8-8a 所示。梁的抗弯刚度为 EI。试用叠加法求梁中点的挠度和右端支座处的转角。

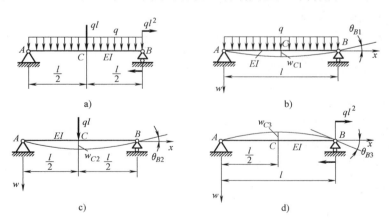

图 8-8　例题 8-2 图

解：（1）将梁上的载荷分解为三种简单载荷单独作用的情形

画出三种简单载荷单独作用时的挠度曲线大致形状，分别如图 8-8b、c、d 所示。

（2）应用挠度表确定三种情形下，梁中点的挠度与支承处 B 的转角

应用表 8-1 中所列结果，求得上述三种情形下，梁中点的挠度 w_{Ci}（$i = 1$，2，3）为

$$\begin{cases} w_{C1} = \dfrac{5}{384}\dfrac{ql^4}{EI} \\[3mm] w_{C2} = \dfrac{1}{48}\dfrac{ql^4}{EI} \\[3mm] w_{C3} = -\dfrac{1}{16}\dfrac{ql^4}{EI} \end{cases} \qquad (\text{a})$$

右端支座 B 处的转角 θ_{Bi}（$i = 1$，2，3）为

$$\begin{cases} \theta_{B1} = -\dfrac{1}{24}\dfrac{ql^3}{EI} \\[3mm] \theta_{B2} = -\dfrac{1}{16}\dfrac{ql^3}{EI} \\[3mm] \theta_{B3} = \dfrac{1}{3}\dfrac{ql^3}{EI} \end{cases} \qquad (\text{b})$$

（3）应用叠加法，将简单载荷作用时的挠度和转角分别叠加

最后，将上述结果按代数值相加，分别得到梁中点的挠度和支座 B 处的转角

$$w_C = \sum_{i=1}^{3} w_{Ci} = -\frac{11}{384}\frac{ql^4}{EI}, \qquad \theta_B = \sum_{i=1}^{3} \theta_{Bi} = \frac{11}{48}\frac{ql^3}{EI}$$

对于表中未列入的简单载荷作用下梁的位移，可以做适当处理，使之成为有表可查的情形，然后再应用叠加法。

【例题 8-3】 图 8-9a 所示两片矩形（$b \times h$）截面铝制板条，在中点处夹持一直径为 d 的刚性、光滑圆柱体。

已知：$b = 20\text{mm}$，$h = 5\text{mm}$，$d = 50\text{mm}$，$E = 70\text{GPa}$，试计算铝片端部夹持力。

解：由于圆柱体刚性，且结构和载荷都是对称的，因此在夹持处的挠度和转角都等于零。

于是圆柱体一侧的铝片都可以看作一在夹持处固定、自由端处承受夹持力的悬臂梁，图 8-9b 所示为右侧的上半片的示意图。这时，夹持点的挠度等于刚性圆柱体直径的一半，即

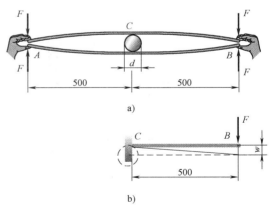

图 8-9 例题 8-3 图

$$w = \frac{d}{2}$$

根据端部承受集中力的悬臂梁自由端的挠度公式，

$$w = \frac{Fl^3}{3EI_z}$$

有

$$F = \frac{3wEI_z}{l^3} = \frac{3 \times \frac{d}{2} \times E \times \frac{bh^3}{12}}{l^3} = \frac{d \times E \times bh^3}{8 \times l^3}$$

将已知数据代入后，算得

$$F = \frac{50 \times 10^{-3} \times 70 \times 10^9 \times 20 \times 10^{-3} \times (5 \times 10^{-3})^3}{8 \times (500 \times 10^{-3})^3} \text{N} = 8.75\text{N}$$

8.3.2　叠加法应用于间断性分布载荷作用的情形

对于间断性分布载荷作用的情形，根据受力与约束等效的要求，可以将间断性分布载荷，变为梁全长上连续分布载荷，然后在原来没有分布载荷的梁段上，加上集度相同但方向相反的分布载荷，最后应用叠加法。

【例题 8-4】　图 8-10a 所示悬臂梁，抗弯刚度为 EI。梁承受间断性分布载荷，如图所示。试利用叠加法确定自由端的挠度和转角。

解：（1）将梁上的载荷变成有表可查的情形

为利用挠度表中关于梁全长承受均布载荷的计算结果，计算自由端 C 处的挠度和转角，先将均布载荷延长至梁的全长，为了不改变原来载荷作用的效果，在 AB 段还需再加上集度相同、方向相反的均布载荷，如图 8-10b 所示。

（2）再将处理后的梁分解为简单载荷作用的情形，计算各个简单载荷引起挠度和转角

图 8-10c、d 所示是两种不同的均布载荷作用情形，分别画出这两种情形下的挠度曲线大致形状。于是，由挠度表中关于承受均布载荷悬臂梁的计算结果，上述两种情形下自由端的挠度和转角分别为

$$w_{C1} = \frac{1}{8} \frac{ql^4}{EI}$$

$$w_{C2} = w_{B2} + \theta_{B2} \times \frac{l}{2} = -\frac{1}{128} \frac{ql^4}{EI} - \frac{1}{48} \frac{ql^3}{EI} \times \frac{l}{2}$$

$$\theta_{C1} = \frac{1}{6} \frac{ql^3}{EI}$$

$$\theta_{C2} = -\frac{1}{48} \frac{ql^3}{EI}$$

（3）将简单载荷作用的结果叠加

上述结果叠加后，得到

$$w_C = \sum_{i=1}^{2} w_{Ci} = \frac{41}{384} \frac{ql^4}{EI}$$

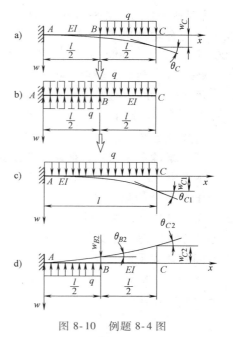

图 8-10　例题 8-4 图

$$\theta_C = \sum_{i=1}^{2} \theta_{Ci} = \frac{7}{48} \frac{ql^3}{EI}$$

8.4 简单的超静定梁

8.4.1 求解超静定梁的基本方法

与求解拉伸、压缩杆件的超静定问题相似，求解超静定梁时，除了平衡方程外，还需要根据多余约束对位移或变形的限制，建立各部分位移或变形之间的几何关系，即建立几何方程，称为**变形协调方程**（compatibility equation），并建立力与位移或变形之间的物理关系，即**物理方程或称本构方程**（constitutive equations）。将这二者联立才能找到求解超静定问题所需的补充方程。

据此，首先要判断超静定的次数，也就是确定有几个多余约束；然后选择合适的多余约束，将其除去，使超静定梁变成静定梁，在解除约束处代之以多余约束力；最后将解除约束后的梁与原来的超静定梁相比较，多余约束处应当满足什么样的变形条件才能使解除约束后的系统的受力和变形与原来的系统弯曲等效，从而写出变形协调条件。

8.4.2 几种简单的超静定问题示例

【例题 8-5】 图 8-11 所示的三支承梁，A 处为固定铰链支座，B、C 两处为辊轴支座。梁上作用有均布载荷。已知：均布载荷集度 $q = 15\text{N/mm}$，$l = 4\text{m}$，梁圆截面的直径 $d = 100\text{mm}$，$[\sigma] = 100\text{MPa}$，试校核该梁的强度是否安全。

解：（1）判断超静定次数

梁在 A、B、C 三处共有四个未知约束力，而梁在平面一般力系作用下，只有 3 个独立的平衡方程，故为一次超静定梁。

（2）解除多余约束，使超静定梁变成静定梁

本例中 B、C 两处的辊轴支座，可以选择其中的一个作为多余约束，现在将支座 B 作为多余约束除去，在 B 处代之以相应的多余约束力 F_B。解除约束后所得到静定梁为一简支梁，如图 8-11b 所示。

（3）建立平衡方程

以图 8-11b 所示的静定梁作为研究对象，可以写出下列平衡方程：

$$\begin{cases} \sum F_x = 0, & F_{Ax} = 0 \\ \sum F_y = 0, & F_{Ay} + F_B + F_{Cy} - ql = 0 \\ \sum M_C = 0, & -F_{Ay}l - F_B \times \dfrac{l}{2} + ql \times \dfrac{l}{2} = 0 \end{cases} \quad (\text{a})$$

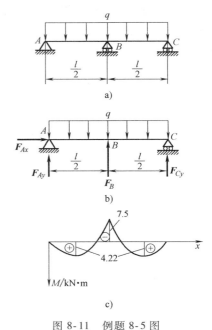

图 8-11 例题 8-5 图

（4）比较解除约束前的超静定梁和解除约束后的静定梁，建立变形协调条件

比较图 8-11a、b 所示的两根梁，可以看出，图 8-11b 中的静定梁在 B 处的挠度必须等于零，梁的受力与变形才能相当。于是，可以写出变形协调条件为

$$w_B = w_B(q) + w_B(F_B) \tag{b}$$

式中，$w_B(q)$ 为均布载荷 q 作用在静定梁上引起的 B 处的挠度；$w_B(F_B)$ 为多余约束力 F_B 作用在静定梁上引起的 B 处的挠度。

（5）查表确定 $w_B(q)$ 和 $w_B(F_B)$

由挠度表 8-1 查得

$$w_B(q) = \frac{5}{384} \times \frac{ql^4}{EI}, \quad w_B(F_B) = -\frac{1}{48} \times \frac{F_B l^3}{EI} \tag{c}$$

联立求解式（a）~式（c），得到全部约束力：

$$F_{Ax} = 0, \quad F_{Ay} = \frac{3}{16}ql$$

$$F_B = \frac{5}{8}ql$$

$$F_{Cy} = \frac{3}{16}ql$$

（6）校核梁的强度

作梁的弯矩图，如图 8-11c 所示。由图可知，支座 B 处的截面为危险面，其上的弯矩值为

$$|M|_{max} = 7.5 \times 10^6 \text{N} \cdot \text{mm}$$

危险面上的最大正应力

$$\sigma_{max} = \frac{|M|_{max}}{W} = \frac{32|M|_{max}}{\pi d^3} = \frac{32 \times 7.5 \times 10^6 \times 10^{-3}}{\pi \times (100 \times 10^{-3})^3} \text{Pa} = 76.4 \times 10^6 \text{Pa} = 76.4 \text{MPa}$$

$$\sigma_{max} = 76.4 \text{MPa} < [\sigma] = 100 \text{MPa}$$

所以，超静定梁是安全的。

（7）讨论

如果梁中点没有支承，即变为静定梁，请读者自行分析并计算：梁的最大弯矩将有什么变化？如其他条件不变，这时梁的强度是否安全？

8.5　梁的刚度设计

8.5.1　刚度设计准则

对于主要承受弯曲的零件和构件，刚度设计就是根据对零件和构件的不同工艺要求，将最大挠度和转角（或者指定截面处的挠度和转角）限制在一定范围内，即满足抗弯刚度设计准则（criterion for stiffness design）：

$$w_{max} \leq [w] \tag{8-10}$$

$$\theta_{max} \leqslant [\theta] \tag{8-11}$$

上述两式中 $[w]$ 和 $[\theta]$ 分别称为许用挠度和许用转角，均根据对于不同零件或构件的工艺要求而确定。常见轴的许用挠度和许用转角数值列于表 8-2 中。

8.5.2 刚度设计举例

【例题 8-6】 图 8-12 所示的钢制圆轴，左端受力为 F，其他尺寸如图所示。已知 $F = 20kN$，$a = 1m$，$l = 2m$，$E = 206GPa$，轴承 B 处的许用转角 $[\theta] = 0.5°$。试根据刚度要求确定该轴的直径 d。

解：根据要求，所设计的轴直径必须使轴具有足够的刚度，以保证轴承 B 处的转角不超过许用数值。为此，需按下列步骤计算。

（1）**查表确定 B 处的转角**

由表 8-1 中承受集中载荷的外伸梁的结果，得

$$\theta_B = -\frac{Fla}{3EI}$$

（2）**根据刚度设计准则确定轴的直径**

根据设计要求，

$$|\theta| \leqslant [\theta]$$

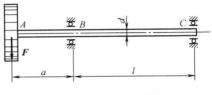

图 8-12　例题 8-6 图

其中，θ 的单位为 rad（弧度），而 $[\theta]$ 的单位为（°）（度），应考虑到单位的一致性，将有关数据代入后，得到

$$d \geqslant \sqrt[4]{\frac{64 \times 20 \times 1 \times 2 \times 180 \times 10^3}{3 \times \pi \times 206 \times 0.5 \times 10^9}} \, m = 147.6 \times 10^{-3} \, m = 147.6mm$$

【例题 8-7】 矩形截面悬臂梁承受均布载荷如图 8-13 所示。已知 $q = 10kN/m$，$l = 3m$，$E = 196GPa$，$[\sigma] = 118MPa$，许用最大挠度与梁跨度比值 $[w_{max}/l] = 1/250$，且已知梁横截面的高度与宽度之比为 2，即 $h = 2b$。试求梁横截面尺寸 b 和 h。

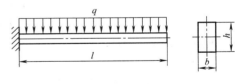

图 8-13　例题 8-7 图

解：本例所涉及的问题是，既要满足强度要求，又要满足刚度要求。

解决这类问题的办法是，可以先按强度设计准则设计截面尺寸，然后校核刚度设计准则是否满足；也可以先按刚度设计准则设计截面尺寸，然后校核强度设计是否满足。或者，同时按强度和刚度设计准则设计截面尺寸，最后选两种情形下所得尺寸中的较大者。现按后一种方法计算如下。

（1）**强度设计**

根据强度设计准则

$$\sigma_{max} = \frac{|M|_{max}}{W} \leqslant [\sigma] \tag{a}$$

于是，有

$$|M|_{\max} = \frac{1}{2}ql^2 = \left(\frac{1}{2}\times10\times10^3\times3^2\right)\text{N}\cdot\text{m} = 45\times10^3\text{N}\cdot\text{m} = 45\text{kN}\cdot\text{m}$$

$$W = \frac{bh^2}{6} = \frac{b(2b)^2}{6} = \frac{2b^3}{3}$$

将其代入式（a）后，得

$$b \geqslant \left(\sqrt[3]{\frac{3\times45\times10^3}{2\times118\times10^6}}\right)\text{m} = 83.0\times10^{-3}\text{m} = 83.0\text{mm}$$

$$h = 2b \geqslant 166\text{mm}$$

（2）刚度设计

根据刚度设计准则

$$w_{\max} \leqslant [w]$$

有

$$\frac{w_{\max}}{l} \leqslant \left[\frac{w}{l}\right] \tag{b}$$

由表8-1中承受均布载荷作用的悬臂梁的计算结果，得

$$w_{\max} = \frac{1}{8}\frac{ql^4}{EI}$$

于是，有

$$\frac{w_{\max}}{l} = \frac{1}{8}\frac{ql^3}{EI} \tag{c}$$

其中，

$$I = \frac{bh^3}{12} \tag{d}$$

将式（c）和式（d）代入式（b），得

$$\frac{3ql^3}{16Eb^4} \leqslant \left[\frac{w_{\max}}{l}\right]$$

由此解得

$$b \geqslant \left(\sqrt[4]{\frac{3\times10\times10^3\times3^3\times250}{16\times196\times10^9}}\right)\text{m} = 89.6\times10^{-3}\text{m} = 89.6\text{mm}$$

$$h = 2b \geqslant 179.2\text{mm}$$

（3）根据强度和刚度设计结果，确定梁的最终尺寸

综合上述设计结果，取刚度设计所得到的尺寸，作为梁的最终尺寸，即 $b \geqslant 89.6\text{mm}$，$h \geqslant 179.2\text{mm}$。

8.6 结论与讨论

8.6.1 关于变形和位移的相依关系

1. 位移是杆件各部分变形累加的结果

位移不仅与变形有关，而且与杆件所受的约束有关（在铰支座处，约束条件为 $w=0$；在固定端处约束条件为 $w=0$，$\theta=0$）。

请读者比较图 8-14 中两种梁所受的外力、梁内弯矩以及梁的变形和位移有何相同之处和不同之处。

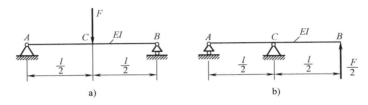

图 8-14　位移与变形的相依关系（1）

2. 是不是有变形一定有位移，或者有位移一定有变形

这一问题请读者结合考察图 8-15 所示的梁与杆的变形和位移，加以分析，得出自己的结论。

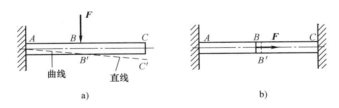

图 8-15　位移与变形的相依关系（2）

8.6.2 关于梁的连续光滑曲线

在平面弯曲情形下，若在弹性范围内加载，梁的轴线弯曲后必然成为一条连续光滑曲线，并在支承处满足约束条件。根据弯矩的实际方向可以确定挠度曲线的大致形状（凹凸性）；进而根据约束性质以及连续光滑要求，即可确定挠度曲线的大致位置，并大致画出梁的挠度曲线。

读者如能从图 8-16 所示的挠度曲线，加以分析判断，分清哪些是正确的，哪些是不正确的，无疑对正确绘制梁在各种载荷作用的挠度曲线是有益的。

*8.6.3 关于求解超静定问题的讨论

● 求解超静定问题时，除平衡方程外，还需根据变形协调方程和物理方程建立求解未知约束力的补充方程。

● 根据小变形特点和对称性分析，可以使一个或几个未知力变为已知，从而使求解超静定问题大为简化。

● 为了建立变形协调方程，需要解除多余约束，使超静定结构变成静定的，这时的静定结构称为静定系统。

在很多情形下，可以将不同的约束分别视为多余约束，这表明静定系统的选择不是唯一的。例如，图 8-17a 所示的一端固定、另一端为辊轴支座的超静定梁，其静定系统可以是悬臂梁（图 8-17b），也可以是简支梁（图 8-17c）。

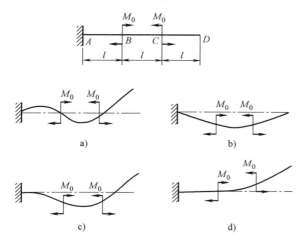

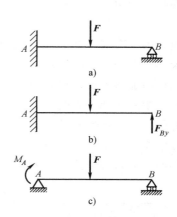

图 8-16　梁的连续光滑曲线　　　　　　图 8-17　解超静定问题时静定梁的不同选择

需要指出的是，这种解除多余约束，代之以相应的约束力，实际上是以力为未知量求解超静定问题。这种方法称为力法（force method）。

8.6.4　关于求解超静定结构特性的讨论

对于由不同刚度（EA、EI、GI_P等）杆件组成的超静定结构，一般情形下，各杆内力的大小不仅与外力有关，而且与各杆的刚度之比有关。

考察图 8-18 中的超静定结构，不难得到上述结论。例如，杆 2、3 的刚度远小于杆 1 的刚度，作为一种极端，令 $E_1A_1 \to \infty$，显然，杆 2、3 受力将趋于零；反之，若令 $E_1A_1 \to 0$，则外力将主要由杆 2、3 承受。

为什么静定结构中各构件受力与其刚度之比无关，而在超静定结构中却密切相关。其原因在于静定结构中各构件受力只需满足平衡要求，变形协调的条件便会自然满足；而在超静定结构中，满足平衡要求的受力，不一定满足变形协调条件；静定结构中各构件的变形相互独立，超静定结构中各构件的变形却是互相牵制的（从图 8-18 中虚线所示即可看出各杆的变形是如何牵制的）。从这一意义上讲，这也是材料力学与静力分析最本质的差别。

正是由于这种差别，在超静定结构中，若其中的某一构件存在制造误差，装配后即使不加载，各构件也将产生内力和应力，

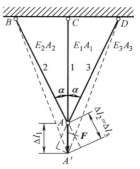

图 8-18　超静定结构中
杆件的变形相互牵制

这种应力称为装配应力（assemble stress）。此外，温度的变化也会在超静定结构中产生内力和应力，这种应力称为热应力（thermal stress）。这也是静定结构所没有的特性。

8.6.5 提高刚度的途径

提高梁的刚度主要是指减小梁的弹性位移。而弹性位移不仅与载荷有关，而且与杆长和梁的抗弯刚度（EI）有关。对于梁，其长度对弹性位移影响较大，例如，对于集中力作用的情形，挠度与梁长的三次方量级成比例；转角则与梁长的二次方量级成比例。因此减小弹性位移除了采用合理的截面形状以增加惯性矩 I 外，主要是减小梁的长度 l，当梁的长度无法减小时，则可增加中间支座。例如在车床上加工较长的工件时，为了减小切削力引起的挠度，以提高加工精度，可在卡盘与尾架之间再增加一个中间支架，如图 8-19 所示。

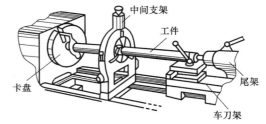

图 8-19 增加中间支架以提高机床加工工件的刚度

此外，选用弹性模量 E 较高的材料也能提高梁的刚度。但是，对于各种钢材，弹性模量的数值相差甚微，因而与一般钢材相比，选用高强度钢材并不能提高梁的刚度。

梁的挠度与转角公式见表 8-1。常见轴的弯曲许用挠度与许用转角值见表 8-2。

表 8-1 梁的挠度和转角公式

载 荷 类 型	转 角	最 大 挠 度	挠 度 方 程
1. 悬臂梁　集中载荷作用在自由端			
	$\theta_B = \dfrac{Fl^2}{2EI}$	$w_{max} = \dfrac{Fl^3}{3EI}$	$w(x) = \dfrac{Fx^2}{6EI}(3l-x)$
2. 悬臂梁　弯曲力偶作用在自由端			
	$\theta_B = \dfrac{Ml}{EI}$	$w_{max} = \dfrac{Ml^2}{2EI}$	$w(x) = \dfrac{Mx^2}{2EI}$
3. 悬臂梁　均匀分布载荷作用在梁上			
	$\theta_B = \dfrac{ql^3}{6EI}$	$w_{max} = \dfrac{ql^4}{8EI}$	$w(x) = \dfrac{qx^2}{24EI}(x^2+6l^2-4lx)$

（续）

载 荷 类 型	转 角	最 大 挠 度	挠 度 方 程
4. 简支梁 集中载荷作用任意位置上			
	$\theta_A = \dfrac{Fb(l^2-b^2)}{6lEI}$ $\theta_B = -\dfrac{Fab(2l-b)}{6lEI}$	$w_{\max} = \dfrac{Fb(l^2-b^2)^{3/2}}{9\sqrt{3}\,lEI}$ $\left(在\ x = \sqrt{\dfrac{l^2-b^2}{3}}\ 处\right)$	$w_1(x) = \dfrac{Fbx}{6lEI}(l^2-x^2-b^2)$ $(0 \leqslant x \leqslant a)$ $w_2(x) = \dfrac{Fb}{6lEI}\left[\dfrac{l}{b}(x-a)^3 + (l^2-b^2)x - x^3\right]$ $(a \leqslant x \leqslant l)$
5. 简支梁 均匀分布载荷作用在梁上			
	$\theta_A = -\theta_B = \dfrac{ql^3}{24EI}$	$w_{\max} = \dfrac{5ql^4}{384EI}$	$w(x) = \dfrac{qx}{24EI}(l^3-2lx^2+x^3)$
6. 简支梁 弯曲力偶作用在梁的一端			
	$\theta_A = \dfrac{Ml}{6EI}$ $\theta_B = -\dfrac{Ml}{3EI}$	$w_{\max} = \dfrac{Ml^2}{9\sqrt{3}\,EI}$ $\left(在\ x = \dfrac{l}{\sqrt{3}}\ 处\right)$	$w(x) = \dfrac{Mlx}{6EI}\left(1 - \dfrac{x^2}{l^2}\right)$
7. 简支梁 弯曲力偶作用在两支承间任意点			
	$\theta_A = -\dfrac{M}{6EIl}(l^2-3b^2)$ $\theta_B = -\dfrac{M}{6EIl}(l^2-3a^2)$ $\theta_C = \dfrac{M}{6EIl}(3a^2+3b^2-l^2)$	$w_{\max 1} = -\dfrac{M(l^2-3b^2)^{3/2}}{9\sqrt{3}\,EIl}$ $\left(在\ x = \dfrac{1}{\sqrt{3}}\sqrt{l^2-3b^2}\ 处\right)$ $w_{\max 2} = \dfrac{M(l^2-3a^2)^{3/2}}{9\sqrt{3}\,EIl}$ $\left(在\ x = \dfrac{1}{\sqrt{3}}\sqrt{l^2-3a^2}\ 处\right)$	$w_1(x) = -\dfrac{Mx}{6EIl}(l^2-3b^2-x^2)$ $(0 \leqslant x \leqslant a)$ $w_2(x) = \dfrac{M(l-x)}{6EIl}\left[l^2-3a^2 - (l-x)^2\right]$ $(a \leqslant x \leqslant l)$
8. 外伸梁 集中载荷作用在外伸臂端点			
	$\theta_A = -\dfrac{Fal}{6EI}$ $\theta_B = \dfrac{Fal}{3EI}$ $\theta_C = \dfrac{Fa(2l+3a)}{6EI}$	$w_{\max 1} = -\dfrac{Fal^2}{9\sqrt{3}\,EI}$ $(在\ x = l/\sqrt{3}\ 处)$ $w_{\max 2} = \dfrac{Fa^2}{3EI}(a+l)$ $(在自由端)$	$w_1(x) = -\dfrac{Fax}{6EIl}(l^2-x^2)$ $(0 \leqslant x \leqslant l)$ $w_2(x) = \dfrac{F(l-x)}{6EI}\left[(x-l)^2 + a(l-3x)\right]$ $(l \leqslant x \leqslant l+a)$

（续）

载荷类型	转　角	最大挠度	挠度方程
9. 外伸梁　均布载荷作用在外伸臂上			
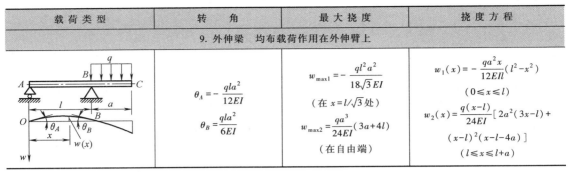	$\theta_A = -\dfrac{qla^2}{12EI}$ $\theta_B = \dfrac{qla^2}{6EI}$	$w_{max1} = -\dfrac{ql^2a^2}{18\sqrt{3}\,EI}$ （在 $x = l/\sqrt{3}$ 处） $w_{max2} = \dfrac{qa^3}{24EI}(3a+4l)$ （在自由端）	$w_1(x) = -\dfrac{qa^2x}{12EIl}(l^2-x^2)$ $(0 \leqslant x \leqslant l)$ $w_2(x) = \dfrac{q(x-l)}{24EI}\big[2a^2(3x-l)+$ $(x-l)^2(x-l-4a)\big]$ $(l \leqslant x \leqslant l+a)$

此表摘自《材料力学》，范钦珊主编，2000，高教出版社：152-154。

表 8-2　常见轴的弯曲许用挠度与许用转角值

对　挠　度　的　限　制	
轴的类型	许用挠度 $[w]$
一般传动轴	$(0.0003 \sim 0.0005)\, l$
刚度要求较高的轴	$0.0002l$
齿轮轴	$(0.01 \sim 0.03)\, m$ [①]
涡轮轴	$(0.02 \sim 0.05)\, m$
对　转　角　的　限　制	
轴的类型	许用挠度 $[\theta]$ /rad
滑动轴承	0.001
深沟球轴承	0.005
向心球面轴承	0.005
圆柱滚子轴承	0.0025
圆锥滚子轴承	0.0016
安装齿轮的轴	0.001

① m 为齿轮模数。

 习　题

8-1　与小挠度微分方程

$$\frac{\mathrm{d}^2 w}{\mathrm{d}x^2} = -\frac{M}{EI}$$

对应的坐标系有习题 8-1 图 a、b、c、d 所示的四种形式。试判断哪几种是正确的：

（A）图 b 和 c

（B）图 b 和 a

（C）图 b 和 d

（D）图 c 和 d

正确答案是_____。

8-2　简支梁承受间断性分布载荷，如习题 8-2 图所示。试说明需要分几段建立微分方程，积分常数有几个，确定积分常数的条件是什么？（不要求具体计算）

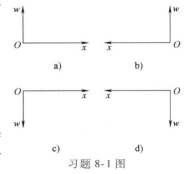

习题 8-1 图

8-3 具有中间铰的梁受力如习题 8-3 图所示。试画出挠度曲线的大致形状，并说明需要分几段建立微分方程，积分常数有几个，确定积分常数的条件是什么？（不要求具体计算）

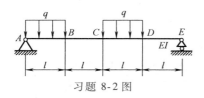

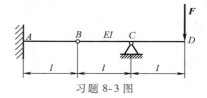

习题 8-2 图 习题 8-3 图

8-4 试用叠加法求习题 8-4 图所示各梁中截面 A 的挠度和截面 B 的转角。图中 q、l、a、EI 等为已知。

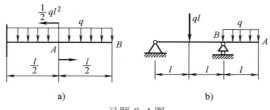

a) b)

习题 8-4 图

8-5 习题 8-5 图所示承受集中力的细长简支梁，在弯矩最大截面上沿加载方向开一小孔，若不考虑应力集中影响时，关于小孔对梁强度和刚度的影响，有如下论述，试判断哪一种是正确的：

（A）大大降低梁的强度和刚度

（B）对强度有较大影响，对刚度的影响很小可以忽略不计

（C）对刚度有较大影响，对强度的影响很小可以忽略不计

（D）对强度和刚度的影响都很小，都可以忽略不计

正确答案是_____。

8-6 试求习题 8-6 图所示梁的约束力，并画出剪力图和弯矩图。

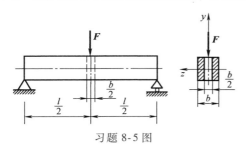

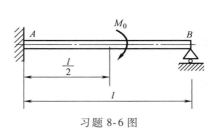

习题 8-5 图 习题 8-6 图

*8-7 梁 AB 和 BC 在 B 处用铰链连接，A、C 两端固定，两梁的抗弯刚度均为 EI，受力及各部分尺寸均示于习题 8-7 图中。$F=40\text{kN}$，$q=20\text{kN/m}$。试画出梁的剪力图与弯矩图。

8-8 轴受力如习题 8-8 图所示，已知 $F=1.6\text{kN}$，$d=32\text{mm}$，$E=200\text{ GPa}$。若要求加力点的挠度不大于许用挠度 $[w]=0.05\text{mm}$，试校核该轴是否满足刚度要求。

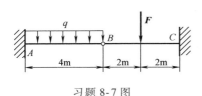

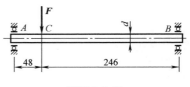

习题 8-7 图 习题 8-8 图

8-9　习题 8-9 图所示一端外伸的轴在飞轮重量作用下发生变形，已知飞轮重 $W = 20\text{kN}$，轴材料的 $E = 200\,\text{GPa}$，轴承 B 处的许用转角 $[\theta] = 0.5°$。试设计轴的直径。

8-10　习题 8-10 图所示承受均布载荷的简支梁由两根竖向放置的普通槽钢组成。已知 $q = 10\text{kN/m}$，$l = 4\text{m}$，材料的 $[\sigma] = 100\text{MPa}$，许用挠度 $[w] = l/1000$，$E = 200\text{GPa}$。试确定槽钢型号。

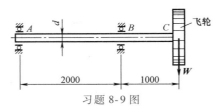

习题 8-9 图

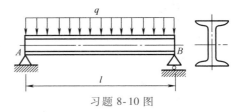

习题 8-10 图

9

第 9 章
圆轴扭转时的应力变形分析与强度刚度设计

　　工程上将主要承受扭转的杆件称为轴，当轴的横截面上仅有扭矩（M_x）作用时，与扭矩相对应的分布内力，其作用面与横截面重合。这种分布内力在一点处的集度，即为切应力。圆截面轴与非圆截面轴扭转时横截面上的切应力分布有着很大的差异。本章主要介绍圆轴扭转时的应力变形分析以及强度设计和刚度设计。

　　分析圆轴扭转时的应力和变形的方法与分析梁的应力和变形的方法基本相同，依然借助于平衡、变形协调与物性关系。

9.1　工程上传递功率的圆轴及其扭转变形

　　工程上传递功率的轴，大多数为圆轴。图 9-1 所示为火力发电厂中汽轮机通过传动轴带动发电机转动的结构简图。这种传递功率的轴主要承受扭转变形。

　　当圆轴承受绕轴线转动的外扭转力偶作用时，其横截面上将只有扭矩一个内力分量。不难看出，圆轴（图 9-2a）受扭后，将产生扭转变形（twist deformation），如图 9-2b 所示。圆轴上的每个微元（例如图 9-2a 中的 ABCD）的直角均发生变化，这种直角的改变量即为切应变，如图 9-2c 所示。这表明，圆轴横截面和纵截面上都将出现切应力（图中 AB 和 CD 边对应着横截面；AC 和 BD 边则对应着纵截面），分别用 τ 和 τ' 表示。

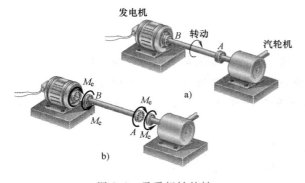

图 9-1　承受扭转的轴

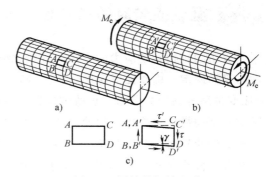

图 9-2　圆轴的扭转变形

9.2　切应力互等定理

　　圆轴扭转时，微元的剪切变形现象表明，圆轴不仅在横截面上存在切应力，而且在通过轴线的纵截面上也将存在切应力。这是平衡所要求的。

如果用圆轴的相距很近的一对横截面、一对纵截面以及一对圆柱面，从受扭的圆轴上截取一微元，如图 9-3a 所示，微元与横截面对应的一对面上存在切应力 τ，这一对面上的切应力与其作用面的面积相乘后组成一绕 z 轴的力偶，其力偶矩为 $(\tau dydz)dx$。为了保持微元的平衡，在微元与纵截面对应的一对面上，必然存在切应力 τ'，这一对面

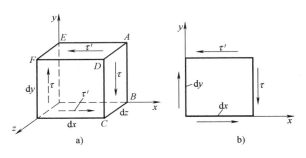

图 9-3　切应力互等定理

上的切应力也组成一个力偶矩为 $(\tau'dxdz)dy$ 的力偶。这两个力偶的力偶矩大小相等、方向相反，才能使微元保持平衡。

应用对 z 轴的平衡方程，可以写出

$$\sum M_z = 0, \quad -(\tau dydz)dx + (\tau'dxdz)dy = 0$$

由此解出

$$\tau = \tau' \tag{9-1}$$

这一结果表明，如果在微元的一对面上存在切应力，另一对与切应力作用线互相垂直的面上必然有大小相等、方向或相对（两切应力的箭头相对）或相背（两切应力的箭尾相对）的一对切应力，以使微元保持平衡。微元上切应力的这种相互关系称为切应力互等定理或切应力成对定理（theorem of conjugate shearing stress）。

木材试样的扭转试验的破坏现象，可以证明圆轴扭转时纵截面上确实存在切应力：沿木材顺纹方向截取的圆截面试样，试样承受扭矩发生破坏时，将沿纵截面发生破坏，这种破坏就是由于切应力所致。

9.3 圆轴扭转时的切应力分析

分析圆轴扭转切应力的方法与分析梁纯弯曲正应力的方法基本相同，即：根据表面变形做出平面假定；由平面假定得到应变分布，即得到变形协调方程；再由变形协调方程与应力-应变关系得到应力分布，也就是含有待定常数的应力表达式；最后利用静力方程确定待定常数，从而得到计算应力的公式。

圆轴扭转时，其圆柱面上的圆保持不变，都是两个相邻的圆绕圆轴的轴线相互转过一角度。根据这一变形特征，假定：圆轴受扭发生变形后，其横截面依然保持平面，并且绕圆轴的轴线刚性地转过一角度。这就是关于圆轴扭转的平面假定。所谓"刚性地转过一角度"，就是横截面上的直径在横截面转动之后依然保持为一直线，如图 9-4 所示。

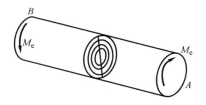

图 9-4　圆轴扭转时横截面保持平面

9.3.1　变形协调方程

若将圆轴用同轴柱面分割成许多半径不等的圆柱，根据上述结论，在 dx 长度上，虽然所有圆柱的两端面均转过相同的角度 $d\varphi$，但半径不等的圆柱上产生的切应变各不相同，半径越小者切应变越小，如图 9-5a、b 所示。

设到轴线任意远 ρ 处的切应变为 $\gamma(\rho)$，则从图 9-5 中可得到如下几何关系：

$$\gamma(\rho) = \rho \frac{d\varphi}{dx} \tag{9-2}$$

式中，$d\varphi/dx$ 称为单位长度相对扭转角（angle of twist per unit length of the shaft）。对于两相邻截面，$d\varphi/dx$ 为常量，故式（9-2）表明：圆轴扭转时，其横截面上任意点处的切应变与该点至截面中心之间的距离成正比。式（9-2）即为圆轴扭转时的变形协调方程。

9.3.2　弹性范围内的切应力-切应变关系

若在弹性范围内加载，即切应力小于某一极限值时，对于大多数各向同性材料，切应力与切应变之间存在线性关系，如图 9-6 所示。于是，有

$$\tau = G\gamma \tag{9-3}$$

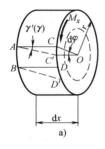
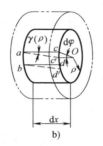

图 9-5　圆轴扭转时的变形协调关系

图 9-6　剪切胡克定律

此即为剪切胡克定律（Hooke law in shearing），式中 G 为比例常数，称为切变模量（shearing modulus），常用单位为 GPa。

9.3.3　静力学方程

将式（9-2）代入式（9-3），得到

$$\tau(\rho) = G\gamma(\rho) = \left(G \frac{d\varphi}{dx} \right) \rho \tag{9-4}$$

式中，$\left(G \dfrac{d\varphi}{dx} \right)$ 对于确定的横截面是一个不变的量。

上式表明，横截面上各点的切应力与点到横截面中心的距离成正比，即切应力沿横截面的半径呈线性分布，方向如图 9-7a 所示。

作用在横截面上的切应力形成一分布力系，这一力系向截面中心简化结果为一力偶，其力偶矩即为该截面上的扭矩。于是有

$$\int_A [\tau(\rho) \, dA] \rho = M_x \qquad (9\text{-}5)$$

此即静力学方程。

将式（9-4）代入式（9-5），积分后得到

$$\frac{d\varphi}{dx} = \frac{M_x}{GI_P} \qquad (9\text{-}6)$$

式中，

$$I_P = \int_A \rho^2 dA \qquad (9\text{-}7)$$

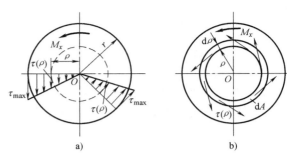

图 9-7 圆轴扭转时横截面上的切应力分布

根据上一章的分析，I_P 就是圆截面对其中心的极惯性矩。式（9-6）中的 GI_P 称为圆轴的抗扭刚度（torsional rigidity）。

9.3.4 圆轴扭转时横截面上的切应力表达式

将式（9-6）代入式（9-4），得到

$$\tau(\rho) = \frac{M_x \rho}{I_P} \qquad (9\text{-}8)$$

这就是圆轴扭转时横截面上任意点的切应力表达式，其中 M_x 由平衡条件确定；I_P 由式（9-7）积分求得（参见图 9-7b 所示微元面积的取法）。对于直径为 d 的实心截面圆轴有

$$I_P = \frac{\pi d^4}{32} \qquad (9\text{-}9)$$

对于内、外直径分别为 d、D 的空心截面圆轴

$$I_P = \frac{\pi D^4}{32}(1-\alpha^4) \ , \quad \alpha = \frac{d}{D} \qquad (9\text{-}10)$$

从图 9-7a 中不难看出，最大切应力发生在横截面边缘上各点，其值由下式确定：

$$\tau_{\max} = \frac{M_x \rho_{\max}}{I_P} = \frac{M_x}{W_P} \qquad (9\text{-}11)$$

式中，

$$W_P = \frac{I_P}{\rho_{\max}} \qquad (9\text{-}12)$$

称为圆截面的抗扭截面系数（section modulus in torsion）。

对于直径为 d 的实心圆截面，

$$W_P = \frac{\pi d^3}{16} \qquad (9\text{-}13)$$

对于内、外直径分别为 d、D 的空心截面圆轴，

$$W_P = \frac{\pi D^3}{16}(1-\alpha^4) \ , \quad \alpha = \frac{d}{D} \qquad (9\text{-}14)$$

【例题 9-1】 实心圆轴与空心圆轴通过牙嵌式离合器相连，并传递功率，如图 9-8 所示。已知轴的转速 $n = 100 \text{r/min}$，传递的功率 $P = 7.5 \text{kW}$。若已知实心圆轴的直径 $d_1 = 45 \text{mm}$；

空心圆轴的内、外直径之比 $(d_2/D_2) = \alpha = 0.5$，$D_2 = 46\mathrm{mm}$。试确定实心轴与空心圆轴横截面上的最大切应力。

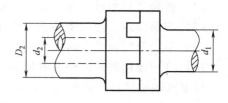

图 9-8　例题 9-1 图

解：由于两传动轴的转速与传递的功率相等，故二者承受相同的外加扭转力偶矩，因而横截面上的扭矩也相等。根据外加力偶矩与轴所传递的功率以及转速之间的关系，求得横截面上的扭矩

$$M_x = M_e = \left(9549 \times \frac{7.5}{100}\right)\mathrm{N \cdot m} = 716.2\mathrm{N \cdot m}$$

对于实心轴：根据式（9-11）、式（9-13）和已知条件，横截面上的最大切应力为

$$\tau_{\max} = \frac{M_x}{W_P} = \frac{16M_x}{\pi d_1^3} = \frac{16 \times 716.2\mathrm{N \cdot m}}{\pi\,(45 \times 10^{-3}\mathrm{m})^3} = 40 \times 10^6\mathrm{Pa} = 40\mathrm{MPa}$$

对于空心轴：根据式（9-11）、式（9-14）和已知条件，横截面上的最大切应力为

$$\tau_{\max} = \frac{M_x}{W_P} = \frac{16M_x}{\pi D_2^3(1-\alpha^4)} = \frac{16 \times 716.2\mathrm{N \cdot m}}{\pi\,(46 \times 10^{-3}\mathrm{m})^3(1-0.5^4)} = 40 \times 10^6\mathrm{Pa} = 40\mathrm{MPa}$$

本例讨论：上述计算结果表明，本例中的实心轴与空心轴横截面上的最大切应力数值相等。但是两轴的横截面面积之比为

$$\frac{A_1}{A_2} = \frac{d_1^2}{D_2^2(1-\alpha^2)} = \left(\frac{45 \times 10^{-3}}{46 \times 10^{-3}}\right)^2 \times \frac{1}{1-0.5^2} = 1.28$$

可见，如果轴的长度相同，在最大切应力相同的情形下，实心轴所用材料要比空心轴多。

【例题 9-2】　两根传递功率的圆轴通过两法兰用 8 根螺栓相连，螺栓位于同一圆周（称为节圆）上，如图 9-9a 所示。圆的直径为 450mm，轴传递的扭矩 $M_e = 70\mathrm{kN \cdot m}$，螺栓的许用切应力 $[\tau] = 40\mathrm{MPa}$。试分析：

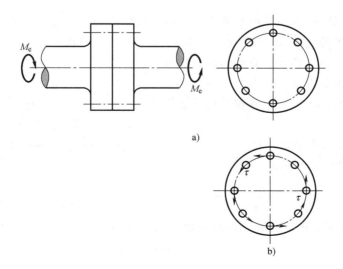

a)

b)

图 9-9　例题 9-2 图

（1）螺栓等间距分布时，每个螺栓的受力。

（2）在确保两法兰紧密相连，螺栓在同一圆周上不等间距分布时，每个螺栓的受力。

（3）螺栓等间距分布时，设计螺栓的直径 d。

解：（1）螺栓等间距分布时螺栓受力

根据圆轴扭转时，横截面上的切应力分布特点，同一圆周上具有相同切应力，故每个螺栓都承受相同的切应力。假设每个螺栓上切应力均匀分布，切应力与横截面面积的乘积即为螺栓上的剪力，而剪力对圆轴圆心取矩为横截面上的扭矩。于是有

$$8 \times (\tau A) \times \frac{D}{2} = M_x = M_e = 70 \text{kN} \cdot \text{m}$$

式中，A 为单个螺栓的横截面面积；D 为螺栓所在节圆的直径。

（2）螺栓不等间距分布时螺栓受力

当螺栓不等间距分布时，只要所连接的两个法兰之间不发生翘曲，圆轴扭转时的应力和变形的分布不会发生改变，所以（1）中的分析依然成立。

（3）设计螺栓等间距分布时螺栓的直径 d

利用（1）中所得的结果，应用剪切假定计算的强度条件，有

$$\tau = \frac{2M_e}{8 \times A \times D} = \frac{2M_e}{8 \times \dfrac{\pi d^2}{4} \times D} \leqslant [\tau]$$

据此有

$$d \geqslant \sqrt{\frac{M_e}{\pi \times D [\tau]}}$$

将已知数据代入后，得到

$$d \geqslant \sqrt{\frac{M_e}{\pi \times D [\tau]}} = \sqrt{\frac{70 \times 10^3}{\pi \times 0.45 \times 40 \times 10^6}} \text{m} = 35.2 \text{mm}$$

【例题 9-3】 图 9-10 所示传动机构中，功率从轮 B 输入，通过锥形齿轮将一半传递给铅垂 C 轴，另一半传递给 H 水平轴。已知输入功率 $P_1 = 14 \text{kW}$，水平轴（E 和 H）转速 $n_1 = n_2 = 120 \text{r/min}$；锥齿轮 A 和 D 的齿数分别为 $z_1 = 36$，$z_3 = 12$；各轴的直径分别为 $d_1 = 70 \text{mm}$，$d_2 = 50 \text{mm}$，$d_3 = 35 \text{mm}$。试确定各轴横截面上的最大切应力。

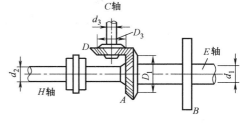

解：（1）各轴所承受的扭矩

各轴所传递的功率分别为

$$P_1 = 14 \text{kW}, \quad P_2 = P_3 = \frac{P_1}{2} = 7 \text{kW}$$

图 9-10 例题 9-3 图

各轴转速不完全相同。E 轴和 H 轴的转速均为 120r/min，即

$$n_1 = n_2 = 120 \text{r/min}$$

E 轴和 C 轴的转速与齿轮 A 和齿轮 D 的齿数成反比，由此得到 C 轴的转速

$$n_3 = n_1 \times \frac{z_1}{z_3} = \left(120 \times \frac{36}{12}\right) \text{r/min} = 360 \text{r/min}$$

据此，算得各轴承受的扭矩：

$$M_{x1} = M_{e1} = \left(9549 \times \frac{14}{120}\right) \text{N} \cdot \text{m} = 1114 \text{N} \cdot \text{m}$$

$$M_{x2} = M_{e2} = \left(9549 \times \frac{7}{120}\right) \text{N} \cdot \text{m} = 557 \text{N} \cdot \text{m}$$

$$M_{x3} = M_{e3} = \left(9549 \times \frac{7}{360}\right) \text{N} \cdot \text{m} = 185.7 \text{N} \cdot \text{m}$$

（2）计算最大切应力

E、H、C 轴横截面上的最大切应力分别为

$$\tau_{\max}(E) = \frac{M_{x1}}{W_{P1}} = \left(\frac{16 \times 1114}{\pi \times 70^3 \times 10^{-9}}\right) \text{Pa} = 16.54 \times 10^6 \text{Pa} = 16.54 \text{MPa}$$

$$\tau_{\max}(H) = \frac{M_{x2}}{W_{P2}} = \left(\frac{16 \times 557}{\pi \times 50^3 \times 10^{-9}}\right) \text{Pa} = 22.69 \times 10^6 \text{Pa} = 22.69 \text{MPa}$$

$$\tau_{\max}(C) = \frac{M_{x3}}{W_{P3}} = \left(\frac{16 \times 185.7}{\pi \times 35^3 \times 10^{-9}}\right) \text{Pa} = 22.06 \times 10^6 \text{Pa} = 22.06 \text{MPa}$$

9.4　承受扭转时圆轴的强度设计与刚度设计

9.4.1　扭转试验与扭转破坏现象

为了测定扭转时材料的力学性能，需将材料制成扭转试样在扭转试验机上进行试验。对于低碳钢，采用薄壁圆管或圆筒进行试验，使薄壁截面上的切应力接近均匀分布，这样才能得到反映切应力与切应变关系的曲线。对于铸铁等脆性材料，由于基本上不发生塑性变形，所以采用实圆截面试样也能得到反映切应力与切应变关系的曲线。

扭转时，韧性材料（低碳钢）和脆性材料（铸铁）的试验应力-应变曲线分别如图 9-11a、b 所示。

试验结果表明，低碳钢的切应力与切应变关系曲线，类似于拉伸正应力与正应变关系曲线，也存在线弹性、屈服和破坏三个主要阶段。屈服强度和强度极限分别用 τ_s 和 τ_b 表示。

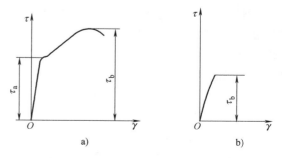

图 9-11　扭转试验的应力-应变曲线
a）低碳钢　b）铸铁

对于铸铁，整个扭转过程，都没有明显的线弹性阶段和塑性阶段，最后发生脆性断裂。其强度极限用 τ_b 表示。

韧性材料与脆性材料扭转破坏时，其试样断口有着明显的区别。韧性材料试样最后沿横截面剪断，断口比较光滑、平整，如图 9-12a 所示。

铸铁试样扭转破坏时沿 45°螺旋面断开，断口呈细小颗粒状，如图 9-12b 所示。

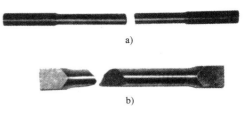

a)

b)

图 9-12　扭转试验的破坏现象

9.4.2　扭转强度设计

与弯曲强度设计相类似，扭转强度设计时，首先需要根据扭矩图和横截面尺寸判断可能的危险截面；然后根据危险截面上的应力分布确定危险点（即最大切应力作用点）；最后利用试验结果直接建立扭转时的强度设计准则。

圆轴扭转时的强度设计准则为

$$\tau_{\max} \leqslant [\tau] \qquad (9\text{-}15)$$

式中，$[\tau]$ 为许用切应力。

对于脆性材料，

$$[\tau] = \frac{\tau_b}{n_b} \qquad (9\text{-}16)$$

对于韧性材料，

$$[\tau] = \frac{\tau_s}{n_s} \qquad (9\text{-}17)$$

上述各式中，许用切应力与许用正应力之间存在一定的关系。

对于脆性材料，

$$[\tau] = [\sigma]$$

对于韧性材料，

$$[\tau] = (0.5 \sim 0.577)[\sigma]$$

如果设计中不能提供$[\tau]$值时，可根据上述关系由 $[\sigma]$ 值求得$[\tau]$值。

【例题 9-4】　如图 9-13 所示汽车发动机将功率通过主传动轴 AB 传给后桥，驱动车轮行驶。设主传动轴所承受的最大外力偶矩为 $M_e = 1.5\text{kN} \cdot \text{m}$，轴由 45 钢无缝钢管制成，外直径 $D = 90\text{mm}$，壁厚 $\delta = 2.5\text{mm}$，$[\tau] = 60\text{MPa}$。

（1）试校核主传动轴的强度。

（2）若改用实心轴，在具有与空心轴相同的最大切应力的前提下，试确定实心轴的直径。

（3）确定空心轴与实心轴的重量比。

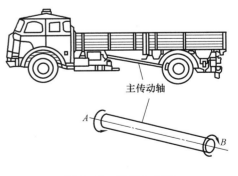

主传动轴

图 9-13　例题 9-4 图

解：（1）校核空心轴的强度

根据已知条件，主传动轴横截面上的扭矩 $M_x = M_e = 1.5\text{kN} \cdot \text{m}$，轴的内直径与外直径之比为

$$\alpha = \frac{d}{D} = \frac{D-2\delta}{D} = \frac{90mm - 2 \times 2.5mm}{90mm} = 0.944$$

因为轴只在两端承受外加力偶，所以轴各横截面的危险程度相同，轴的所有横截面上的最大切应力均为

$$\tau_{max} = \frac{M_x}{W_P} = \frac{16M_x}{\pi D^3 (1-\alpha^4)} = \frac{16 \times 1.5 \times 10^3 N \cdot m}{\pi (90 \times 10^{-3} m)^3 (1-0.944^4)} = 50.9 \times 10^6 Pa = 50.9 MPa < [\tau]$$

由此可以得出结论：主传动轴的强度是安全的。

（2）**确定实心轴的直径**

根据实心轴与空心轴具有同样数值的最大切应力的要求，实心轴横截面上的最大切应力也必须等于 50.9MPa。若设实心轴直径为 d_2，则有

$$\tau_{max} = \frac{M_x}{W_P} = \frac{16M_x}{\pi d_2^3} = \frac{16 \times 1.5 \times 10^3 N \cdot m}{\pi d_2^3} = 50.9 MPa = 50.9 \times 10^6 Pa$$

据此，实心轴的直径

$$d_2 = \sqrt[3]{\frac{16 \times 1.5 \times 10^3 N \cdot m}{\pi \times 50.9 \times 10^6 Pa}} = 53.1 \times 10^{-3} m = 53.1 mm$$

（3）**计算空心轴与实心轴的重量比**

由于二者长度相等、材料相同，所以重量比即为横截面面积比，即

$$\eta = \frac{W_1}{W_2} = \frac{A_1}{A_2} = \frac{\dfrac{\pi(D^2-d^2)}{4}}{\dfrac{\pi d_2^2}{4}} = \frac{D^2-d^2}{d_2^2} = \frac{90^2-85^2}{53.1^2} = 0.31$$

（4）**本例讨论**

上述结果表明，空心轴远比实心轴轻，即采用空心圆轴比采用实心圆轴合理。这是由于圆轴扭转时横截面上的切应力沿半径方向非均匀分布，截面中心附近区域的切应力比截面边缘各点的切应力小得多，当最大切应力达到许用切应力 $[\tau]$ 时，中心附近的切应力远小于许用切应力值。将受扭杆件做成空心圆轴，使得横截面中心附近的材料得到充分利用。

【**例题 9-5**】　木制圆轴受扭如图 9-14a 所示，圆轴的轴线与木材的顺纹方向一致。轴的直径为 150mm，圆轴沿木材顺纹方向的许用切应力 $[\tau]_{顺} = 2MPa$；沿木材横纹方向的许用切应力 $[\tau]_{横} = 8MPa$。求：轴的许用扭转力偶的力偶矩。

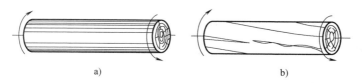

a)　　　　　　　　　　　　b)

图 9-14　例题 9-5 图

解：木材的许用切应力沿顺纹（纵截面内）和横纹（横截面内）具有不同的数值。圆轴受扭后，根据切应力互等定理，不仅横截面上产生切应力，而且包含轴线的纵截面上也会产生切应力。所以需要分别校核木材沿顺纹和沿横纹方向的强度。

横截面上的切应力沿径向线性分布，纵截面上的切应力也沿径向线性分布，而且二者具有相同的最大值，即

$$(\tau_{max})_{顺} = (\tau_{max})_{横}$$

而木材沿顺纹方向的许用切应力低于沿横纹方向的许用切应力，因此本例中的圆轴扭转破坏时将沿纵向截面裂开，如图9-14b所示。故本例只需要按圆轴沿顺纹方向的强度计算许用外加力偶的力偶矩。于是，由顺纹方向的强度条件

$$(\tau_{max})_{顺} = \frac{M_x}{W_P} = \frac{16M_x}{\pi d^3} \leqslant [\tau_{max}]_{顺}$$

得到

$$[M_e] = M_x = \frac{\pi d^3 [\tau_{max}]_{顺}}{16} = \frac{\pi (150 \times 10^{-3}\,\mathrm{m})^3 \times 2 \times 10^6\,\mathrm{Pa}}{16} = 1.33 \times 10^3\,\mathrm{N \cdot m} = 1.33\,\mathrm{kN \cdot m}$$

9.4.3 抗扭刚度设计

抗扭刚度计算是将单位长度上的相对扭转角限制在允许的范围内，即必须使构件满足刚度设计准则

$$\theta = \frac{d\varphi}{dx} \leqslant [\theta] \tag{9-18}$$

根据上一节中所得到的式（9-6），其中单位长度上的相对扭转角为

$$\theta = \frac{d\varphi}{dx} = \frac{M_x}{GI_P}$$

式（9-18）中的[θ]称为单位长度上的许用相对扭转角，其数值视轴的工作条件而定：用于精密机械的轴[θ] = $(0.25 \sim 0.5)(°)/\mathrm{m}$；一般传动轴[$\theta$] = $(0.5 \sim 1.0)(°)/\mathrm{m}$；刚度要求不高的轴[$\theta$] = $2(°)/\mathrm{m}$。

刚度设计中要注意单位的一致性。式（9-18）不等号左边 $\theta = \frac{d\varphi}{dx} = \frac{M_x}{GI_P}$ 的单位为 rad/m，而右边通常所用的单位为 $(°)/\mathrm{m}$。因此，在实际设计中，若不等式两边均采用 rad/m，则必须在不等式右边乘以 $(\pi/180)$；若两边均采用 $(°)/\mathrm{m}$，则必须在左边乘以 $(180/\pi)$。

【例题9-6】 钢制空心圆轴的外直径 $D = 100\,\mathrm{mm}$，内直径 $d = 50\,\mathrm{mm}$。若要求轴在2m长度内的最大相对扭转角不超过1.5°，材料的切变模量 $G = 80.4\,\mathrm{GPa}$。

（1）求该轴所能承受的最大扭矩。

（2）确定此时轴内最大切应力。

解：（1）**确定轴所能承受的最大扭矩**

根据刚度设计准则，有

$$\theta = \frac{d\varphi}{dx} = \frac{M_x}{GI_P} \leqslant [\theta]$$

由已知条件，许用的单位长度上相对扭转角为

$$[\theta] = \frac{1.5°}{2m} = \frac{1.5}{2} \times \frac{\pi}{180} \text{rad/m} \qquad (a)$$

空心圆轴截面的极惯性矩

$$I_P = \frac{\pi D^4}{32}(1 - \alpha^4), \qquad \alpha = \frac{d}{D} \qquad (b)$$

将式（a）和式（b）一并代入刚度设计准则，得到轴所能承受的最大扭矩为

$$M_x \leqslant [\theta] \times GI_P = \frac{1.5}{2} \times \frac{\pi}{180} \text{rad/m} \times G \times \frac{\pi D^4}{32}(1 - \alpha^4)$$

$$= \frac{1.5 \times \pi^2 \times 80.4 \times 10^9 \times (100 \times 10^{-3})^4 \left[1 - \left(\frac{50}{100}\right)^4\right]}{2 \times 180 \times 32} \text{N} \cdot \text{m}$$

$$= 9.686 \times 10^3 \text{N} \cdot \text{m} = 9.686 \text{kN} \cdot \text{m}$$

（2）计算轴在承受最大扭矩时，横截面上的最大切应力

轴在承受最大扭矩时，横截面上最大切应力

$$\tau_{max} = \frac{M_x}{W_P} = \frac{16 \times 9.686 \times 10^3 \text{N} \cdot \text{m}}{\pi (100 \times 10^{-3} \text{m})^3 \left[1 - \left(\frac{50}{100}\right)^4\right]} = 52.6 \times 10^6 \text{Pa} = 52.6 \text{MPa}$$

9.5 结论与讨论

9.5.1 关于圆轴强度与刚度设计

圆轴是很多工程中常见的零件之一，其强度设计和刚度设计一般过程如下：

1）根据轴传递的功率以及轴每分钟的转数，确定作用在轴上的外加力偶的力偶矩。

2）应用截面法确定轴的横截面上的扭矩，当轴上同时作用有两个以上的绕轴线转动的外加力偶时，一般需要画出扭矩图。

3）根据轴的扭矩图，确定可能的危险面和危险面上的扭矩数值。

4）计算危险截面上的最大切应力或单位长度上的相对扭转角。

5）根据需要，应用强度设计准则与刚度设计准则对圆轴进行强度与刚度校核、设计轴的直径以及确定许用载荷。

需要指出的是，工程结构与机械中有些传动轴都是通过与之连接的零件或部件承受外力作用的。这时需要首先将作用在零件或部件上的力向轴线简化，得到轴的受力图。这种情形下，圆轴将同时承受扭转与弯曲，而且弯曲可能是主要的。这一类圆轴的强度设计比较复杂，本书将在第 10 章中介绍。

此外，还有一些圆轴所受的外力（大小或方向）随着时间的改变而变化，这一类圆轴的强度问题，将在第 12 章中介绍。

9.5.2 矩形截面杆扭转时的切应力

试验结果表明：非圆（正方形、矩形、三角形、椭圆形等）截面杆扭转时，横截面外

周线将改变原来的形状，并且不再位于同一平面内。由此推定，杆横截面将不再保持平面，而发生翘曲（warping）。图 9-15a 所示为一矩形截面杆受扭后发生翘曲的情形。

由于翘曲，非圆截面杆扭转时横截面上的切应力将与圆截面杆有很大差异。

应用切应力互等定理可以得到以下结论：

- 非圆截面杆扭转时，横截面上周边各点的切应力沿着周边切线方向。
- 对于有凸角的多边形截面杆，横截面上凸角点处的切应力等于零。

考察图 9-15a 所示的受扭矩形截面杆上位于角点的微元（图 9-15b）。假定微元各面上的切应力如图 9-15 所示。由于垂直于 y、z 坐标轴的杆表面均为自由表面（无外力作用），故微元上与之对应的面上的切应力均为零，即

$$\tau_{yz} = \tau_{yx} = \tau_{zy} = \tau_{zx} = 0$$

根据切应力互等定理，角点微元垂直于 x 轴的面（对应于杆横截面）上，与上述切应力互等的切应力也必然为零，即

$$\tau_{xy} = \tau_{xz} = 0$$

采用类似方法，读者不难证明，杆件横截面上沿周边各点的切应力必与周边相切。

弹性力学理论以及试验方法可以得到矩形截面构件扭转时，横截面上的切应力分布以及切应力计算公式。现将结果介绍如下：

切应力分布如图 9-16 所示。从图中可以看出，最大切应力发生在矩形截面的长边中点处，其值为

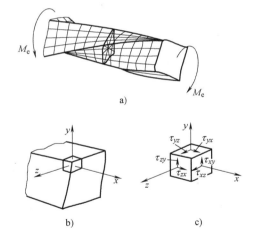

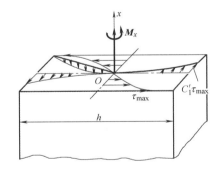

图 9-15 圆截面杆扭转时的翘曲变形   图 9-16 矩形截面扭转时横截面上的切应力分布

$$\tau_{max} = \frac{M_x}{C_1 h b^2} \tag{9-19}$$

在短边中点处，切应力

$$\tau = C_1' \tau_{max} \tag{9-20}$$

式中，C 和 C_1' 为与长、短边尺寸之比 h/b 有关的因数。表 9-1 中列出了若干 h/b 值下的 C 和 C_1' 数值。

当 $h/b > 10$ 时，截面变得狭长，这时 $C_1 = 0.333 \approx 1/3$，于是，式（9-19）变为

$$\tau_{\max} = \frac{3M_x}{hb^2} \qquad (9-21)$$

这时，沿宽度 b 方向的切应力可近似视为线性分布。

表 9-1 矩形截面杆扭转切应力公式中的因数

	C_1	C_1'		C_1	C_1'
1.0	0.208	1.000	6.0	0.299	0.745
1.5	0.231	0.895	8.0	0.307	0.743
2.0	0.246	0.795	10.0	0.312	0.743
3.0	0.267	0.766	∞	0.333	0.743
4.0	0.282	0.750			

矩形截面杆横截面单位扭转角由下式计算：

$$\theta = \frac{M_x}{Ghb^3\left[\frac{1}{3}-0.21\frac{b}{h}\left(1-\frac{b^4}{12h^4}\right)\right]} \qquad (9-22)$$

式中，G 为材料的切变模量。

习 题

9-1 关于扭转切应力公式 $\tau(\rho) = \dfrac{M_x\rho}{I_P}$ 的应用范围，有以下几种答案，请判断哪一种是正确的。

（A）等截面圆轴，弹性范围内加载

（B）等截面圆轴

（C）等截面圆轴与椭圆轴

（D）等截面圆轴与椭圆轴，弹性范围内加载

正确答案是_____。

9-2 两根长度相等、直径不等的圆轴受扭后，轴表面上母线转过相同的角度。设直径大的轴和直径小的轴的横截面上的最大切应力分别为 $\tau_{1\max}$ 和 $\tau_{2\max}$，材料的切变模量分别为 G_1 和 G_2。关于 $\tau_{1\max}$ 和 $\tau_{2\max}$ 的大小，有下列四种结论，请判断哪一种是正确的。

（A）$\tau_{1\max} > \tau_{2\max}$

（B）$\tau_{1\max} < \tau_{2\max}$

（C）若 $G_1 > G_2$，则有 $\tau_{1\max} > \tau_{2\max}$

（D）若 $G_1 > G_2$，则有 $\tau_{1\max} < \tau_{2\max}$

正确答案是_____。

9-3 长度相等的直径为 d_1 的实心圆轴与内、外直径分别为 d_2、$D_2(\alpha = d_2/D_2)$ 的空心圆轴，二者横截面上的最大切应力相等。关于二者重量之比（W_1/W_2）有如下结论，请判断哪一种是正确的。

（A）$(1-\alpha^4)^{\frac{3}{2}}$

（B）$(1-\alpha^4)^{\frac{3}{2}}(1-\alpha^2)$

（C）$(1-\alpha^4)(1-\alpha^2)$

（D）$(1-\alpha^4)^{\frac{2}{3}}/(1-\alpha^2)$

正确答案是_____。

9-4 由两种不同材料组成的圆轴，里层和外层材料的切变模量分别为 G_1 和 G_2，且 $G_1 = 2G_2$。圆轴尺

寸如习题 9-4 图所示。圆轴受扭时，里、外层之间无相对滑动。关于横截面上的切应力分布，有图中所示的四种结论，请判断哪一种是正确的。

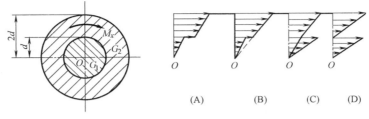

习题 9-4 图

正确答案是_____。

9-5 变截面轴受力如习题 9-5 图所示，图中尺寸单位为 mm。若已知 $M_{e1} = 1765\text{N} \cdot \text{m}$，$M_{e2} = 1171\text{N} \cdot \text{m}$，材料的切变模量 $G = 80.4\text{GPa}$，求：

（1）轴内最大切应力，并指出其作用位置。

（2）轴内最大相对扭转角 $\varphi_{\max}$。

9-6 习题 9-6 图所示实心圆轴承受外加扭转力偶，其力偶矩 $M_e = 3\text{kN} \cdot \text{m}$。试求：

（1）轴横截面上的最大切应力。

（2）轴横截面上半径 $r = 15\text{mm}$ 以内部分承受的扭矩所占全部横截面上扭矩的百分比。

（3）去掉 $r = 15\text{mm}$ 以内部分，横截面上的最大切应力增加的百分比。

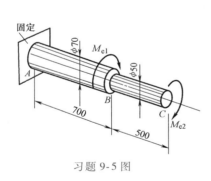

习题 9-5 图

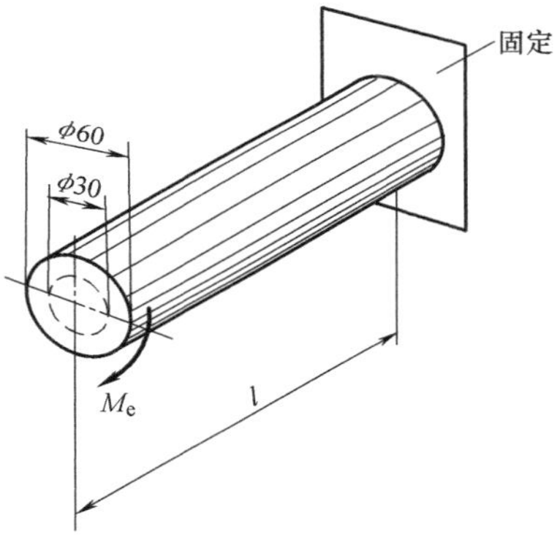

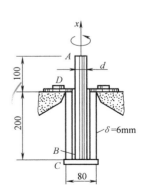

习题 9-6 图

9-7 同轴线的芯轴 AB 与轴套 CD 在 D 处二者无接触，而在 C 处焊成一体。轴的 A 端承受扭转力偶作用，如习题 9-7 图所示。已知轴直径 $d = 66\text{mm}$，轴套外直径 $D = 80\text{mm}$，厚度 $\delta = 6\text{mm}$；材料的许用切应力 $[\tau] = 60\text{MPa}$。求：结构所能承受的最大外力偶矩。

9-8 由同一材料制成的实心和空心圆轴，二者长度和质量均相等。设实心轴半径为 R_0，空心圆轴的内、外半径分别为 R_1 和 R_2，且 $R_1/R_2 = n$；二者所受的外加扭转力偶矩分别为 M_{es} 和 M_{eh}。若二者横截面上的最大切应力相等，试证明：

$$\frac{M_{es}}{M_{eh}} = \frac{\sqrt{1 - n^2}}{1 + n^2}$$

习题 9-7 图

*9-9 习题 9-9 图所示直径 $d = 25\text{mm}$ 的钢轴上焊有两圆盘凸台，凸台上套有外直径 $D = 75\text{mm}$、壁厚 $\delta = 1.25\text{mm}$ 的薄壁管，当杆承受外加扭转力偶

矩 $M_e = 73.6\text{N} \cdot \text{m}$ 时，将薄壁管与凸台焊在一起，然后再卸去外加扭转力偶。假定凸台不变形，薄壁管与轴的材料相同，切变模量 $G = 40\text{GPa}$。试：

（1）分析卸载后轴和薄壁管的横截面上有没有内力，二者如何平衡？

（2）确定轴和薄壁管横截面上的最大切应力。

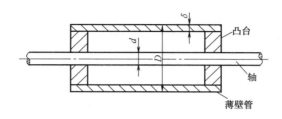

习题 9-9 图

第 10 章
复杂受力时构件的强度设计

前面几章中，分别讨论了拉伸、压缩、弯曲与扭转时杆件的强度问题，这些强度问题的共同特点是，一是危险截面上的危险点只承受正应力或切应力；二是都是通过试验直接确定失效时的极限应力，并以此为依据建立强度设计准则。

工程上还有一些构件或结构，其危险截面上危险点同时承受正应力和切应力，或者危险点的其他面上同时承受正应力或切应力。这种受力称为复杂受力。复杂受力情形下，由于复杂受力形式繁多，不可能一一通过试验确定失效时的极限应力。因而，必须研究在各种不同的复杂受力形式下，强度失效的共同规律，假定失效的共同原因，从而有可能利用单向拉伸的试验结果，建立复杂受力时的失效判据与设计准则。

为了分析失效的原因，需要研究通过一点不同方向面上应力相互之间的关系。这是建立复杂受力时设计准则的基础。

本章首先介绍应力状态的基本概念，以此为基础建立复杂受力时的失效判据与设计准则，然后将这些准则应用于解决承受弯曲与扭转同时作用的圆轴，以及承受内压的薄壁容器的强度问题。

10.1 基本概念

10.1.1 什么是应力状态，为什么要研究应力状态

前几章中，讨论了杆件在拉伸（压缩）、弯曲和扭转等几种基本受力与变形形式下，横截面上的应力；并且根据横截面上的应力以及相应的试验结果，建立了只有正应力和只有切应力作用时的强度条件。但这些对于分析进一步的强度问题是远远不够的。

例如，仅仅根据横截面上的应力，不能分析为什么低碳钢试样拉伸至屈服时，表面会出现与轴线45°夹角的滑移线；也不能分析铸铁圆截面试样扭转时，为什么沿45°螺旋面断开；以及铸铁压缩试样的破坏面为什么不像铸铁扭转试样破坏面那样呈颗粒状，而是呈错动光滑状。

又如，根据横截面上的应力分析和相应的试验结果，不能直接建立既有正应力又有切应力存在时的失效判据与设计准则。

事实上，杆件受力变形后，不仅在横截面上会产生应力，而且在斜截面上也会产生应力。例如图 10-1a 所示的拉杆，受力之前在其表面画一斜置的正方形，受拉后，正方形变成

174

了菱形（图中虚线所示）。这表明在拉杆的斜截面上有切应力存在。又如在图 10-1b 所示的圆轴，受扭之前在其表面画一圆，受扭后，此圆变为一斜置椭圆，长轴方向表示承受拉应力而伸长，短轴方向表示承受压应力而缩短。这表明，扭转时，杆的斜截面上存在着正应力。

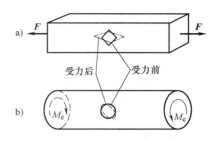

图 10-1　杆件斜截面
上存在应力的实例

本章后面的分析还将进一步证明：围绕一点取一微小单元体，即微元，一般情形下，微元的不同方位面上的应力是不相同的。过一点的所有方位面上的应力集合，称为该点的**应力状态**（stress state at a point）。

　　分析一点的应力状态，不仅可以解释上面所提到的那些试验中的破坏现象，而且可以预测各种复杂受力情形下，构件何时发生失效，以及怎样保证构件不发生失效，并且具有足够的安全裕度。因此，应力状态分析是建立构件在复杂受力（既有正应力，又有切应力）时失效判据与设计准则的重要基础。

10.1.2　应力状态分析的基本方法

　　为了描述一点的应力状态，在一般情形下，总是围绕所考察的点取一个三组对面互相垂直的六面体，当各边边长充分小时，六面体便趋于宏观上的"点"。这种六面体就是前面所提到的微元。

　　当受力物体处于平衡状态时，表示一点的微元也是平衡的，因此，微元的任意一局部也必然是平衡的。基于平衡的概念，当微元三对面上的应力已知时，就可以应用假想截面将微元从任意方向面处截开，考察截开后的任意一部分的平衡，由平衡条件就可以求得任意方位面上的应力。

　　因此，通过微元及其三对互相垂直的面上的应力，可以描述一点的应力状态。

　　为了确定一点的应力状态，需要确定代表这一点的微元的三对互相垂直的面上的应力。为此，围绕一点截取微元时，应尽量使其三对面上的应力容易确定。例如，矩形截面杆与圆截面杆中微元的取法便有所区别。对于矩形截面杆，三对面中的一对面为杆的横截面，另外两对面为平行于杆表面的纵截面。对于圆截面杆，除一对面为横截面外，另外两对面中有一对为同轴圆柱面，另一对则为通过杆轴线的纵截面。截取微元时，还应注意相对面之间的距离应为无限小。

　　由于构件受力的不同，应力状态多种多样。只受一个方向正应力作用的应力状态，称为**单向应力状态**（one dimensional state of stress）。只受切应力作用的应力状态，称为**纯切应力状态**（shearing state of stress）。所有应力作用线都处于同一平面内的应力状态，称为**平面应力状态**（plane state of stresses）。单向应力状态与纯切应力状态都是平面应力状态的特例。本书主要讨论平面应力状态。

10.1.3　建立复杂受力时失效判据的思路与方法

　　严格地讲，在拉伸和弯曲强度问题中所建立的失效判据实际上是材料在单向应力状态下的失效判据；而关于扭转强度的失效判据则是材料在纯切应力状态下的失效判据。所谓复杂受力时的失效判据，实际上就是材料在各种复杂应力状态下的失效判据。

大家知道，单向应力状态和纯切应力状态下的失效判据，都是通过试验确定极限应力值，然后直接利用试验结果建立起来的。但是，复杂应力状态下则不能。这是因为：一方面复杂应力状态各式各样，可以说有无穷多种，不可能一一通过试验确定极限应力；另一方面，有些复杂应力状态的试验，技术上难以实现。

大量的关于材料失效的试验结果以及工程构件失效的实例表明，复杂应力状态虽然各式各样，但是材料在各种复杂应力状态下的强度失效的形式却有可能是共同的而且是有限的。

大量的试验结果以及工程构件发生失效的现象表明，无论应力状态多么复杂，材料的强度失效，大致有两种形式：一种是指产生裂缝并导致断裂，例如铸铁拉伸和扭转时的破坏；另一种是指屈服，即出现一定量的塑性变形，例如低碳钢拉伸时的屈服。简而言之，屈服与脆性断裂是强度失效的两种基本形式。

对于同一种失效形式，有可能在引起失效的原因中包含着共同的因素。建立复杂应力状态下的强度失效判据，就是提出关于材料在不同应力状态下失效共同原因的各种假说。根据这些假说，就有可能利用单向拉伸的试验结果，建立材料在复杂应力状态下的失效判据。就可以预测材料在复杂应力状态下，何时发生失效，以及怎样保证不发生失效，进而建立复杂应力状态下强度设计准则或强度条件。

10.2 平面应力状态分析——任意方向面上应力的确定

当微元三对面上的应力已经确定时，为求某个斜面（即方向面）上的应力，可用一假想截面将微元从所考察的斜面处截为两部分，考察其中任意一部分的平衡，即可由平衡条件求得该斜截面上的正应力和切应力。这是分析微元斜截面上的应力的基本方法。下面以一般平面应力状态为例，说明这一方法的具体应用。

10.2.1 方向角与应力分量的正负号约定

对于平面应力状态，由于微元有一对面上没有应力作用，所以三维微元可以用一平面微元表示。图 10-2a 所示即为平面应力状态的一般情形，其两对互相垂直的面上都有正应力和切应力作用。

在平面应力状态下，任意方向面（法线为 x'）是由它的法线 x' 与水平坐标轴 x 正向的夹角 θ 所定义的。图 10-2b 所示是用法线为 x' 的方向面从微元中截出微元局部。

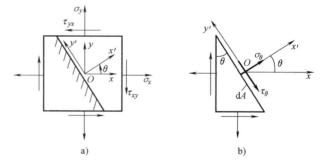

图 10-2 正负号规则

为了确定任意方向面（任意 θ 角）上的正应力与切应力，需要首先对 θ 角以及各应力分量正负号，做如下约定：

- **θ 角**：从 x 正方向逆时针转至 x' 正方向者为正；反之为负。
- **正应力**：拉为正；压为负。

- **切应力**：使微元或其局部产生顺时针方向转动趋势者为正；反之为负。

图 10-2 所示的 θ 角及正应力和切应力 τ_{xy} 均为正；τ_{yx} 为负。

10.2.2　微元的局部平衡方程

为确定平面应力状态中任意方向面（法线为 x'，方向角为 θ）上的应力，将微元从任意方向面处截为两部分。考察其中任意部分，其受力如图 10-2b 所示，假定任意方向面上的正应力 σ_θ 和切应力 τ_θ 均为正方向。

需要特别注意的是，应力是分布内力在一点的集度，因此，作用在微元和微元局部各个面上的应力，必须乘以其所作用的面积以求得力，才能参与平衡。

于是，将作用在微元局部的应力乘以各自的作用面积形成的力，分别向所要求的方向面的法线 x' 和切线 y' 方向投影，并令投影之和等于零，据此得到微元局部平衡方程：

$$\sum F_{x'} = 0, \sigma_\theta \mathrm{d}A - (\sigma_x \mathrm{d}A\cos\theta)\cos\theta + (\tau_{xy}\mathrm{d}A\cos\theta)\sin\theta -$$
$$(\sigma_y \mathrm{d}A\sin\theta)\sin\theta + (\tau_{yx}\mathrm{d}A\sin\theta)\cos\theta = 0 \tag{a}$$

$$\sum F_{y'} = 0, -\tau_\theta \mathrm{d}A + (\sigma_x \mathrm{d}A\cos\theta)\sin\theta + (\tau_{xy}\mathrm{d}A\cos\theta)\cos\theta -$$
$$(\sigma_y \mathrm{d}A\sin\theta)\cos\theta - (\tau_{yx}\mathrm{d}A\sin\theta)\sin\theta = 0 \tag{b}$$

10.2.3　平面应力状态中任意方向面上的正应力与切应力

利用三角倍角公式，式（a）和式（b）经过整理后，得到计算平面应力状态中任意方向面上正应力与切应力的表达式：

$$\begin{cases} \sigma_\theta = \dfrac{\sigma_x + \sigma_y}{2} + \dfrac{\sigma_x - \sigma_y}{2}\cos 2\theta - \tau_{xy}\sin 2\theta \\[3mm] \tau_\theta = \dfrac{\sigma_x - \sigma_y}{2}\sin 2\theta + \tau_{xy}\cos 2\theta \end{cases} \tag{10-1}$$

【**例题 10-1**】　分析轴向拉伸杆件的最大切应力的作用面，说明低碳钢拉伸时发生屈服的主要原因。

解：杆件承受轴向拉伸时，其上任意一点均为单向应力状态，如图 10-3 所示。

在本例的情形下，$\sigma_y = 0$，$\tau_{yx} = 0$。于是，根据式 (10-1)，任意斜截面上的正应力和切应力分别为

$$\begin{cases} \sigma_\theta = \dfrac{\sigma_x}{2} + \dfrac{\sigma_x}{2}\cos 2\theta \\[3mm] \tau_\theta = \dfrac{\sigma_x}{2}\sin 2\theta \end{cases} \tag{10-2}$$

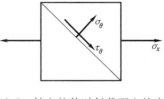

图 10-3　轴向拉伸时斜截面上的应力

这一结果表明，当 $\theta = 45°$ 时，斜截面上既有正应力又有切应力，其值分别为

$$\sigma_{45°} = \frac{\sigma_x}{2}$$

$$\tau_{45°} = \frac{\sigma_x}{2}$$

不难看出，在所有的方向面中，45°斜截面上的正应力不是最大值，而切应力却是最大值。

这表明，轴向拉伸时最大切应力发生在与轴线夹45°角的斜面上，这正是低碳钢试样拉伸至屈服时表面出现滑移线的方向。因此，可以认为屈服是由最大切应力引起的。

【例题 10-2】 分析圆轴扭转时最大切应力的作用面，说明铸铁圆试样扭转破坏的主要原因。

解： 圆轴扭转时，其上任意一点的应力状态为纯切应力状态，如图 10-4 所示。

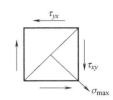

图 10-4 圆轴扭转时斜截面上的应力

本例中，$\sigma_x = \sigma_y = 0$，代入式（10-1），得到微元任意斜截面上的正应力和切应力分别为

$$\begin{cases} \sigma_\theta = -\tau_{xy}\sin2\theta \\ \tau_\theta = \tau_{xy}\cos2\theta \end{cases} \tag{10-3}$$

可以看出，当 $\theta = \pm45°$ 时，斜截面上只有正应力没有切应力。$\theta = 45°$ 时（自 x 轴逆时针方向转过 45°），压应力最大；$\theta = -45°$ 时（自 x 轴顺时针方向转过 45°），拉应力最大，即

$$\sigma_{45°} = \sigma_{max}^- = -\tau_{xy}$$

$$\tau_{45°} = 0$$

$$\sigma_{-45°} = \sigma_{max}^+ = \tau_{xy}$$

$$\tau_{-45°} = 0$$

铸铁圆试样扭转试验时，正是沿着最大拉应力作用面（即 -45° 螺旋面）断开的。因此，可以认为这种脆性破坏是由最大拉应力引起的。

10.3 应力状态中的主应力与最大切应力

10.3.1 主平面、主应力与主方向

根据应力状态任意方向面上的应力表达式（10-1），不同方向面上的正应力与切应力与方向面的取向（方向角 θ）有关。因而有可能存在某种方向面，其上的切应力 $\tau_\theta = 0$，这种方向面称为**主平面**（principal plane），其方向角用 θ_p 表示。令式（10-1）中的 $\tau_\theta = 0$，得到主平面方向角的表达式

$$\tan2\theta_p = -\frac{2\tau_{xy}}{\sigma_x - \sigma_y} \tag{10-4}$$

主平面上的正应力称为**主应力**（principal stress）。主平面法线方向即主应力作用线方向，称为**主方向**（principal directions），主方向用方向角 θ_p 表示。

若将式（10-1）中 σ_θ 的表达式对 θ 求一次导数，并令其等于零，有

$$\frac{d\sigma_\theta}{d\theta} = -(\sigma_x - \sigma_y)\sin2\theta - 2\tau_{xy}\cos2\theta = 0$$

由此解出的角度与式（10-4）具有完全一致的形式。这表明，主应力具有极值的性质。

即：主应力是所有垂直于 xy 坐标面的方向面上正应力的极大值或极小值。

根据切应力成对定理，当一对方向面为主平面时，另一对与之垂直的方向面（$\theta = \theta_\mathrm{p} + \pi/2$），其上的切应力也等于零，因而也是主平面，其上的正应力也是主应力。

需要指出的是，对于平面应力状态，平行于 xy 坐标面的平面，其上既没有正应力也没有切应力作用，这种平面也是主平面。这一主平面上的主应力等于零。

10.3.2　平面应力状态的三个主应力

将由式（10-4）解得的主应力方向角 θ_p，代入式（10-1），得到平面应力状态的两个不等于零的主应力。这两个不等于零的主应力以及上述平面应力状态固有的等于零的主应力，分别用 σ'、σ''、σ''' 表示。

$$\sigma' = \frac{\sigma_x + \sigma_y}{2} + \frac{1}{2}\sqrt{(\sigma_x - \sigma_y)^2 + 4\tau_{xy}^2} \tag{10-5a}$$

$$\sigma'' = \frac{\sigma_x + \sigma_y}{2} - \frac{1}{2}\sqrt{(\sigma_x - \sigma_y)^2 + 4\tau_{xy}^2} \tag{10-5b}$$

$$\sigma''' = 0 \tag{10-5c}$$

以后将按三个主应力 σ'、σ''、σ''' 代数值由大到小顺序排列，并分别用 σ_1、σ_2、σ_3 表示，且 $\sigma_1 > \sigma_2 > \sigma_3$。

根据主应力的大小与方向可以确定材料何时发生失效或破坏，确定失效或破坏的形式。因此，可以说主应力是反映应力状态本质内涵的特征量。

10.3.3　面内最大切应力与一点的最大切应力

与正应力相类似，不同方向面上的切应力也随着坐标的旋转而变化，因而切应力也可能存在极值。为求此极值，将式（10-1）的第 2 式对 θ 求一次导数，并令其等于零，得到

$$\frac{\mathrm{d}\tau_\theta}{\mathrm{d}\theta} = (\sigma_x - \sigma_y)\cos 2\theta - 2\tau_{xy}\sin 2\theta = 0$$

由此得出另一特征角，用 θ_s 表示，且

$$\tan 2\theta_\mathrm{s} = -\frac{\sigma_x - \sigma_y}{2\tau_{xy}} \tag{10-6}$$

从中解出 θ_s，将其代入式（10-1）的第 2 式，得到 τ_θ 的极值。根据切应力成对定理以及切应力的正负号规则，τ_θ 有两个极值，二者大小相等、正负号相反，其中一个为极大值，另一个为极小值，其数值由下式确定：

$$\begin{matrix}\tau'\\\tau''\end{matrix} = \pm\frac{1}{2}\sqrt{(\sigma_x - \sigma_y)^2 + 4\tau_{xy}^2} \tag{10-7}$$

需要特别指出的是，上述切应力极值仅对垂直于 xy 坐标面的方向面而言，因而称为面内最大切应力（maximum shearing stresses in plane）与面内最小切应力。二者不一定是过一点的所有方向面中切应力的最大和最小值。

为确定过一点的所有方向面上的最大切应力，可以将平面应力状态视为有三个主应力（σ_1、σ_2、σ_3）作用的应力状态的特殊情形，即三个主应力中有一个等于零。

考察微元三对面上分别作用着三个主应力（$\sigma_1 > \sigma_2 > \sigma_3 \neq 0$）的应力状态，如图 10-5a 所示。

在平行于主应力 σ_1 方向的任意方向面 I 上，正应力和切应力都与 σ_1 无关。因此，当研究平行于 σ_1 的这一组方向面上的应力时，所研究的应力状态可视为图 10-5b 所示的平面应力状态，其方向面上的正应力和切应力可由式（10-1）计算。这时，式中的 $\sigma_x = \sigma_3$，$\sigma_y = \sigma_2$，$\tau_{xy} = 0$。

同理，对于在平行于主应力 σ_2 和平行于 σ_3 的任意方向面 II 和 III 上，正应力和切应力分别与 σ_2 和 σ_3 无关。因此，当研究平行于 σ_2 和 σ_3 的这两组方向面上的应力时，所研究的应力状态可视为图 10-5c、d 所示的平面应力状态，其方向面上的正应力和切应力都可以由式（10-1）计算。

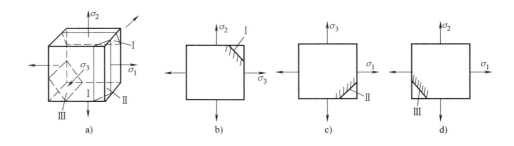

图 10-5　三组平面内的最大切应力

应用式（10-7），可以得到 I、II 和 III 三组方向面内的最大切应力分别为

$$\tau' = \frac{\sigma_2 - \sigma_3}{2} \tag{10-8}$$

$$\tau'' = \frac{\sigma_1 - \sigma_3}{2} \tag{10-9}$$

$$\tau''' = \frac{\sigma_1 - \sigma_2}{2} \tag{10-10}$$

应用弹性力学理论可以证明，一点应力状态中的最大切应力，必然是上述三者中最大的，即

$$\tau_{max} = \tau'' = \frac{\sigma_1 - \sigma_3}{2} \tag{10-11}$$

【例题 10-3】　薄壁圆管受扭转和拉伸同时作用，如图 10-6a 所示。已知圆管的平均直径 $D = 50\text{mm}$，壁厚 $\delta = 2\text{mm}$。外加力偶的力偶矩 $M_e = 600\text{N} \cdot \text{m}$，轴向载荷 $F = 20\text{kN}$。薄壁管截面的抗扭截面系数可近似取为 $W_P = \dfrac{\pi d^2 \delta}{2}$。试求：

（1）圆管表面上过 D 点与圆管母线夹角为 30° 的斜截面上的应力；

（2）D 点主应力和最大切应力。

解：（1）取微元，确定微元各个面上的应力

围绕 D 点用横截面、纵截面和圆柱面截取微元，其受力如图 10-6b 所示。利用拉伸和圆

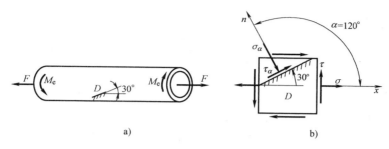

图 10-6　例题 10-3 图

轴扭转时横截面上的正应力和切应力公式计算微元各面上的应力：

$$\sigma = \frac{F}{A} = \frac{F}{\pi D \delta} = \frac{20 \times 10^3 \,\mathrm{N}}{\pi \times 50 \times 10^{-3}\,\mathrm{m} \times 2 \times 10^{-3}\,\mathrm{m}} = 63.7 \times 10^6 \,\mathrm{Pa} = 63.7\,\mathrm{MPa}$$

$$\tau = \frac{M_x}{W_P} = \frac{2M_e}{\pi d^2 \delta} = \frac{2 \times 600\,\mathrm{N \cdot m}}{\pi \times (50 \times 10^{-3}\,\mathrm{m})^2 \times 2 \times 10^{-3}\,\mathrm{m}} = 76.4 \times 10^6 \,\mathrm{Pa} = 76.4\,\mathrm{MPa}$$

（2）求斜截面上的应力

根据图 10-6b 所示的应力状态以及关于 θ、σ_x、σ_y、τ_{xy} 的正负号规则，本例中有 $\sigma_x =$ 63.7MPa，$\sigma_y = 0$，$\tau_{xy} = -76.4$MPa，$\theta = 120°$。将这些数据代入式（10-1），求得过 D 点与圆管母线夹角为 30°，也即与 x 轴夹角为 120°的斜截面上的应力：

$$\sigma_{120°} = \frac{\sigma_x + \sigma_y}{2} + \frac{\sigma_x - \sigma_y}{2}\cos 2\theta - \tau_{xy}\sin 2\theta$$

$$= \frac{63.7\mathrm{MPa} + 0}{2} + \frac{63.7\mathrm{MPa} - 0}{2}\cos(2 \times 120°) - (-76.4\mathrm{MPa})\sin(2 \times 120°)$$

$$= -50.3\mathrm{MPa}$$

$$\tau_{120°} = \frac{\sigma_x - \sigma_y}{2}\sin 2\theta + \tau_{xy}\cos 2\theta$$

$$= \frac{63.7\mathrm{MPa} - 0}{2}\sin(2 \times 120°) + (-76.4\mathrm{MPa})\cos(2 \times 120°)$$

$$= 10.7\mathrm{MPa}$$

二者的方向均示于图 10-6b 中。

（3）确定主应力与最大切应力

根据式（10-5），有

$$\sigma' = \frac{\sigma_x + \sigma_y}{2} + \frac{1}{2}\sqrt{(\sigma_x - \sigma_y)^2 + 4\tau_{xy}^2}$$

$$= \frac{63.7\mathrm{MPa} + 0}{2} + \frac{1}{2}\sqrt{(63.7\mathrm{MPa} - 0)^2 + 4\,(-76.4\mathrm{MPa})^2}$$

$$= 114.6\mathrm{MPa}$$

$$\sigma'' = \frac{\sigma_x + \sigma_y}{2} - \frac{1}{2}\sqrt{(\sigma_x - \sigma_y)^2 + 4\tau_{xy}^2}$$

$$= \frac{63.7\text{MPa} + 0}{2} - \frac{1}{2}\sqrt{(63.7\text{MPa} - 0)^2 + 4(-76.4\text{MPa})^2}$$

$$= -50.9\text{MPa}$$

$$\sigma''' = 0$$

于是，根据主应力代数值大小顺序排列，D 点的三个主应力分别为

$$\sigma_1 = 114.6\text{MPa}, \quad \sigma_2 = 0, \quad \sigma_3 = -50.9\text{MPa}$$

根据式（10-11），D 点的最大切应力为

$$\tau_{\max} = \frac{\sigma_1 - \sigma_3}{2} = \frac{114.6\text{MPa} - (-50.9\text{MPa})}{2} = 82.75\text{MPa}$$

【例题 10-4】 飞机舷窗下方蒙皮上 A 点处的应力状态如图 10-7a 所示。试用单元体表示顺时针旋转 30°后的应力状态。

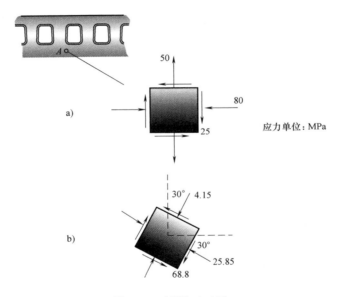

图 10-7 例题 10-4 图

解：根据应力变换公式，

$$\sigma_{x'} = \frac{\sigma_x + \sigma_y}{2} + \frac{\sigma_x - \sigma_y}{2}\cos 2\theta - \tau_{xy}\sin 2\theta$$

$$\sigma_{y'} = \frac{\sigma_x + \sigma_y}{2} - \frac{\sigma_x - \sigma_y}{2}\cos 2\theta + \tau_{xy}\sin 2\theta$$

$$\tau_{x'y'} = \frac{\sigma_x - \sigma_y}{2}\sin 2\theta + \tau_{xy}\cos 2\theta$$

以及应力分量与角度的正负号约定，本例中

$$\sigma_x = -80\text{MPa}, \quad \sigma_y = 50\text{MPa}, \quad \tau_{xy} = 25\text{MPa}; \quad \theta = -30°$$

将其代入上式，得到

$$\sigma_{x'} = \left[\frac{-80+50}{2} + \frac{-80-50}{2}\cos(-60°) - 25\sin(-60°) \right] \text{MPa} = -25.85\text{MPa}$$

$$\sigma_{y'} = \left[\frac{-80+50}{2} - \frac{-80-50}{2}\cos(-60°) + 25\sin(-60°) \right] \text{MPa} = -4.15\text{MPa}$$

$$\tau_{x'y'} = \left[\frac{-80-50}{2}\sin(-60°) + 25\cos(-60°) \right] \text{MPa} = 68.8\text{MPa}$$

旋转后的应力状态如图 10-7b 所示。这表明图 10-7a、b 中的两个应力状态是等价的。

10.4　分析应力状态的应力圆方法

10.4.1　应力圆方程

将微元任意方向面上的正应力与切应力表达式（10-1），即

$$\sigma_\theta = \frac{\sigma_x + \sigma_y}{2} + \frac{\sigma_x - \sigma_y}{2}\cos 2\theta - \tau_{xy}\sin 2\theta$$

$$\tau_\theta = \frac{\sigma_x - \sigma_y}{2}\sin 2\theta + \tau_{xy}\cos 2\theta$$

中第 1 式等号右边的第 1 项移至等号左边，然后将两式平方后再相加，得到一个新的方程

$$\left(\sigma_\theta - \frac{\sigma_x + \sigma_y}{2} \right)^2 + \tau_\theta^2 = \left(\frac{1}{2}\sqrt{(\sigma_x - \sigma_y)^2 + \tau_{xy}^2} \right)^2 \tag{10-12}$$

在以 σ_θ 为横轴、τ_θ 为纵轴的坐标系中，上述方程为圆方程。这种圆称为**应力圆**（stress circle）。应力圆的圆心坐标为

$$\left(\frac{\sigma_x + \sigma_y}{2}, 0 \right)$$

应力圆的半径为

$$\frac{1}{2}\sqrt{(\sigma_x - \sigma_y)^2 + 4\tau_{xy}^2}$$

应力圆最早由德国工程师莫尔（Mohr，1835—1918）提出的，故又称为**莫尔应力圆**（Mohr circle for stresses），也可简称为莫尔圆。

10.4.2　应力圆的画法

上述分析结果表明，对于平面应力状态，根据其上的应力分量 σ_x、σ_y 和 τ_{xy}，由圆心坐标以及圆的半径，即可画出与给定的平面应力状态相对应的应力圆。但是，这样做并不方便。

为了简化应力圆的绘制方法，需要考察表示平面应力状态微元相互垂直的一对面上的应力与应力圆上点的对应关系。

图 10-8a、b 所示为相互对应的应力状态与应力圆。

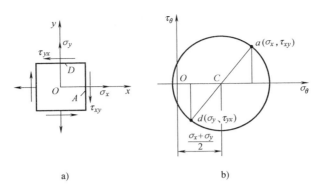

a)   b)

图 10-8　平面应力状态与应力圆

假设应力圆上点 a 的坐标对应着微元 A 面上的应力（σ_x，τ_{xy}）。将点 a 与圆心 C 相连，并延长 aC 交应力圆于点 d。根据图中的几何关系，不难证明，应力圆上点 d 坐标对应微元 D 面上的应力（σ_y，τ_{yx}）。

根据上述类比，不难得到平面应力状态与其应力圆的 3 种对应关系：

- **点面对应**：应力圆上某一点的坐标值对应着微元某一方向面上的正应力和切应力值。
- **转向对应**：应力圆半径旋转时，半径端点的坐标随之改变，对应地，微元上方向面的法线也沿相同方向旋转，才能保证方向面上的应力与应力圆上半径端点的坐标相对应。
- **二倍角对应**：应力圆上半径转过的角度，等于方向面法线旋转角度的 2 倍。

10.4.3　应力圆的应用

基于上述对应关系，不仅可以根据微元两相互垂直面上的应力确定应力圆上一直径上的两端点，并由此确定圆心 C，进而画出应力圆，从而使应力图绘制过程大为简化。而且，还可以确定任意方向面上的正应力和切应力，以及主应力和面内最大切应力。

以图 10-9a 所示的平面应力状态为例。首先，以 σ_θ 为横轴、以 τ_θ 为纵轴，建立 $O\sigma_\theta\tau_\theta$ 坐标系，如图 10-9b 所示。然后，根据微元 A、D 面上的应力（σ_x，τ_{xy}）、（σ_y，$-\tau_{yx}$），在 $O\sigma_\theta\tau_\theta$ 坐标系中找到与之对应的两点 a、d。进而，连接 ad 交 σ_θ 轴于点 C，以点 C 为圆心，以 Ca 或 Cd 为半径作圆，即为与所给应力状态对应的应力圆。

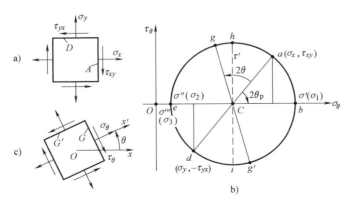

图 10-9　应力圆的应用

其次，为求 x 轴逆时针旋转 θ 角至 x' 轴位置时微元方向面 G 上的应力，可将应力圆上的半径 Ca 按相同方向旋转 2θ，得到点 g，则点 g 的坐标值即为 G 面上的应力值（图 10-9c）。这一结论留给读者自己证明。

应用应力圆上的几何关系，可以得到平面应力状态主应力与面内最大切应力表达式，结果与前面所得到的完全一致。

从图 10-9b 所示应力圆可以看出，应力圆与 σ_θ 轴的交点 b 和 e，对应着平面应力状态的主平面，其横坐标值即为主应力 σ' 和 σ''。此外，对于平面应力状态，根据主平面的定义，其上没有应力作用的平面为主平面，只不过这一主平面上的主应力 σ''' 为零。

图 10-9b 中应力圆的最高和最低点（h 和 i），切应力绝对值最大，均为面内最大切应力。不难看出，在切应力最大处，正应力不一定为零。即在最大切应力作用面上，一般存在正应力。

需要指出的是，在图 10-9b 中，应力圆在坐标轴 τ_θ 的右侧，因而 σ' 和 σ'' 均为正值。这种情形不具有普遍性。当 $\sigma_x < 0$ 或在其他条件下，应力圆也可能在坐标轴 τ_θ 的左侧，或者与坐标轴 τ_θ 相交，因此 σ' 和 σ'' 也有可能为负值，或者一正一负。

还需要指出的是，应力圆的功能主要不是作为图解法的工具用以量测某些量。它一方面通过明晰的几何关系帮助读者导出一些基本公式，而不是死记硬背这些公式；另一方面，也是更重要的方面是作为一种思考问题的工具，用以分析和解决一些难度较大的问题。请读者分析本章中的某些习题时注意充分利用这种工具。

【例题 10-5】 对于图 10-10a 所示的平面应力状态，若要求面内最大切应力 $\tau' < 85\text{MPa}$，试求：τ_{xy} 的取值范围。图中应力的单位为 MPa。

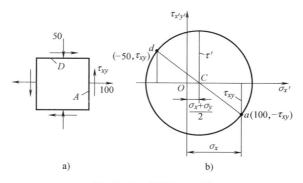

图 10-10　例题 10-5 图

解： 因为 σ_y 为负值，故所给应力状态的应力圆如图 10-10b 所示。根据图中的几何关系，不难得到

$$\left(\sigma_x - \frac{\sigma_x - \sigma_y}{2}\right)^2 + \tau_{xy}^2 = \tau'^2$$

根据题意，并将 $\sigma_x = 100\text{MPa}$，$\sigma_y = -50\text{MPa}$，$\tau' \leqslant 85\text{MPa}$，代入上式后，得到

$$\tau_{xy}^2 \leqslant \left[(85\text{MPa})^2 - \left(\frac{100\text{MPa} + 50\text{MPa}}{2}\right)^2\right]$$

由此解得

$$\tau_{xy} \leqslant 40\text{MPa}$$

10.5 复杂应力状态下的应力-应变关系 应变能密度

10.5.1 广义胡克定律

根据各向同性材料在弹性范围内应力-应变关系的试验结果，可以得到单向应力状态下微元沿正应力方向的正应变

$$\varepsilon_x = \frac{\sigma_x}{E}$$

试验结果还表明，在 σ_x 作用下，除 x 方向的正应变外，在与其垂直的 y、z 方向也有反号的正应变 ε_y、ε_z 存在，二者与 ε_x 之间存在下列关系：

$$\varepsilon_y = -\nu\varepsilon_x = -\nu\frac{\sigma_x}{E}$$

$$\varepsilon_z = -\nu\varepsilon_x = -\nu\frac{\sigma_x}{E}$$

式中，ν 为材料的泊松比。对于各向同性材料，上述两式中的泊松比是相同的。

对于纯切应力状态，前已提到切应力和切应变在弹性范围内也存在比例关系，即

$$\gamma = \frac{\tau}{G}$$

在小变形条件下，考虑到正应力与切应力所引起的正应变和切应变，都是相互独立的。

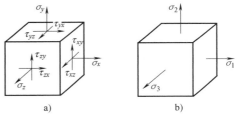

图 10-11 一般应力状态下的应力-应变关系

因此，应用叠加原理，可以得到图 10-11a 所示一般应力（三向应力）状态下的应力-应变关系。

$$\begin{cases} \varepsilon_x = \dfrac{1}{E}[\sigma_x - \nu(\sigma_y + \sigma_z)] \\[2mm] \varepsilon_y = \dfrac{1}{E}[\sigma_y - \nu(\sigma_z + \sigma_x)] \\[2mm] \varepsilon_z = \dfrac{1}{E}[\sigma_z - \nu(\sigma_x + \sigma_y)] \\[2mm] \gamma_{xy} = \dfrac{\tau_{xy}}{G} \\[2mm] \gamma_{xz} = \dfrac{\tau_{xz}}{G} \\[2mm] \gamma_{yz} = \dfrac{\tau_{yz}}{G} \end{cases} \qquad (10\text{-}13)$$

式（10-13）称为一般应力状态下的**广义胡克定律**（generalization Hooke law）。

若微元的三个主应力已知时，其应力状态如图 10-11b 所示，这时广义胡克定律变为

$$\begin{cases} \varepsilon_1 = \dfrac{1}{E}[\sigma_1 - \nu(\sigma_2 + \sigma_3)] \\[2mm] \varepsilon_2 = \dfrac{1}{E}[\sigma_2 - \nu(\sigma_3 + \sigma_1)] \\[2mm] \varepsilon_3 = \dfrac{1}{E}[\sigma_3 - \nu(\sigma_1 + \sigma_2)] \end{cases} \qquad (10\text{-}14)$$

式中，ε_1、ε_2、ε_3 分别为沿主应力 σ_1、σ_2、σ_3 方向的应变，称为**主应变**（principal strain）。

对于平面应力状态（$\sigma_z = 0$），广义胡克定律（10-13）简化为

$$\begin{cases} \varepsilon_x = \dfrac{1}{E}(\sigma_x - \nu\sigma_y) \\[2mm] \varepsilon_y = \dfrac{1}{E}(\sigma_y - \nu\sigma_x) \\[2mm] \varepsilon_z = -\dfrac{\nu}{E}(\sigma_x + \sigma_y) \\[2mm] \gamma_{xy} = \dfrac{\tau_{xy}}{G} \end{cases} \qquad (10\text{-}15)$$

10.5.2　各向同性材料各弹性常数之间的关系

对于同一种各向同性材料，广义胡克定律中的三个弹性常数并不完全独立，它们之间存在下列关系：

$$G = \frac{E}{2(1+\nu)} \qquad (10\text{-}16)$$

需要指出的是，对于绝大多数各向同性材料，泊松比一般在 $0 \sim 0.5$ 之间取值，因此，切变模量 G 的取值范围为 $E/3 < G < E/2$。

【例题 10-6】　图 10-12 所示的钢质立方体块，其各个面上都承受均匀静水压力 p。已知边长 AB 的改变量 $\Delta AB = -24 \times 10^{-3}$ mm，$E = 200$ GPa，$\nu = 0.29$。试：

（1）求 BC 和 BD 边的长度改变量；

（2）确定静水压力值 p。

解：（1）**计算 BC 和 BD 边的长度改变量**

在静水压力作用下，弹性体各方向发生均匀变形，因而任意一点均处于三向等压应力状态，且

$$\sigma_x = \sigma_y = \sigma_z = -p \qquad (\text{a})$$

应用广义胡克定律，得

$$\varepsilon_x = \varepsilon_y = \varepsilon_z = -\frac{p}{E}(1-2\nu) \qquad (\text{b})$$

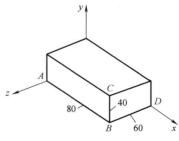

图 10-12　例题 10-6 图

由已知条件，有

$$\varepsilon_x = \frac{\Delta AB}{AB} = -0.3 \times 10^{-3} \tag{c}$$

于是，得

$$\Delta BC = \varepsilon_y BC = [(-0.3 \times 10^{-3}) \times 40 \times 10^{-3}] \text{ m} = -12 \times 10^{-3} \text{mm}$$

$$\Delta BD = \varepsilon_z BD = [(-0.3 \times 10^{-3}) \times 60 \times 10^{-3}] \text{ m} = -18 \times 10^{-3} \text{mm}$$

（2）确定静水压力值 p

将式（c）中的结果及 E、ν 的数值代入式（b），解出

$$p = -\frac{E\varepsilon_x}{1-2\nu} = \left[\frac{-200 \times 10^9 \times (-0.3 \times 10^{-3})}{1-2 \times 0.29}\right] \text{Pa} = 142.9 \times 10^6 \text{Pa} = 142.9 \text{MPa}$$

10.5.3　总应变能密度

考察图 10-11b 中以主应力表示的三向应力状态，其主应力和主应变分别为 σ_1、σ_2、σ_3 和 ε_1、ε_2、ε_3。假设应力和应变都同时自零开始逐渐增加至终值。

根据能量守恒原理，材料在弹性范围内工作时，微元三对面上的力（其值为应力与面积的乘积）在由各自对应应变所产生的位移上所做的功，全部转变为一种能量，储存于微元内。这种能量称为弹性应变能，简称为应变能（strain energy），用 $\mathrm{d}V_\varepsilon$ 表示。若以 $\mathrm{d}V$ 表示微元的体积，则定义 $\mathrm{d}V_\varepsilon/\mathrm{d}V$ 为应变能密度（strain-energy density），用 ν_ε 表示。

当材料的应力-应变满足广义胡克定律时，在小变形的条件下，相应的力和位移也存在线性关系。这时力做功为

$$W = \frac{1}{2}F_\mathrm{P}\Delta \tag{10-17}$$

对于弹性体，此功将转变为弹性应变能 V_ε。

设微元的三对边长分别为 $\mathrm{d}x$、$\mathrm{d}y$、$\mathrm{d}z$，则作用在微元三对面上的力分别为 $\sigma_1 \mathrm{d}y\mathrm{d}z$、$\sigma_2 \mathrm{d}x\mathrm{d}z$、$\sigma_3 \mathrm{d}x\mathrm{d}y$，与这些力对应的位移分别为 $\varepsilon_1 \mathrm{d}x$、$\varepsilon_2 \mathrm{d}y$、$\varepsilon_3 \mathrm{d}z$。这些力在各自位移上所做的功，都可以用式（10-17）计算。于是，作用在微元上的所有力做功之和为

$$\mathrm{d}W = \frac{1}{2}(\sigma_1\varepsilon_1 + \sigma_2\varepsilon_2 + \sigma_3\varepsilon_3)\,\mathrm{d}x\mathrm{d}y\mathrm{d}z$$

储藏于微元体内的应变能为

$$\mathrm{d}V_\varepsilon = \mathrm{d}W = \frac{1}{2}(\sigma_1\varepsilon_1 + \sigma_2\varepsilon_2 + \sigma_3\varepsilon_3)\,\mathrm{d}V$$

根据应变能密度的定义，并应用式（10-14），得到三向应力状态下，总应变能密度表达式为

$$\nu_\varepsilon = \frac{1}{2E}[\sigma_1^2 + \sigma_2^2 + \sigma_3^2 - 2\nu(\sigma_1\sigma_2 + \sigma_2\sigma_3 + \sigma_3\sigma_1)] \tag{10-18}$$

10.5.4　体积改变能密度与畸变能密度

一般情形下，物体变形时，同时包含了体积改变与形状改变。因此，总应变能密度包含

相互独立的两种应变能密度。即

$$\nu_\varepsilon = \nu_V + v_d \qquad (10\text{-}19)$$

式中，ν_V 和 ν_d 分别称为体积改变能密度（strain-energy density corresponding to the change of volume）和畸变能密度（strain-energy density corresponding to the distortion）。

将用主应力表示的三向应力状态（图 10-13a）分解为图 10-13b、c 所示的两种应力状态的叠加。其中，$\overline{\sigma}$ 称为平均应力（average stress）：

$$\overline{\sigma} = \frac{1}{3}(\sigma_1 + \sigma_2 + \sigma_3) \qquad (10\text{-}20)$$

图 10-13b 所示为三向等拉应力状态，在这种应力状态作用下，微元只产生体积改变，而没有形状改变。图 10-13c 所示的应力状态，读者可以证明，它将使微元只产生形状改变，而没有体积改变。

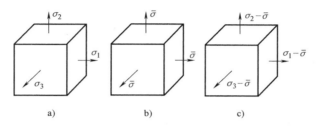

图 10-13　微元的形状改变与体积改变

对于图 10-13b 中的微元，将式（10-20）代入式（10-18），算得其体积改变能密度

$$\nu_V = \frac{1-2\nu}{6E}(\sigma_1 + \sigma_2 + \sigma_3)^2 \qquad (10\text{-}21)$$

将式（10-18）和式（10-21）代入式（10-19），得到微元的畸变能密度

$$v_d = \frac{1+\nu}{6E}\left[(\sigma_1 - \sigma_2)^2 + (\sigma_2 - \sigma_3)^2 + (\sigma_3 - \sigma_1)^2\right] \qquad (10\text{-}22)$$

10.6　复杂应力状态下的强度设计准则

前面已经提到，大量试验结果表明，材料在常温、静载作用下主要发生两种形式的强度失效：屈服和断裂。

本节将通过对屈服和断裂原因的假说，直接应用单向拉伸的试验结果，建立材料在各种应力状态下的屈服与断裂的失效判据，以及相应的设计准则。国内的材料力学教材关于强度设计准则，一直沿用苏联所用的名词，叫作强度理论。

关于断裂的准则有最大拉应力准则和最大拉应变准则，由于最大拉应变准则只与少数材料的试验结果相吻合，工程上已经很少应用。关于屈服的准则主要有最大切应力准则和畸变能密度准则。

10.6.1　最大拉应力准则

最大拉应力准则（maximum tensile stress criterion）是关于无裂纹脆性材料构件的断裂失

效的判据和设计准则。这一准则最早由英国的兰金（Rankine）提出，他认为引起材料断裂破坏的原因是由于最大正应力达到某个共同的极限值。对于拉、压强度相同的材料，这一准则现在已被修正为最大拉应力准则，并且作为断裂失效的准则。

这一准则认为：无论材料处于什么应力状态，只要发生脆性断裂，其共同原因都是由于微元内的最大拉应力 σ_{max} 达到了某个共同的极限值 σ_{max}^0。

根据这一准则，"无论什么应力状态"，当然包括单向应力状态。脆性材料单向拉伸试验结果表明，当横截面上的正应力 $\sigma = \sigma_b$ 时发生脆性断裂；对于单向拉伸，横截面上的正应力就是微元所有方向面中的最大正应力，即 $\sigma_{max} = \sigma$；所以 σ_b 就是所有应力状态发生脆性断裂的极限值，为

$$\sigma_{max}^0 = \sigma_b \tag{a}$$

同时，无论什么应力状态，只要存在大于零的正应力，σ_1 就是最大拉应力，即

$$\sigma_{max} = \sigma_1 \tag{b}$$

比较式（a）、式（b），所有应力状态发生脆性断裂的失效判据为

$$\sigma_1 = \sigma_b \tag{10-23}$$

相应的设计准则为

$$\sigma_1 \leqslant [\sigma] = \frac{\sigma_b}{n_b} \tag{10-24}$$

式中，σ_b 为材料的强度极限；n_b 为对应的安全因数。

这一准则与均质的脆性材料（如玻璃、石膏以及某些陶瓷）的试验结果吻合得较好。

国内的一些材料力学与工程力学教材中，最大拉应力准则又称为第一强度理论。

*10.6.2　最大拉应变准则

最大拉应变准则（maximum tensile strain criterion）也是关于无裂纹脆性材料构件断裂失效的判据和设计准则。

这一准则认为：无论材料处于什么应力状态，只要发生脆性断裂，其共同原因都是由于微元的最大拉应变 ε_1 达到了某个共同的极限值 ε_1^0。

根据这一准则以及胡克定律，单向应力状态的最大拉应变 $\varepsilon_{max} = \dfrac{\sigma_{max}}{E} = \dfrac{\sigma}{E}$，$\sigma$ 为横截面上的正应力；脆性材料单向拉伸试验结果表明，当 $\sigma = \sigma_b$ 时发生脆性断裂，这时的最大应变值为 $\varepsilon_{max}^0 = \dfrac{\sigma_{max}}{E} = \dfrac{\sigma_b}{E}$；所以 $\dfrac{\sigma_b}{E}$ 就是所有应力状态发生脆性断裂的极限值，为

$$\varepsilon_{max}^0 = \frac{\sigma_b}{E} \tag{c}$$

同时，对于主应力为 σ_1、σ_2、σ_3 的任意应力状态，根据广义胡克定律，最大拉应变为

$$\varepsilon_{max} = \frac{\sigma_1}{E} - \nu \frac{\sigma_2}{E} - \nu \frac{\sigma_3}{E} = \frac{1}{E}(\sigma_1 - \nu\sigma_2 - \nu\sigma_3) \tag{d}$$

比较式（c）、式（d），所有应力状态发生脆性断裂的失效判据为

$$\sigma_1 - \nu(\sigma_2 + \sigma_3) = \sigma_b \tag{10-25}$$

相应的设计准则为

$$\sigma_1 - \nu(\sigma_2 + \sigma_3) \leqslant [\sigma] = \frac{\sigma_b}{n_b} \tag{10-26}$$

式中，σ_b 为材料的强度极限；n_b 为对应的安全因数。

这一准则只与少数脆性材料的试验结果吻合。

最大拉应变准则又称为第二强度理论。

10.6.3　最大切应力准则

最大切应力准则（maximum shearing stress criterion）是关于屈服的准则之一。这一准则认为：无论材料处于什么应力状态，只要发生屈服（或剪断），其共同原因都是由于微元内的最大切应力 τ_{max} 达到了某个共同的极限值 τ_{max}^0。

根据这一准则，由拉伸试验得到的屈服应力 σ_s，即可确定各种应力状态下发生屈服时最大切应力的极限值 τ_{max}^0。

轴向拉伸试验发生屈服时，横截面上的正应力达到屈服强度，即 $\sigma = \sigma_s$，此时最大切应力为

$$\tau_{max} = \frac{\sigma_1 - \sigma_3}{2} = \frac{\sigma}{2} = \frac{\sigma_s}{2}$$

因此，根据最大切应力准则，$\sigma_s/2$ 即为所有应力状态下发生屈服时最大切应力的极限值，即

$$\tau_{max}^0 = \frac{\sigma_s}{2} \tag{e}$$

同时，对于主应力为 σ_1、σ_2、σ_3 的任意应力状态，其最大切应力为

$$\tau_{max} = \frac{\sigma_1 - \sigma_3}{2} \tag{f}$$

比较式（e）、式（f），任意应力状态发生屈服时的失效判据可以写成

$$\sigma_1 - \sigma_3 = \sigma_s \tag{10-27}$$

据此，得到相应的设计准则

$$\sigma_1 - \sigma_3 \leqslant [\sigma] = \frac{\sigma_s}{n_s} \tag{10-28}$$

式中，$[\sigma]$ 为许用应力；n_s 为安全因数。

最大切应力准则最早由法国工程师、科学家库仑（Coulomb）于 1773 年提出，是关于剪断的准则，并应用于建立土的破坏条件。1864 年特雷斯卡（Tresca）通过挤压试验研究屈服现象和屈服准则，将剪断准则发展为屈服准则，因而这一准则又称为特雷斯卡准则。

试验结果表明，这一准则能够较好地描述低强化韧性材料（例如退火钢）的屈服状态。

最大切应力准则又称为第三强度理论。

10.6.4　畸变能密度准则

畸变能密度准则（criterion of strain energy density corresponding to distortion）也是一个关于屈服的准则。这一准则认为：无论材料处于什么应力状态，只要发生屈服（或剪断），其

共同原因都是由于微元内的畸变能密度 v_d 达到了某个共同的极限值 v_d^0。

根据这一准则，由拉伸屈服试验结果 σ_s，即可确定各种应力状态下发生屈服时畸变能密度的极限值 v_d^0。

因为单向拉伸试验至屈服时，$\sigma_1 = \sigma_s$、$\sigma_2 = \sigma_3 = 0$，这时的畸变能密度，就是所有应力状态发生屈服时的极限值，即

$$v_d^0 = \frac{1+\nu}{6E}[(\sigma_1-\sigma_2)^2+(\sigma_2-\sigma_3)^2+(\sigma_3-\sigma_1)^2] = \frac{1+\nu}{3E}\sigma_s^2 \tag{g}$$

同时，对于主应力为 σ_1、σ_2、σ_3 的任意应力状态，其畸变能密度为

$$v_d = \frac{1+\nu}{6E}[(\sigma_1-\sigma_2)^2+(\sigma_2-\sigma_3)^2+(\sigma_3-\sigma_1)^2] \tag{h}$$

比较式（g）、式（h），主应力为 σ_1、σ_2、σ_3 的任意应力状态屈服失效判据为

$$\frac{1}{2}[(\sigma_1-\sigma_2)^2+(\sigma_2-\sigma_3)^2+(\sigma_3-\sigma_1)^2] = \sigma_s^2 \tag{10-29}$$

相应的设计准则为

$$\sqrt{\frac{1}{2}[(\sigma_1-\sigma_2)^2+(\sigma_2-\sigma_3)^2+(\sigma_3-\sigma_1)^2]} \leqslant [\sigma] = \frac{\sigma_s}{n_s} \tag{10-30}$$

畸变能密度准则由米泽斯（Mises）于 1913 年从修正最大切应力准则出发提出的。1924 年德国的亨奇（Hencky）从畸变能密度出发对这一准则做了解释，从而形成了畸变能密度准则，因此，这一准则又称为米泽斯准则。

1926 年，德国的洛德（Lode）通过薄壁圆管同时承受轴向拉伸与内压力时的屈服试验，验证米泽斯准则。他发现：对于碳素钢和合金钢等韧性材料，米泽斯准则与试验结果吻合得相当好。其他大量的试验结果还表明，米泽斯准则能够很好地描述铜、镍、铝等大量工程韧性材料的屈服状态。

国内的一些材料力学与工程力学教材中，畸变能密度准则又称为第四强度理论。

【例题 10-7】 已知铸铁构件上危险点处的应力状态。如图 10-14 所示。若铸铁拉伸许用应力为 $[\sigma]^+ = 30\text{MPa}$，试校核该点处的强度是否安全。

解：根据所给的应力状态，在微元各个面上只有拉应力而无压应力。因此，可以认为铸铁在这种应力状态下可能发生脆性断裂，故采用最大拉应力准则，即

$$\sigma_1 \leqslant [\sigma]^+$$

对于所给的平面应力状态，可算得非零主应力值为

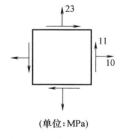

（单位：MPa）

图 10-14　例题 10-7 图

$$\left.\begin{array}{l}\sigma'\\\sigma''\end{array}\right\} = \frac{\sigma_x+\sigma_y}{2} \pm \frac{1}{2}\sqrt{(\sigma_x-\sigma_y)^2+4\tau_{xy}^2}$$

$$= \left[\frac{10+23}{2} \pm \frac{1}{2}\sqrt{(10-23)^2+4\times(-11)^2}\right] \times 10^6 \text{Pa}$$

$$= (16.5 \pm 12.78) \times 10^6 \text{Pa} = \begin{cases} 29.28\text{MPa} \\ 3.72\text{MPa} \end{cases}$$

因为是平面应力状态，有一个主应力为零，故三个主应力分别为

$$\sigma_1 = 29.28\text{MPa}, \quad \sigma_2 = 3.72\text{MPa}, \quad \sigma_3 = 0$$

显然，

$$\sigma_1 = 29.28\text{MPa} < [\sigma] = 30\text{MPa}$$

故此危险点强度是足够的。

【例题 10-8】　某结构上危险点处的应力状态如图 10-15 所示，其中 $\sigma = 116.7\text{MPa}$，$\tau = 46.3\text{MPa}$。材料为钢，许用应力 $[\sigma] = 160\text{MPa}$。试校核此结构是否安全。

解：对于这种平面应力状态，不难求得非零的主应力为

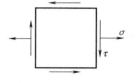

图 10-15　例题 10-8 图

$$\left.\begin{array}{c} \sigma' \\ \sigma'' \end{array}\right\} = \frac{\sigma}{2} \pm \frac{1}{2}\sqrt{\sigma^2 + 4\tau^2}$$

因为有一个主应力为零，故有

$$\begin{cases} \sigma_1 = \dfrac{\sigma}{2} + \dfrac{1}{2}\sqrt{\sigma^2 + 4\tau^2} \\[2mm] \sigma_2 = 0 \\[2mm] \sigma_3 = \dfrac{\sigma}{2} - \dfrac{1}{2}\sqrt{\sigma^2 + 4\tau^2} \end{cases} \tag{10-31}$$

钢材在这种应力状态下可能发生屈服，故可采用最大切应力或畸变能密度准则进行强度计算。根据最大切应力准则和畸变能密度准则，有

$$\sigma_1 - \sigma_3 = \sqrt{\sigma^2 + 4\tau^2} \leqslant [\sigma] \tag{10-32}$$

$$\sqrt{\frac{1}{2}\left[(\sigma_1 - \sigma_2)^2 + (\sigma_2 - \sigma_3)^2 + (\sigma_3 - \sigma_1)^2\right]} = \sqrt{\sigma^2 + 3\tau^2} \leqslant [\sigma] \tag{10-33}$$

将已知的 σ 和 τ 数值代入上述两不等式的左侧，得

$$\sqrt{\sigma^2 + 4\tau^2} = \sqrt{116.7^2 \times 10^{12} + 4 \times 46.3^2 \times 10^{12}}\,\text{Pa} = 149.0 \times 10^6\,\text{Pa} = 149.0\text{MPa}$$

$$\sqrt{\sigma^2 + 3\tau^2} = \sqrt{116.7^2 \times 10^{12} + 3 \times 46.3^2 \times 10^{12}}\,\text{Pa} = 141.6 \times 10^6\,\text{Pa} = 141.6\text{MPa}$$

二者均小于 $[\sigma] = 160\text{MPa}$。可见，采用最大切应力准则或畸变能密度准则进行强度校核，该结构都是安全的。

10.7　圆轴承受弯曲与扭转共同作用时的强度计算

10.7.1　计算简图

借助于带轮或齿轮传递功率的传动轴，如图 10-16a 所示。工作时在齿轮的齿上均有外力作用。将作用在齿轮上的力向轴的截面形心简化便得到与之等效的力和力偶，这表明轴将

承受横向载荷和扭转载荷，如图 10-16b 所示。为简单起见，可以用轴线受力图代替图 10-16b 中的受力图，如图 10-16c 所示。这种图称为传动轴的计算简图。

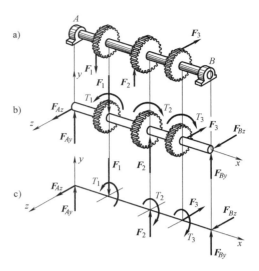

为对承受弯曲与扭转共同作用下的圆轴进行强度设计，一般需画出弯矩图和扭矩图（剪力一般忽略不计），并据此确定传动轴上可能的危险面。因为是圆截面，所以当危险面上有两个弯矩 M_y 和 M_z 同时作用时，应按矢量求和的方法，确定危险面上总弯矩 M 的大小与方向（图 10-17a、b）。

10.7.2　危险点及其应力状态

根据截面上的总弯矩 M 和扭矩 M_x 的实际方向，以及它们分别产生的正应力和切应力分布，即可确定承受弯曲与扭转圆轴的危险点及其应力状态，如图 10-18a、b 所示。微元截面上的正应力和切应力分别为

图 10-16　传动轴及其计算简图

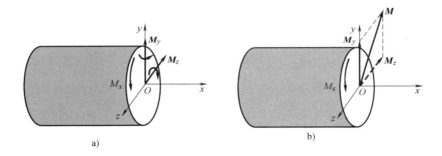

图 10-17　危险截面上的内力分量

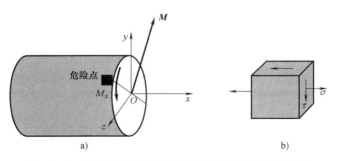

图 10-18　承受弯曲与扭转圆轴的危险点及其应力状态

$$\sigma = \frac{M}{W}, \qquad \tau = \frac{M_x}{W_P}$$

其中，

$$W = \frac{\pi d^3}{32}, \quad W_P = \frac{\pi d^3}{16}$$

式中，d 为圆轴的直径。

10.7.3 强度设计准则与设计公式

这一应力状态与例题 10-8 中的应力状态相同。因为承受弯曲与扭转的圆轴一般由韧性材料制成，故可用最大切应力准则或畸变能密度准则作为强度设计的依据。于是，得到与式（10-32）、式（10-33）完全相同的设计准则：

$$\sqrt{\sigma^2 + 4\tau^2} \leqslant [\sigma]$$

$$\sqrt{\sigma^2 + 3\tau^2} \leqslant [\sigma]$$

将 σ 和 τ 的表达式代入上式，并考虑到 $W_P = 2W$，便得到

$$\frac{\sqrt{M^2 + M_x^2}}{W} \leqslant [\sigma] \tag{10-34}$$

$$\frac{\sqrt{M^2 + 0.75M_x^2}}{W} \leqslant [\sigma] \tag{10-35}$$

引入记号

$$M_{r3} = \sqrt{M^2 + M_x^2} = \sqrt{M_x^2 + M_y^2 + M_z^2} \tag{10-36}$$

$$M_{r4} = \sqrt{M^2 + 0.75M_x^2} = \sqrt{0.75M_x^2 + M_y^2 + M_z^2} \tag{10-37}$$

式（10-34）、式（10-35）变为

$$\frac{M_{r3}}{W} \leqslant [\sigma] \tag{10-38}$$

$$\frac{M_{r4}}{W} \leqslant [\sigma] \tag{10-39}$$

式中，M_{r3} 和 M_{r4} 分别称为基于最大切应力准则和基于畸变能密度准则的计算弯矩或相当弯矩（equivalent bending moment）。

将 $W = \pi d^3/32$ 代入式（10-38）、式（10-39），便得到承受弯曲与扭转的圆轴直径的设计公式：

$$d \geqslant \sqrt[3]{\frac{32M_{r3}}{\pi[\sigma]}} \approx \sqrt[3]{10\frac{M_{r3}}{[\sigma]}} \tag{10-40}$$

$$d \geqslant \sqrt[3]{\frac{32M_{r4}}{\pi[\sigma]}} \approx \sqrt[3]{10\frac{M_{r4}}{[\sigma]}} \tag{10-41}$$

需要指出的是，对于承受纯扭转的圆轴，只要令 M_{r3} 的表达式（10-36）或 M_{r4} 的表达式（10-37）中的弯矩 $M = 0$，即可进行同样的设计计算。

【例题 10-9】 图 10-19 所示的电动机的功率 $P = 9\text{kW}$，转速 $n = 715\text{r/min}$，带轮的直

径 $D=250\text{mm}$，带松边拉力为 F，紧边拉力为 $2F$。电动机轴外伸部分长度 $l=120\text{mm}$，轴的直径 $d=40\text{mm}$。若已知许用应力 $[\sigma]=60\text{MPa}$，试用最大切应力准则校核电动机轴的强度。

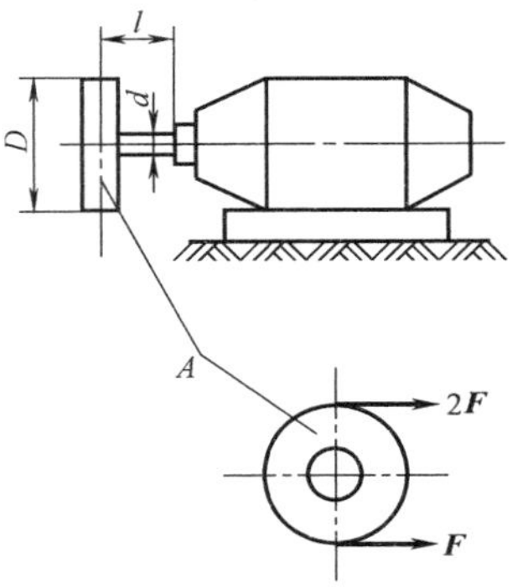

图 10-19　例题 10-9 图

解：（1）计算外加力偶的力偶矩以及带拉力

电动机通过带轮输出功率，因而承受由带拉力引起的扭转和弯曲共同作用。根据轴传递的功率、轴的转速与外加力偶矩之间的关系，作用在带轮上的外加力偶矩为

$$M_e=9549\times\frac{P}{n}=9549\times\frac{9\text{kW}}{715\text{r/min}}=120.2\text{N}\cdot\text{m}$$

根据作用在带上的拉力与外加力偶矩之间的关系，有

$$2F\times\frac{D}{2}-F\times\frac{D}{2}=M_e$$

于是，作用在带上的拉力

$$F=\frac{2M_e}{D}=\frac{2\times120.2\text{N}\cdot\text{m}}{250\times10^{-3}\text{m}}=961.6\text{N}$$

（2）确定危险面上的弯矩和扭矩

将作用在带轮上的带拉力向轴线简化，得到一个力和一个力偶，即

$$F_R=3F=3\times961.6\text{N}=2884.8\text{N},\quad M_e=120.2\text{N}\cdot\text{m}$$

轴的左端可以看作自由端，右端可视为固定端约束。由于问题比较简单，可以不必画出弯矩图和扭矩图，就可以直接判断出固定端处的横截面为危险面，其上的弯矩和扭矩分别为

$$M_{max}=F_R\times l=3F\times l=3\times961.6\text{N}\times120\times10^{-3}\text{m}=346.2\text{N}\cdot\text{m},\quad M_x=M_e=120.2\text{N}\cdot\text{m}$$

应用最大切应力准则，由式（10-34），有

$$\frac{\sqrt{M^2+M_x^2}}{W}=\frac{\sqrt{(346.2\text{N}\cdot\text{m})^2+(120.2\text{N}\cdot\text{m})^2}}{\dfrac{\pi(40\times10^{-3}\text{m})^3}{32}}=58.32\times10^6\text{Pa}=58.32\text{MPa}\leqslant[\sigma]$$

所以，电动机轴的强度是安全的。

【例题 10-10】　曲拐由铅垂杆 AB 和水平杆 BD 组成，铅垂杆下端固定，杆的直径为 d；自由端 D 处承受平行于 y-z 平面、沿着 y 轴负方向的外加载荷 F，如图 10-20a 所示。已知：$F=600\text{N}$；$d=30\text{mm}$。不考虑剪力的影响。

（1）确定固定端截面上的内力分量。

（2）确定固定端截面边界与 y 轴交点 H 处的应力状态及其上的正应力和切应力。

（3）确定 H 点的主应力和最大切应力。

解：（1）确定固定端截面上的内力分量

以固定端为坐标原点，建立 A-xyz 坐标系。将作用在 D 端的载荷 F 向固定端截面分别投影和取矩，得到 3 个内力分量如图 10-20b 所示。其中

弯矩

$$M_z=F\times350\text{mm}=210\times10^3\text{N}\cdot\text{mm}=210\text{N}\cdot\text{m} \tag{1}$$

扭矩

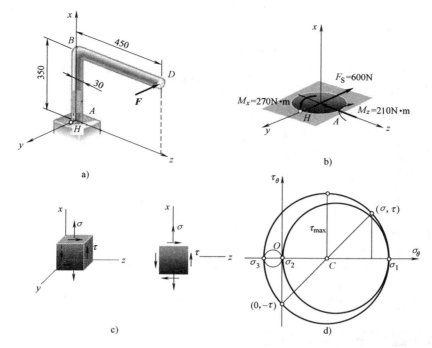

图 10-20　例题 10-10 图

$$M_x = F \times 450 \text{mm} = 270 \times 10^3 \text{N} \cdot \text{mm} = 270 \text{N} \cdot \text{m} \tag{2}$$

剪力

$$F_S = F = 600 \text{N} \tag{3}$$

方向如图所示。

（2）**确定 H 点的应力状态**

确定固定端截面上的内力分量

弯矩 M_z 在 H 点产生拉应力，其值为

$$\sigma = \frac{M_z}{W_z} = \frac{32 M_z}{\pi d^3} = \frac{32 \times 210}{\pi (30 \times 10^{-3})^3} \text{Pa} = 79.2 \times 10^6 \text{Pa} = 79.2 \text{MPa} \tag{4}$$

扭矩 M_x 在 H 点产生切应力，方向与 z 正向相同，其值为

$$\tau = \frac{M_x}{W_P} = \frac{16 M_x}{\pi d^3} = \frac{16 \times 270}{\pi (30 \times 10^{-3})^3} \text{Pa} = 50.9 \times 10^6 \text{Pa} = 50.9 \text{MPa} \tag{5}$$

根据弯曲切应力方向，剪力 F_S 产生的切应力，在 H 点等于零。

于是 H 点的应力状态如图 10-20c 所示。此属平面应力状态，与 y 轴垂直的方向面上没有应力作用，故为主平面，其上的正应力为主应力，这一主应力等于零。

（3）**确定 H 点的主应力和最大切应力**

根据图 10-20c 所示的应力状态，可以画出平面应力状态的 1 个应力圆，得到 2 个非零的主应力。考虑到有 1 个为零的主应力，可以画出表示 H 点应力状态的 3 个应力圆，如图 10-20d 所示。

根据图中所示应力圆，得到 H 点的 3 个主应力：

$$\begin{cases} \sigma_1 = \dfrac{\sigma}{2} + \dfrac{1}{2}\sqrt{\sigma^2 + 4\tau^2} \\[2mm] \sigma_2 = 0 \\[2mm] \sigma_3 = \dfrac{\sigma}{2} - \dfrac{1}{2}\sqrt{\sigma^2 + 4\tau^2} \end{cases} \qquad (6)$$

将正应力和切应力分析的结果式（4）和式（5）代入式（6），得到

$$\sigma_1 = \left(\frac{79.2}{2} + \frac{1}{2}\sqrt{79.2^2 + 4\times 50.9^2} \right) \text{MPa} = 104.1\text{MPa}$$

$$\sigma_2 = 0$$

$$\sigma_3 = \left(\frac{79.2}{2} - \frac{1}{2}\sqrt{79.2^2 + 4\times 50.9^2} \right) \text{MPa} = -24.89\text{MPa}$$

H 点的最大切应力

$$\tau_{\max} = \frac{\sigma_1 - \sigma_3}{2} = \frac{104.1 - (-24.89)}{2} = 64.50\text{MPa}$$

10.8 薄壁容器强度设计简述

承受内压的薄壁容器是化工、热能、空调、制药、石油、航空等工业部门重要的零件或部件。薄壁容器的设计关系着安全生产，关系着人民的生命与国家财产的安全。本节首先介绍承受内压的薄壁容器的应力分析，然后对薄壁容器设计做一简述。

10.8.1 环向应力与纵向应力

考察图 10-21a 所示的两端封闭的、承受内压的薄壁容器。容器承受内压作用后，不仅

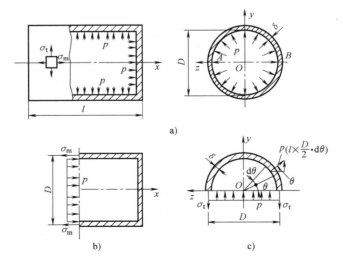

图 10-21 薄壁容器中的应力

198

要产生轴向变形，而且在圆周方向也要发生变形，即圆周周长增加。

因此，薄壁容器承受内压后，在横截面和纵截面上都将产生应力。作用在横截面上的正应力沿着容器轴线方向，故称为轴向应力或纵向应力（longitudinal stress），用 σ_m 表示；作用在纵截面上正应力沿着圆周的切线方向，故称为环向应力（hoop stress），用 σ_t 表示。

因为容器壁较薄（$D/\delta \gg 1$），若不考虑端部效应，可认为上述两种应力均沿容器厚度方向均匀分布。因此，可以采用平衡方法和由流体静力学得到的结论，导出纵向和环向应力与平均直径 D、壁厚 δ、内压 p 的关系式。而且，由于壁很薄，可用平均直径近似代替内径。

用横截面和纵截面分别将容器截开，其受力分别如图 10-21b、c 所示。根据平衡方程

$$\sum F_x = 0, \quad \sigma_m(\pi D\delta) - p \times \frac{\pi D^2}{4} = 0$$

$$\sum F_y = 0, \quad \sigma_t(l \times 2\delta) - p \times D \times l = 0$$

可以得到纵向应力和环向应力的计算式分别为

$$\begin{cases} \sigma_m = \dfrac{pD}{4\delta} \\[2mm] \sigma_t = \dfrac{pD}{2\delta} \end{cases} \tag{10-42}$$

上述分析中，只涉及了容器表面的应力状态。在容器内壁，由于内压作用，还存在垂直于内壁的径向应力，$\sigma_r = -p$。但是，对于薄壁容器，由于 $D/\delta \gg 1$，故 $\sigma_r = -p$ 与 σ_m 和 σ_t 相比甚小。而且 σ_r 自内向外沿壁厚方向逐渐减小，至外壁时变为零。因此，忽略 σ_r 是合理的。

10.8.2　强度设计简述

承受内压的薄壁容器，在忽略径向应力的情形下，其各点的应力状态均为平面应力状态，如图 10-21a 中所示。而且 σ_m、σ_t 都是主应力。于是，按照代数值大小顺序，三个主应力分别为

$$\begin{cases} \sigma_1 = \sigma_t = \dfrac{pD}{2\delta} \\[2mm] \sigma_2 = \sigma_m = \dfrac{pD}{4\delta} \\[2mm] \sigma_3 = 0 \end{cases} \tag{10-43}$$

以此为基础，考虑到如果薄壁容器由韧性材料制成，可以采用最大切应力或畸变能密度准则进行强度设计。例如，应用最大切应力准则，有

$$\sigma_1 - \sigma_3 = \frac{pD}{2\delta} - 0 \leqslant [\sigma]$$

由此得到壁厚的设计公式

$$\delta \geqslant \frac{pD}{2[\sigma]} + C \tag{10-44}$$

式中，C 为考虑加工、腐蚀等影响的附加壁厚量，有关的设计规范中都有明确的规定，不属

于本书讨论的范围。

【例题 10-11】 图 10-21a 所示承受内压的薄壁容器。为测量容器所承受的内压力值，在容器表面用电阻应变片测得环向应变 $\varepsilon_t = 350 \times 10^{-6}$。若已知容器平均直径 $D = 500\text{mm}$，壁厚 $\delta = 10\text{mm}$，容器材料的弹性模量 $E = 210\text{GPa}$，泊松比 $\nu = 0.25$。试确定容器所承受的内压力。

解： 容器表面各点均承受二向拉伸应力状态，如图 10-21a 所示。所测得的环向应变不仅与环向应力有关，而且与纵向应力有关。根据广义胡克定律

$$\varepsilon_t = \frac{\sigma_t}{E} - \nu \frac{\sigma_m}{E}$$

将式（10-42）和有关数据代入上式，解得

$$p = \frac{2E\delta\varepsilon_t}{D(1-0.5\nu)} = \frac{2 \times 210\text{GPa} \times 10\text{mm} \times 350 \times 10^{-6}}{500\text{mm} \times (1-0.5 \times 0.25)} = 3.36 \times 10^{-3}\text{GPa} = 3.36\text{MPa}$$

【例题 10-12】 图 10-22a 所示为车用天然气储罐，其外表面纵向粘贴一应变片 B，应变片与水平方向夹 45°角。当储罐承受内压 p 时，测得应变片读数为 $\varepsilon_B = 250 \times 10^{-6}$。已知储罐的内径 $D = 1.5\text{m}$，$p = 2.0\text{MPa}$，所用钢材的弹性模量 $E = 200\text{GPa}$，泊松比 $\nu = 0.3$。试计算储罐的壁厚。

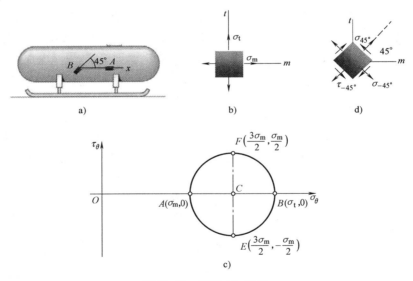

图 10-22 例题 10-12 图

解：（1）确定储罐外壁任意点应力状态中 45°方向和垂直于 45°方向的应力

根据上例中的应力状态（图 10-22b），可以画出对应的应力圆，如图 10-22c 所示。将应力圆的半径 CB 顺时针转过 $2 \times 45°$角，达到 E 点，E 点的横坐标 $\dfrac{3\sigma_m}{2}$ 即为微元自 σ_t 作用面顺时针转过 45°角的方向面上的正应力；将应力圆的半径 CB 逆时针转过 $2 \times 45°$角，达到 F 点，F 点的横坐标 $\dfrac{3\sigma_m}{2}$ 即为微元自 σ_t 作用面逆时针转过 45°角的方向面上的正应力。据此，

旋转 45° 角后与原来应力状态等价的微元如图 10-22d 所示。

（2）**应用广义胡克定律建立应力与应变之间的关系**

对图 10-22d 所示的应力状态应用广义胡克定律，有

$$\varepsilon_{45°} = \frac{\sigma_{45°}}{E} - \nu\frac{\sigma_{-45°}}{E} \tag{1}$$

其中

$$\sigma_{45°} = \sigma_{-45°} = \frac{3}{2}\sigma_m = \frac{3}{2}\times\frac{pD}{4\delta} = \frac{3pD}{8\delta} \tag{2}$$

将式（2）代入式（1），有

$$\varepsilon_{45°} = \frac{3pD}{8E\delta}(1-\nu) \tag{3}$$

（3）**计算储罐的壁厚**

从式（3）解出

$$\delta = \frac{3pD}{8E\varepsilon_{45°}}(1-\nu) = \left[\frac{3\times2.0\times1.5}{8\times200\times10^9\times250\times10^{-6}}\times(1-0.3)\right]\text{m} = 15.75\times10^{-3}\text{m} = 15.75\text{mm}$$

10.9　结论与讨论

10.9.1　关于应力状态的几点重要结论

关于应力状态，有以下几点重要结论：

● 应力的点和面的概念以及应力状态的概念，不仅是工程力学的基础，而且也是其他变形体力学的基础。

● 应力状态方向面上的应力与应力圆的类比关系，为分析应力状态提供了一种重要手段。需要注意的是，不应当将应力圆作为图解工具，因而无须用绘图仪器画出精确的应力圆，只要徒手即可画出。根据应力圆中的几何关系，就可以得到所需要的答案。

● 要注意区分面内最大切应力与应力状态中的最大切应力。为此，对于平面应力状态，要正确确定 σ_1、σ_2、σ_3，然后由式（10-11）计算一点处的最大切应力。

10.9.2　平衡方法是分析应力状态最重要、最基本的方法

本章应用平衡方法建立了不同方向面上应力的表达式。但是，平衡方法的应用不仅限于此，在分析和处理某些复杂问题时，也是非常有效的。例如图 10-23a 所示的承受轴向拉伸的锥形杆（矩形截面），应用平衡方法可以证明：横截面 $A—A$ 上各点的应力状态不会完全相同。

需要注意的是，考察微元及其局部平衡时，参加平衡的量只能是力，而不是应力。应力只有乘以其作用面的面积后得到力才能参与平衡。

又如，图 10-23b 所示为从点 A 取出的应力状态，请读者应用平衡的方法，分析哪一种是正确的。

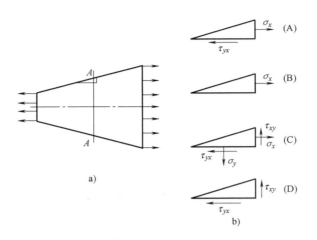

图 10-23 承受轴向拉伸的锥形杆的应力状态

10.9.3 正确应用广义胡克定律

对于一般应力状态的微元，其上某一方向的正应变不仅与这一方向上的正应力有关，而且还与单元体的另外两个垂直方向上的正应力有关。在小变形的条件下，切应力在其作用方向以及与之垂直的方向都不会产生正应变，但在其余方向仍将产生正应变。

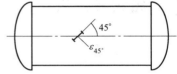

对于图 10-24 所示的承受内压的薄壁容器，怎样从表面一点处某一方向上的正应变（例如 $\varepsilon_{45°}$。）推知容器所受内压，或间接测量容器壁厚。这一问题具有重要的工程意义，请读者自行研究。

图 10-24 正确应用广义胡克定律

10.9.4 应用强度设计准则需要注意的几个问题

根据本章分析以及工程实际应用的要求，应用失效判据与设计准则时需要注意以下几方面问题。

1. 要注意不同设计准则的适用范围

上述设计准则只适用于某种确定的失效形式。因此，在实际应用中，应当先判别将会发生什么形式的失效——屈服还是断裂，然后选用合适的判据或准则。在大多数应力状态下，脆性材料将发生脆性断裂，因而应选用最大拉应力准则；而在大多数应力状态下，韧性材料将发生屈服和剪断，故应选用最大切应力或畸变能密度准则。

但是，必须指出，材料的失效形式，不仅取决于材料的力学行为，而且与其所处的应力状态、温度和加载速度等都有一定的关系。试验表明，韧性材料在一定的条件下（例如低温或三向拉伸时），会表现为脆性断裂；而脆性材料在一定的应力状态（例如三向压缩）下，会表现出塑性屈服或剪断。

2. 要注意强度设计的全过程

上述设计准则并不包括强度设计的全过程，而是在确定了危险点及其应力状态之后的计算过程。因此，在对构件或零部件进行强度计算时，要根据强度设计步骤进行。特别要注意的是，在复杂受力情况下，要正确确定危险点的应力状态，并根据可能的失效形式选择合适的设计准则。

3. 注意关于计算应力和应力强度在设计准则中的应用

工程上为了计算方便，常常将强度设计准则中直接与许用应力 $[\sigma]$ 相比较的量，称为计算应力或相当应力（equivalent stress），用 σ_{ri} 表示，$i = 1$、2、3、4，其中数码 1、2、3、4 分别表示了最大拉应力、最大拉应变、最大切应力和畸变能密度设计准则的序号。

近年来，一些科学技术文献中也将相当应力称为应力强度（stress strength），用 S_i 表示。不论是"计算应力"还是"应力强度"，它们本身都没有确切的物理含义，只是为了计算方便而引进的名词和记号。

对于不同的失效判据或设计准则，σ_{ri} 和 S_i 都是主应力 σ_1、σ_2、σ_3 的不同函数，即

$$\begin{cases} \sigma_{r1} = S_1 = \sigma_1 \\ \sigma_{r2} = S_2 = \sigma_1 - (\sigma_2 + \nu\sigma_3) \\ \sigma_{r3} = S_3 = \sigma_1 - \sigma_3 \\ \sigma_{r4} = S_4 = \sqrt{\dfrac{1}{2}\left[(\sigma_1 - \sigma_2)^2 + (\sigma_2 - \sigma_3)^2 + (\sigma_3 - \sigma_1)^2\right]} \end{cases} \tag{10-45}$$

于是，上述设计准则可以概括为

$$\sigma_{ri} \leqslant [\sigma] \quad (i = 1,2,3,4) \tag{10-46}$$

或

$$S_i \leqslant [\sigma] \quad (i = 1,2,3,4) \tag{10-47}$$

10-1　木制构件中的微元受力如习题 10-1 图所示，其中所示的角度为木纹方向与铅垂方向的夹角。试求：

（1）面内平行于木纹方向的切应力。

（2）垂直于木纹方向的正应力。

10-2　层合板构件中微元受力如习题 10-2 图所示，各层板之间用胶粘接，接缝方向如图所示。若已知胶层切应力不得超过 1MPa。试分析是否满足这一要求。

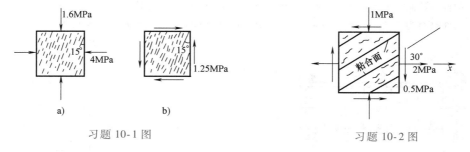

习题 10-1 图　　　　　　　　习题 10-2 图

10-3　从构件中取出的微元受力如习题 10-3 图所示，其中 AC 为自由表面（无外力作用）。试求 σ_x 和 τ_{xy}。

10-4 构件微元表面 AC 上作用有数值为 14MPa 的压应力，其余受力如习题 10-4 图所示。试求 σ_x 和 τ_{xy}。

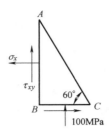

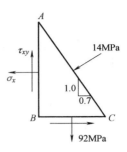

习题 10-3 图

习题 10-4 图

10-5 对于习题 10-5 图所示的应力状态，若要求其中的最大切应力 $\tau_{max} < 160$MPa，试求 τ_{xy} 取何值。

10-6 习题 10-6 图所示外径为 300mm 的钢管由厚度为 8mm 的钢带沿 20° 角的螺旋线卷曲焊接而成。试求下列情形下，焊缝上沿焊缝方向的切应力和垂直于焊缝方向的正应力。

（1）只承受轴向载荷 $F = 250$kN。

（2）只承受内压 $p = 5.0$MPa（两端封闭）。

（3）同时承受轴向载荷 $F = 250$kN 和内压 $p = 5.0$MPa（两端封闭）。

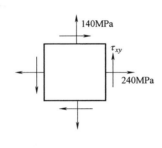

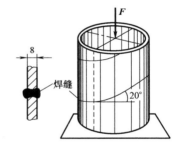

习题 10-5 图

习题 10-6 图

10-7 承受内压的铝合金制的圆筒形薄壁容器如习题 10-7 图所示。已知内压 $p = 3.5$MPa，材料的 $E = 75$GPa，$\nu = 0.33$。试求圆筒的半径改变量。

10-8 构件中危险点的应力状态如习题 10-8 图所示。试选择合适的准则对以下两种情形做强度校核：

（1）构件为钢制，$\sigma_x = 45$MPa，$\sigma_y = 135$MPa，$\sigma_z = 0$，$\tau_{xy} = 0$，许用应力 $[\sigma] = 160$MPa。

（2）构件材料为铸铁，$\sigma_x = 20$MPa，$\sigma_y = -25$MPa，$\sigma_z = 30$MPa，$\tau_{xy} = 0$，$[\sigma] = 30$MPa。

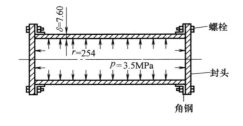

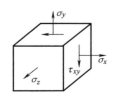

习题 10-7 图

习题 10-8 图

10-9　对于习题 10-9 图所示平面应力状态，各应力分量的可能组合有以下几种情形，试按最大切应力准则和畸变能密度准则分别计算此几种情形下的计算应力。

（1）$\sigma_x = 40\text{MPa}$，$\sigma_y = 40\text{MPa}$，$\tau_{xy} = 60\text{MPa}$。

（2）$\sigma_x = 60\text{MPa}$，$\sigma_y = -80\text{MPa}$，$\tau_{xy} = -40\text{MPa}$。

（3）$\sigma_x = -40\text{MPa}$，$\sigma_y = 50\text{MPa}$，$\tau_{xy} = 0$。

（4）$\sigma_x = 0$，$\sigma_y = 0$，$\tau_{xy} = 45\text{MPa}$。

10-10　传动轴受力如习题 10-10 图所示。若已知材料的 $[\sigma] = 120\text{MPa}$，试设计该轴的直径。

习题 10-9 图　　　　　　　　　　　习题 10-10 图

10-11　铝制圆轴右端固定、左端受力如习题 10-11 图所示。若轴的直径 $d = 32\text{mm}$，试确定点 a 和点 b 的应力状态，并计算 σ_{r3} 和 σ_{r4} 值。

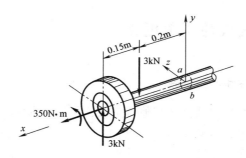

习题 10-11 图

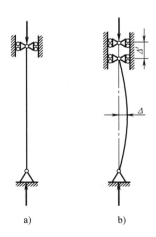

第 11 章
压杆的稳定性分析与设计

细长杆件承受轴向压缩载荷作用时，将会由于平衡的不稳定性而发生失效，这种失效称为**稳定性失效**（failure by lost stability），又称为**屈曲失效**（failure by buckling）。

什么是受压杆件的稳定性，什么是屈曲失效，按照什么准则进行设计才能保证压杆安全可靠地工作，这是工程常规设计的重要任务之一。

本章首先介绍关于弹性体平衡构形稳定性的基本概念，包括：平衡构形、平衡构形稳定与不稳定的概念以及弹性平衡稳定性的静力学判别准则。然后根据微弯的屈曲平衡构形，由平衡条件和小挠度微分方程以及端部约束条件，确定不同刚性支承条件下弹性压杆的临界力。最后，本章还将介绍工程中常用的压杆稳定设计方法——安全因数法。

11.1 弹性平衡稳定性的基本概念

11.1.1 平衡状态的稳定性和不稳定性

结构构件或机器零件在压缩载荷或其他特定载荷作用下发生变形，最终在某一位置保持平衡，这一位置称为平衡位置，又称为**平衡状态**或**平衡构形**（equilibrium configuration）。承受轴向压缩载荷的细长压杆，有可能存在两种平衡构形——直线的平衡构形与弯曲的平衡构形，分别如图 11-1a、b 所示。

当载荷小于一定的数值时，微小外界扰动（disturbance）使其偏离平衡构形，外界扰动除去后，构件仍能回复到初始平衡构形，则称初始的平衡构形是**稳定的**（stable）。扰动除去后，构件不能回复到原来的平衡构形，则称初始的平衡构形是**不稳定的**（unstable）。此即判别弹性平衡稳定性的**静力学准则**（statical criterion for elastic stability）。

不稳定的平衡构形在任意微小的外界扰动下，将转变为其他平衡构形。例如，不稳定的细长压杆的直线平衡构形，在外界的微小扰动下，将转变为弯曲的平衡构形。这一过程称为**屈曲**（buckling）或**失稳**（lost stability）。通常，屈曲将使构件失效，并导致相关的结构发生坍塌（collapse）。由于

图 11-1 压杆的两种平衡构形

206

这种失效具有突发性，常常带来灾难性后果。

11.1.2　临界状态与临界载荷

介于稳定平衡构形与不稳定平衡构形之间的平衡构形称为临界平衡构形，或称为临界状态（critical state）。处于临界状态的平衡构形，有的是稳定的，有的是不稳定的，也有的是中性的。非线性弹性稳定理论已经证明了：对于细长压杆，临界平衡构形是稳定的。

使杆件处于临界状态的压缩载荷称为临界载荷（critical load），用 F_{cr} 表示。

11.1.3　三种类型的压杆的不同临界状态

不是所有受压杆件都会发生屈曲，也不是所有发生屈曲的压杆都是弹性的。理论分析与试验结果都表明，根据不同的失效形式，受压杆件可以分为三种类型，它们的临界状态和临界载荷各不相同。

● 细长杆——发生弹性屈曲，当外加载荷 $F \leqslant F_{cr}$ 时，不发出屈曲；当 $F > F_{cr}$ 时，发生弹性屈曲，即当载荷除去后，杆仍能由弯形平衡构形回复到初始直线平衡构形。细长杆承受压缩载荷时，载荷与侧向屈曲位移之间的关系如图 11-2a 所示。

● 中长杆——发生弹塑性屈曲。当外加载荷 $F > F_{cr}$ 时，中长杆也会发生屈曲，但不再是弹性的，这是因为这时压杆上的某些部分已经出现塑性变形。中长杆承受压缩载荷时，载荷与侧向屈曲位移之间的关系如图 11-2b 所示。

● 粗短杆——不发生屈曲，而可能发生屈服或断裂。粗短杆承受压缩载荷时，载荷与轴向变形关系曲线如图 11-2c 所示。

显然，上述三种压杆的失效形式不同，临界载荷当然也各不相同。

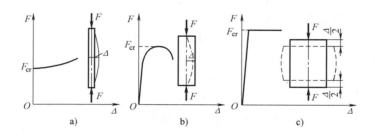

图 11-2　三类压杆不同的临界状态

11.2　细长压杆的临界载荷——欧拉临界力

11.2.1　两端铰支的细长压杆

从图 11-2a 所示的 F-Δ 曲线可以看出，当 $F > F_{cr}$ 时，$\Delta \neq 0$，这表明当 F 无限接近临界载荷 F_{cr} 时，在直线平衡构形附近无穷小的邻域内存在微弯的屈曲平衡构形。根据这一平衡构形，由平衡条件和小挠度微分方程，以及端部约束条件，即可确定临界载荷。

考察图 11-3a 所示的承受轴向压缩载荷两端铰支的理想直杆，令 F 无限接近临界载荷 F_{cr}，压杆由直线平衡构形转变为与之无限接近的微弯屈曲状态（图 11-3b），从任意横截面处将微弯屈曲状态下的压杆截开，其局部的受力如图 11-3c 所示。根据平衡条件，得到微弯屈曲状态时的弯矩

$$M = Fw \qquad \text{(a)}$$

由小挠度微分方程，在图示的坐标系中

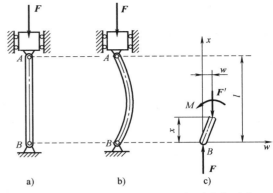

图 11-3　微弯屈曲状态下的局部受力与平衡

$$M = -EI \frac{\mathrm{d}^2 w}{\mathrm{d}x^2} \qquad \text{(b)}$$

将式（a）代入式（b），得到

$$\frac{\mathrm{d}^2 w}{\mathrm{d}x^2} + k^2 w = 0 \qquad \text{(11-1)}$$

这是压杆在微弯屈曲状态下的平衡微分方程，它是确定压杆临界载荷的主要依据，其中

$$w = w(x), \qquad k^2 = \frac{F}{EI} \qquad \text{(11-2)}$$

微分方程（11-1）的解是

$$w = A\sin kx + B\cos kx \qquad \text{(11-3)}$$

其中 A、B 为待定常数，由约束条件确定。

利用两铰支端处挠度都等于零的约束条件：

$$w(0) = 0, \qquad w(l) = 0$$

得到一线性代数方程组

$$\begin{cases} 0 \cdot A + B = 0 \\ \sin kl \cdot A + \cos kl \cdot B = 0 \end{cases} \qquad \text{(c)}$$

方程组（c）中，A、B 不全为零的条件是系数行列式等于零，即

$$\begin{vmatrix} 0 & 1 \\ \sin kl & \cos kl \end{vmatrix} = 0 \qquad \text{(d)}$$

由此解得

$$\sin kl = 0 \qquad \text{(11-4)}$$

据此，得到

$$kl = n\pi \quad (n = 1, 2, \cdots)$$

将 $k = n\pi/l$ 代入式（11-2），即可得到所要求的临界载荷的一般表达式

$$F_{cr} = \frac{n^2 \pi^2 EI}{l^2} \qquad \text{(11-5)}$$

当 $n = 1$ 时，所得到的就是具有实际意义的、最小的临界载荷计算公式

$$F_{cr} = \frac{\pi^2 EI}{l^2} \tag{11-6}$$

上述两式中，E 为压杆材料的弹性模量；I 为压杆横截面的形心主惯性矩；如果两端在各个方向上的约束都相同，I 则为压杆横截面的最小形心主惯性矩。

从式（c）中的第 1 式解出 $B=0$，连同 $k=n\pi/l$ 一起代入式（11-3），得到与直线平衡构形无限接近的屈曲位移函数，又称为屈曲模态（buckling mode）：

$$w(x) = A\sin\frac{n\pi x}{l} \tag{11-7}$$

式中，A 为不定常数，称为屈曲模态幅值（amplitude of buckling mode）；n 为屈曲模态的正弦半波数。

式（11-7）表明，与直线平衡构形无限接近的微弯屈曲位移是不确定的，这与本小节一开始所假定的任意微弯屈曲状态是一致的。

11.2.2　其他刚性支承细长压杆临界载荷的通用公式

不同刚性支承条件下的压杆，由静力学平衡方法得到的平衡微分方程和端部的约束条件都可能各不相同，确定临界载荷的表达式也因此而异，但基本分析方法和分析过程却是相同的。

对于细长杆，这些公式可以写成通用形式：

$$F_{cr} = \frac{\pi^2 EI}{(\mu l)^2} \tag{11-8}$$

这一表达式称为欧拉公式。其中 μl 为不同压杆屈曲后挠曲线上正弦半波的长度（图11-4），称为有效长度（effective length）；μ 为反映不同支承影响的系数，称为长度因数（coefficient of length），可由屈曲后的正弦半波长度与两端铰支压杆初始屈曲时的正弦半波长度的比值确定。

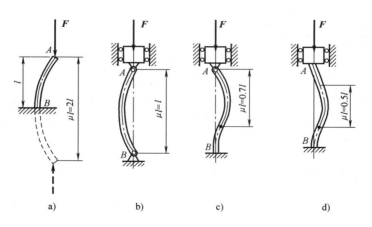

图 11-4　不同支承条件下压杆的屈曲波形

例如，一端固定另一端自由的压杆，其微弯屈曲波形如图 11-4a 所示，屈曲波形的正弦半波长度等于 $2l$。这表明，一端固定、另一端自由、杆长为 l 的压杆，其临界载荷相当于两端铰支、杆长为 $2l$ 压杆的临界载荷。所以长度因数 $\mu = 2$。

又如，图 11-4c 所示一端铰支、另一端固定压杆的屈曲波形，其正弦半波长度等于 $0.7l$，因而，临界载荷与两端铰支、长度为 $0.7l$ 的压杆相同。

再如，图 11-4d 所示两端固定压杆的屈曲波形，其正弦半波长度等于 $0.5l$，因而，临界载荷与两端铰支、长度为 $0.5l$ 的压杆相同。

需要注意的是，上述临界载荷公式，只有在微弯曲状态下压杆仍然处于弹性状态时才是成立的。

11.3 长细比的概念 三类不同压杆的判断

11.3.1 长细比的定义与概念

前面已经提到欧拉公式只有在弹性范围内才是适用的。这就要求在临界载荷作用下，压杆在直线平衡构形时，其横截面上的正应力小于或等于材料的比例极限，即

$$\sigma_{cr} = \frac{F_{cr}}{A} \leqslant \sigma_p \tag{11-9}$$

式中，σ_{cr} 称为临界应力（critical stress）；σ_p 为材料的比例极限。

对于某一压杆，当临界载荷 F_{cr} 尚未算出时，不能判断式（11-9）是否满足；当临界载荷算出后，如果式（11-9）不满足，则还需采用超过比例极限的临界载荷计算公式，重新计算。这些都会给实际设计带来不便。

能否在计算临界载荷之前，预先判断压杆是发生弹性屈曲还是发生超过比例极限的非弹性屈曲？或者不发生屈曲而只发生强度失效？为了回答这一问题，需要引进柔度（compliance）的概念。

柔度又称长细比（slenderness ratio），用 λ 表示，由下式定义：

$$\lambda = \frac{\mu l}{i} \tag{11-10}$$

式中，i 为压杆横截面的惯性半径：

$$i = \sqrt{\frac{I}{A}} \tag{11-11}$$

上述两式中：μ 为反映不同支承影响的长度因数；l 为压杆的长度；i 是全面反映压杆横截面形状与尺寸的几何量。所以，长细比是一个综合反映压杆长度、约束条件、截面尺寸和截面形状对压杆临界载荷影响的量。

11.3.2 三类不同压杆的区分

根据长细比的大小可以将压杆分成三类，并且可以判断和预测三类压杆将发生不同形式的失效。三类压杆是：

● 细长杆

当压杆的长细比 λ 大于或等于某个极限值 λ_p 时，即

$$\lambda \geqslant \lambda_p$$

压杆将发生弹性屈曲。这时，压杆在直线平衡构形下横截面上的正应力不超过材料的比例极限，这类压杆称为细长杆。

- **中长杆**

当压杆的长细比 λ 小于 λ_p，但大于或等于另一个极限值 λ_s 时，即

$$\lambda_p > \lambda \geqslant \lambda_s$$

压杆也会发生屈曲。这时，压杆在直线平衡构形下横截面上的正应力已经超过材料的比例极限，截面上某些部分已进入塑性状态。这种屈曲称为非弹性屈曲。这类压杆称为中长杆。

- **粗短杆**

长细比 λ 小于极限值 λ_s 时，

$$\lambda < \lambda_s$$

压杆不会发生屈曲，但可能发生屈服或断裂。这类压杆称为粗短杆。

11.3.3　三类压杆的临界应力公式

对于细长杆，根据临界应力公式（11-9）和欧拉公式（11-8）有

$$\sigma_{cr} = \frac{\pi^2 E}{\lambda^2} \tag{11-12}$$

对于中长杆，由于发生了塑性变形，理论计算比较复杂，工程中大多采用经验公式计算其临界应力，最常用的是直线公式：

$$\sigma_{cr} = a - b\lambda \tag{11-13}$$

式中，a 和 b 为与材料有关的常数，单位为 MPa。常用工程材料的 a 和 b 数值列于表 11-1 中。

对于粗短杆，因为不发生屈曲，而只发生屈服（韧性材料），故其临界应力即为材料的屈服应力，即

$$\sigma_{cr} = \sigma_s \tag{11-14}$$

将上述各式乘以压杆的横截面面积，即得到三类压杆的临界载荷。

表 11-1　常用工程材料的 a 和 b 数值

材料（σ_s,σ_b 的单位为 MPa）	a/MPa	b/MPa	材料（σ_s,σ_b 的单位为 MPa）	a/MPa	b/MPa
Q235 钢（$\sigma_s=235$,$\sigma_b\geqslant372$）	304	1.12	铸铁	332.2	1.454
优质碳素钢（$\sigma_s=306$,$\sigma_b\geqslant417$）	461	2.568	强铝	373	2.15
硅钢（$\sigma_s=355$,$\sigma_b=510$）	578	3.744			
铬钼钢	9807	5.296	木材	28.7	0.19

11.3.4　临界应力总图与 λ_p、λ_s 值的确定

根据三种压杆的临界应力表达式，在 $O\sigma_{cr}\lambda$ 坐标系中可以作出 σ_{cr}-λ 关系曲线，称为临界应力总图（figures of critical stresses），如图 11-5 所示。

根据临界应力总图中所示的 σ_{cr}-λ 关系，可以确定区分不同材料三类压杆的长细比极限值 λ_p、λ_s。

令细长杆的临界应力等于材料的比例极限（图 11-5 中的 B 点），得到

$$\lambda_p = \sqrt{\frac{\pi^2 E}{\sigma_p}} \qquad (11-15)$$

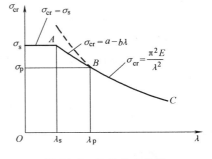

图 11-5　临界应力总图

对于不同的材料，由于 E、σ_p 各不相同，λ_p 的数值也不相同。一旦给定 E、σ_p，即可算得 λ_p。例如，对于 Q235 钢，$E = 206$ GPa、$\sigma_p = 200$MPa，由式（11-15）算得 $\lambda_p = 101$。

若令中长杆的临界应力等于屈服强度（图 11-5 中的 A 点），得到

$$\lambda_s = \frac{a - \sigma_s}{b} \qquad (11-16)$$

例如，对于 Q235 钢，$\sigma_s = 235$MPa，$a = 304$MPa，$b = 1.12$MPa，由上式可以算得 $\lambda_s = 61.6$。

11.4　压杆的稳定性设计

11.4.1　压杆稳定性设计内容

稳定性设计（stability design）一般包括：

● **确定临界载荷**

当压杆的材料、约束以及几何尺寸已知时，根据三类不同压杆的临界应力公式［式（11-12）~式（11-14）］，确定压杆的临界载荷。

● **稳定性安全校核**

当外加载荷、杆件各部分尺寸、约束以及材料性能均为已知时，验证压杆是否满足稳定性设计准则。

11.4.2　安全因数法与稳定性设计准则

为了保证压杆具有足够的稳定性，设计中，必须使杆件所承受的实际压缩载荷（又称为工作载荷）小于杆件的临界载荷，并且具有一定的安全裕度。

压杆的稳定性计算一般采用安全因数法与稳定系数法。本书只介绍安全因数法。

采用安全因数法时，为了保证压杆的稳定性，必须使压杆的安全因数满足稳定安全条件，即满足稳定性设计准则（criterion of design for stability）：

$$n_w \geq [n]_{st} \qquad (11-17)$$

式中，n_w 为工作安全因数，由下式确定：

$$n_w = \frac{F_{cr}}{F} = \frac{\sigma_{cr} A}{F} \qquad (11-18)$$

式中，F 为压杆的工作载荷；A 为压杆的横截面面积。

式（11-17）中，$[n]_{st}$ 为规定的稳定安全因数。在静载荷作用下，稳定安全因数应略高于强度安全因数。这是因为实际压杆不可能是理想直杆，而是具有一定的初始缺陷（例如初曲率），压缩载荷也可能具有一定的偏心度。这些因素都会使压杆的临界载荷降低。对于钢材，

取 $[n]_{st} = 1.8 \sim 3.0$；对于铸铁，取 $[n]_{st} = 5.0 \sim 5.5$；对于木材，取 $[n]_{st} = 2.8 \sim 3.2$。

11.4.3 压杆稳定性设计过程

根据上述设计准则，进行压杆的稳定性设计，首先必须根据材料的弹性模量与比例极限 E、σ_p、σ_s，由式（11-15）和式（11-16）计算出长细比的极限值 λ_p、λ_s；再根据压杆的长度 l、横截面的惯性矩 I 和面积 A，以及两端的支承条件 μ，计算压杆的实际长细比 λ；然后比较压杆的实际长细比值与极限值，判断属于哪一类压杆，选择合适的临界应力公式，确定临界载荷；最后，由式（11-18）计算压杆的工作安全因数，并验算是否满足稳定性设计准则式（11-17）。

对于简单结构，则需应用受力分析方法，首先确定哪些杆件承受压缩载荷，然后再按上述过程进行稳定性计算与设计。

11.5 压杆稳定性分析与稳定性设计示例

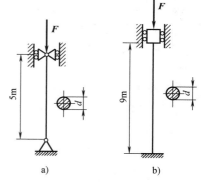

图 11-6 例题 11-1 图

【例题 11-1】 图 11-6a、b 所示的压杆，其直径均为 d，材料都是 Q235 钢，但二者长度和约束条件各不相同。试：

（1）分析哪一根杆的临界载荷较大。

（2）计算 $d = 160\text{mm}$，$E = 206\text{GPa}$ 时，两杆的临界载荷。

解：（1）计算长细比，判断哪一根杆的临界载荷大

因为 $\lambda = \mu l / i$，其中 $i = \sqrt{I/A}$，而二者均为圆截面且直径相同，故有

$$i = \sqrt{\frac{\pi d^4 / 64}{\pi d^2 / 4}} = \frac{d}{4}$$

因二者约束条件和杆长都不相同，所以 λ 也不一定相同。

对于两端铰支的压杆（图 11-6a），$\mu = 1$，$l = 5\text{m}$：

$$\lambda_a = \frac{\mu l}{i} = \frac{1 \times 5\text{m}}{\dfrac{d}{4}} = \frac{20\text{m}}{d}$$

对于两端固定的压杆（图 11-6b），$\mu = 0.5$，$l = 9\text{m}$：

$$\lambda_b = \frac{\mu l}{i} = \frac{0.5 \times 9\text{m}}{\dfrac{d}{4}} = \frac{18\text{m}}{d}$$

可见本例中两端铰支压杆的临界载荷，小于两端固定压杆的临界载荷。

（2）**计算各杆的临界载荷**

对于两端铰支的压杆

$$\lambda_a = \frac{\mu l}{i} = \frac{1 \times 5\text{m}}{\dfrac{d}{4}} = \frac{20\text{m}}{0.16\text{m}} = 125 > \lambda_p = 101$$

属于细长杆，利用欧拉公式计算临界力

$$F_{cr} = \sigma_{cr}A = \frac{\pi^2 E}{\lambda^2} \times \frac{\pi d^2}{4} = \frac{\pi^2 \times 206 \times 10^9\,\text{Pa}}{125^2} \times \frac{\pi \times (160 \times 10^{-3}\text{m})^2}{4}$$

$$= 2.60 \times 10^6\,\text{N} = 2.60 \times 10^3\,\text{kN}$$

对于两端固定的压杆

$$\lambda_b = \frac{\mu l}{i} = \frac{0.5 \times 9\text{m}}{\dfrac{d}{4}} = \frac{18\text{m}}{0.16\text{m}} = 112.5 > \lambda_p = 101$$

也属于细长杆，

$$F_{cr} = \sigma_{cr}A = \frac{\pi^2 E}{\lambda^2} \times \frac{\pi d^2}{4} = \frac{\pi^2 \times 206 \times 10^9\,\text{Pa}}{112.5^2} \times \frac{\pi \times (160 \times 10^{-3}\text{m})^2}{4}$$

$$= 3.21 \times 10^6\,\text{N} = 3.21 \times 10^3\,\text{kN}$$

最后，请读者思考以下问题：

1）本例中的两根压杆，在其他条件不变时，当杆长 l 减小一半时，其临界载荷将增加几倍？

2）对于以上两杆，如果改用高强度钢（屈服强度比 Q235 钢高 2 倍以上，E 相差不大）能否提高临界载荷？

【例题 11-2】 一端固定、另一端自由的柱体，承受对心压缩载荷 F 作用如图 11-7a 所示，柱体横截面尺寸如图 11-7b 所示。已知：柱体长度 $l = 2.4$m；横截面尺寸 $a = 100$mm，$b = 88$mm，柱体材料为 Q235 钢，其弹性模量 $E = 200$GPa，稳定安全因数 $[n]_{st} = 2.5$，试确定柱体的许可载荷，并计算相应的正应力。

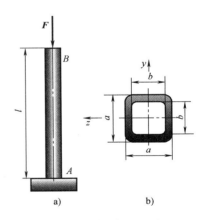

图 11-7 例题 11-2 图

解：首先计算横截面的几何性质，根据图 11-7b 所示的几何尺寸，算得横截面面积、惯性矩、惯性半径以及最大正应力作用点到中性轴的距离

$$A = a^2 - b^2 = (100^2 - 88^2)\,\text{mm}^2 = 2.256 \times 10^3\,\text{mm}^2$$

$$I_z = \frac{a^4}{12} - \frac{b^4}{12} = \frac{1}{12}(100^4 - 88^4)\,\text{mm}^4 = 3.336 \times 10^6\,\text{mm}^4$$

$$i_z = \sqrt{\frac{I_z}{A}} = \sqrt{\frac{3.336 \times 10^6}{2.256 \times 10^3}}\,\text{mm} = 36\text{mm}$$ （a）

$$y = \frac{a}{2} = 50\text{mm}$$

根据几何性质以及两端的支承条件确定对心加载时柱体的长细比：因为柱体一端固定、另一端自由，故长度因数 $\mu = 2.0$，有效长度 $\mu l = 2 \times 2.5\text{m} = 5\text{m}$，柱体的长细比

$$\lambda_z = \frac{\mu l}{i_z} = \frac{5 \times 10^3}{36} = 138.9 \quad\quad (b)$$

对于 Q235 钢，$\lambda_p = 101$，$\lambda_z > \lambda_p$，柱体属于细长压杆类型，可以采用欧拉公式计算其连接载荷：

$$F_{cr} = \frac{\pi^2 E I_z}{(\mu l)^2} = \frac{\pi^2 \times 200 \times 10^9 \times 3.336 \times 10^{-6}}{5^2} \text{N} = 263.4 \times 10^3 \text{N} = 263.4 \text{kN} \quad\quad (c)$$

考虑到安全因数，柱体的许可载荷

$$[F] = \frac{F_{cr}}{n_{st}} = \frac{263.4 \text{kN}}{2.5} = 105.3 \text{kN} \quad\quad (d)$$

因为这时柱体仍然处于直线状态，故横截面上正应力

$$\sigma = \frac{[F]}{A} = \frac{105.3 \times 10^3}{2.256 \times 10^{-3}} \text{Pa} = 46.7 \times 10^6 \text{Pa} = 46.7 \text{MPa} \quad\quad (e)$$

【例题 11-3】 如图 11-8 所示，长度为 l 的矩形（$b \times h$）截面钢柱，A 端为完全固定端约束；B 端为单方向（xy 平面内）固定约束，在固定约束与柱体之间存在微小缝隙，即在 xy 平面内发生屈曲时，B 端不能有 y 方向的移动，但由于缝隙的存在可以绕 z 轴转动，但不限制在 xz 平面内的移动和转动。柱在 B 端承受通过轴线的对心压缩载荷 F。试：

（1）设计最佳矩形截面的边长比 b/h，使柱体在 xy 和 xz 平面内具有相同临界力；

（2）已知 $l = 1.0$m，$E = 200$GPa，$F = 20$kN，稳定安全因数 $n_{st} = 2.5$，设计最佳横截面尺寸 b 和 h。

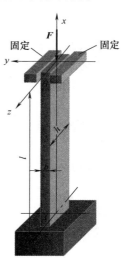

解：（1）**分别计算柱体在 x-y 和 x-z 平面内的几何性质与长细比**

x-y 平面内屈曲时，柱体下端固定、上端铰链约束，$\mu_{xy} = 0.7$，

$$A = b \times h$$

$$I_z = \frac{hb^3}{12}$$

$$i_{xy} = \sqrt{\frac{I_z}{A}} = \sqrt{\frac{\frac{hb^3}{12}}{bh}} = \frac{b}{\sqrt{12}}$$

$$\lambda_{xy} = \frac{\mu_{xy} l}{i_{xy}} = 0.7 \sqrt{12} \frac{l}{b}$$

x-z 平面内屈曲时，柱体下端固定、上端自由束，$\mu_{xy} = 2.0$，

$$A = b \times h$$

$$I_y = \frac{bh^3}{12}$$

$$i_{xz} = \sqrt{\frac{I_y}{A}} = \sqrt{\frac{\frac{bh^3}{12}}{bh}} = \frac{h}{\sqrt{12}}$$

$$\lambda_{xz} = \frac{\mu_{xz} l}{i_{xz}} = 2.0 \sqrt{12} \frac{l}{h}$$

图 11-8 例题 11-3 图

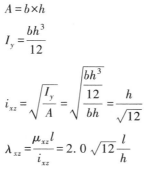

（2）**最佳设计**

对于同一柱体，材料当然相同，只要柱体在 x-y 和 x-z 平面内的长细比相同，柱体在两个平面便具有相同的临界载荷。于是有

$$\lambda_{xy} = \lambda_{xz}$$

$$\frac{\mu_{xy}l}{i_{xy}} = \frac{\mu_{xz}l}{i_{xz}}$$

$$0.7 \sqrt{12} \frac{l}{b} = 2.0 \sqrt{12} \frac{l}{h}$$

由此解出

$$\frac{b}{h} = 0.35$$

（3）**根据已知数据设计柱体的截面尺寸**

根据所需要的柱体安全因数和柱体所承受的纵向压缩载荷，有

$$n_{st} = \frac{F_{cr}}{F}, \quad F_{cr} = n_{st}F$$

这时柱体横截面上的应力

$$\sigma_{cr} = \frac{F_{cr}}{A} = \frac{n_{st}F}{b \times h}$$

因为横截面尺寸尚未确定，不能计算出柱体的长细比数值，因而无法确定柱体属于哪一类压杆。作为第一次试算，假设柱体属于细长压杆，根据欧拉临界应力公式

$$\sigma_{cr} = \frac{\pi^2 E}{\lambda^2}$$

又因为柱体在两个平面内具有相同的长细比，上式中的长细比取为

$$\lambda_{xy} \text{或} \lambda_{xz}$$

于是可以写出

$$\frac{\pi^2 E}{\lambda_{xy}^2} = \frac{n_{st}F}{bh}$$

$$\frac{\pi^2 E}{\left(2.0 \sqrt{12} \dfrac{l}{h}\right)^2} = \frac{n_{st}F}{0.35h^2}$$

将已知数据代入后，算得

$$h = \sqrt[4]{\frac{48 \times 5 \times 20 \times 10^3}{0.35 \times \pi^2 \times 70 \times 10^9 \times 1.0^2}} = 24.2 \times 10^{-3}\,\mathrm{m} = 24.2\,\mathrm{mm}$$

$$b = 0.35h = 8.49\,\mathrm{mm}$$

（4）**计算设计后的长细比，校核是否属于细长压杆**

$$\lambda_{xz} = \frac{\mu_{xz}l}{i_{xz}} = 2.0 \sqrt{12} \frac{l}{h} = \frac{2.0 \sqrt{12} \times 1.0 \times 10^3}{24.2} = 286 > \lambda_P$$

所设计的柱属于细长压杆，上述设计结果正确。

【例题 11-4】　图 11-9 所示的结构中，梁 AB 为 No. 14 普通热轧工字钢，CD 为圆截面直杆，其直径为 $d = 20\text{mm}$，二者材料均为 Q235 钢。结构受力如图所示，A、C、D 三处均为球铰约束。若已知 $F = 25\text{kN}$，$l_1 = 1.25\text{m}$，$l_2 = 0.55\text{m}$，$\sigma_s = 235\text{MPa}$。强度安全因数 $n_s = 1.45$，稳定安全因数 $[n]_{st} = 1.8$。试校核此结构是否安全。

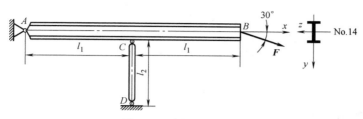

图 11-9　例题 11-4 图

解：在给定的结构中共有两个构件：梁 AB，承受拉伸与弯曲的组合作用，属于强度问题；杆 CD 承受压缩载荷，属于稳定性问题。现分别校核如下：

（1）大梁 AB 的强度校核

大梁 AB 在截面 C 处弯矩最大，该处横截面为危险截面，其上的弯矩和轴力分别为

$$M_{max} = (F\sin 30°)l_1 = (25 \times 10^3\text{N} \times 0.5) \times 1.25\text{m} = 15.63 \times 10^3\text{N} \cdot \text{m} = 15.63\text{kN} \cdot \text{m}$$

$$F_N = F\cos 30° = 25 \times 10^3\text{N} \times \cos 30° = 21.65 \times 10^3\text{N} = 21.65\text{kN}$$

由型钢表查得 No. 14 普通热轧工字钢的

$$W_z = 102\text{cm}^3 = 102 \times 10^3\text{mm}^3$$

$$A = 21.5\text{cm}^2 = 21.5 \times 10^2\text{mm}^2$$

由此得到

$$\sigma_{max} = \frac{M_{max}}{W_z} + \frac{F_N}{A} = \frac{15.63 \times 10^3}{102 \times 10^3 \times 10^{-9}}\text{Pa} + \frac{21.65 \times 10^3}{21.5 \times 10^2 \times 10^{-6}}\text{Pa} = 163.3 \times 10^6\text{Pa} = 163.3\text{MPa}$$

Q235 钢的许用应力

$$[\sigma] = \frac{\sigma_s}{n_s} = \frac{235\text{MPa}}{1.45} = 162\text{MPa}$$

σ_{max} 略大于 $[\sigma]$，但由于 $(\sigma_{max} - [\sigma]) \times 100\% / [\sigma] = 0.7\% < 5\%$，所以在工程上仍认为是安全的。

（2）校核压杆 CD 的稳定性

由平衡方程求得压杆 CD 的轴向压力

$$F_{NCD} = 2F\sin 30° = F = 25\text{kN}$$

因为是圆截面杆，故惯性半径

$$i = \sqrt{\frac{I}{A}} = \frac{d}{4} = 5\text{mm}$$

又因为两端为球铰约束 $\mu = 1.0$，所以

$$\lambda = \frac{\mu l_2}{i} = \frac{1.0 \times 0.55\text{m}}{5 \times 10^{-3}\text{m}} = 110 > \lambda_p = 101$$

这表明，压杆 CD 为细长杆，故可采用欧拉公式计算其临界应力

$$F_{cr} = \sigma_{cr}A = \frac{\pi^2 E}{\lambda^2} \times \frac{\pi d^2}{4} = \frac{\pi^2 \times 206 \times 10^9 Pa}{110^2} \times \frac{\pi \times (20 \times 10^{-3}m)^2}{4} = 52.8 \times 10^3 N = 52.8kN$$

于是，压杆的工作安全因数

$$n_w = \frac{\sigma_{cr}}{\sigma_w} = \frac{F_{cr}}{F_{NCD}} = \frac{52.8kN}{25kN} = 2.11 > [n]_{st} = 1.8$$

这一结果说明，压杆的稳定性是安全的。

上述两项计算结果表明，整个结构的强度和稳定性都是安全的。

11.6 结论与讨论

11.6.1 稳定性计算的重要性

由于受压杆的失稳而使整个结构发生坍塌，不仅会造成物质上巨大损失，而且还危及人民的生命安全。在 19 世纪末，瑞士的一座铁桥，当一辆客车通过时，桥桁架中的压杆失稳，致使桥发生灾难性坍塌，大约有 200 人受难。加拿大和苏联的一些铁路桥梁也曾经由于压杆失稳而造成灾难性事故。

虽然科学家和工程师早就面对着这类灾害，进行了大量的研究，采取了很多预防措施，但直到现在还不能完全终止这种灾害的发生。

1983 年 10 月 4 日，地处北京的中国社会科学院科研楼工地的钢管脚手架距地面 5~6m 处突然外弓。刹那间，这座高达 54.2m、长 17.25m、总重 565.4kN 的大型脚手架轰然坍塌，5 人死亡，7 人受伤，脚手架所用建筑材料大部分报废，经济损失 4.6 万元；工期推迟一个月，现场调查结果表明，脚手架结构本身存在严重缺陷，致使结构失稳坍塌，是这次灾难性事故的直接原因。

脚手架由里、外层竖杆和横杆绑结而成。调查中发现支搭技术上存在以下问题：

● 钢管脚手架是在未经清理和夯实的地面上搭起的。这样在自重和外加载荷作用下必然使某些竖杆受力大，另外一些杆受力小。

● 脚手架未设"扫地横杆"，各大横杆之间的距离太大，最大达 2.2m，超过规定值 0.5m。两横杆之间的竖杆，相当于两端铰支的压杆，横杆之间的距离越大，竖杆临界载荷便越小。

● 高层脚手架在每层均应设有与建筑墙体相连的牢固连接点。而这座脚手架竟有 8 层与墙体无连接点。

● 这类脚手架的稳定安全因数规定为 3.0，而这座脚手架的安全因数，内层杆为 1.75；外层杆仅为 1.11。

这些便是导致脚手架失稳的必然因素。

11.6.2 影响压杆承载能力的因素

● 对于细长杆，由于其临界载荷为

$$F_{cr} = \frac{\pi^2 EI}{(\mu l)^2}$$

所以，影响承载能力的因素较多。临界载荷不仅与材料的弹性模量（E）有关，而且与长细比有关。长细比包含了截面形状、几何尺寸以及约束条件等多种因素。

● 对于中长杆，临界载荷

$$F_{cr} = \sigma_{cr} A = (a - b\lambda) A$$

影响其承载能力的主要是材料常数 a 和 b，以及压杆的长细比，当然还有压杆的横截面面积。

● 对于粗短杆，因为不发生屈曲，而只发生屈服或破坏，故

$$F_{cr} = \sigma_{cr} A = \sigma_s A$$

临界载荷主要取决于材料的屈服强度（韧性材料）和杆件的横截面面积。

11.6.3　提高压杆承载能力的主要途径

为了提高压杆承载能力，必须综合考虑杆长、支承、截面的合理性以及材料性能等因素的影响。可采取的措施有以下几方面：

● 尽量减小压杆杆长

对于细长杆，其临界载荷与杆长二次方成反比。因此，减小杆长可以显著地提高压杆承载能力，在某些情形下，通过改变结构或增加支点可以达到减小杆长，从而提高压杆承载能力的目的。例如，图 11-10a、b 所示的两种桁架，读者不难分析，两种桁架中的①、④杆均为压杆，但图 11-10b 所示压杆承载能力要远远高于图 11-10a 所示的压杆。

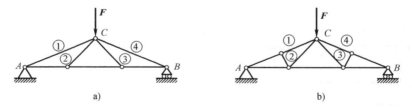

图 11-10　减小压杆的长度提高结构的承载能力

● 增强支承的刚性

支承的刚性越大，压杆长度因数值越小，临界载荷越大，例如，将两端铰支的细长杆，变成两端固定约束的情形，临界载荷将成数倍增加。

● 合理选择截面形状

当压杆两端在各个方向弯曲平面内具有相同的约束条件时，压杆将在刚度最小的主轴平面内屈曲，这时，如果只增加截面对某个轴的惯性矩（例如只增加矩形截面高度），并不能提高压杆的承载能力，最经济的办法是将截面设计成中空的，且使相互垂直的主轴（例如 y 轴和 z 轴）的惯性矩 $I_y = I_z$，使截面对任意形心轴的惯性矩均相同。因此，对于一定的横截面面积，正方形截面或圆截面比矩形截面好；空心正方形或环形截面比实心截面好。

当压杆端部在不同的平面内具有不同的约束条件时，应采用最大与最小主惯性矩不等的

截面（例如矩形截面），并使主惯性矩较小的平面内具有较强刚性约束，尽量使两主惯性矩平面内，压杆的长细比相互接近。

- 合理选用材料

在其他条件均相同的条件下，选用弹性模量大的材料，可以提高细长压杆的承载能力，例如钢杆临界载荷大于铜、铸铁或铝制压杆的临界载荷。但是，普通碳素钢、合金钢以及高强度钢的弹性模量数值相差不大。因此，对于细长杆，若选用高强度钢，对压杆临界载荷影响甚微，意义不大，反而造成材料的浪费。

但对于粗短杆或中长杆，其临界载荷与材料的比例极限或屈服强度有关，这时选用高强度钢会使临界载荷有所提高。

11.6.4 稳定性计算中需要注意的几个重要问题

- 正确地进行受力分析，准确地判断结构中哪些杆件承受压缩载荷，对于这些杆件必须按稳定性计算准则进行稳定性计算或稳定性设计。

例如，图11-11所示的某种仪器中的微型钢制圆轴，在室温下安装，这时轴既不沿轴向移动，也不承受轴向载荷，当温度升高时，轴和机架将同时因热膨胀而伸长，但二者材料的线膨胀系数不同，而且轴的线膨胀系数大于机架的线膨胀系数。请读者分析，当温度升高时，轴是否存在稳定问题。

- 要根据压杆端部约束条件以及截面的几何形状，正确判断可能在哪一个平面内发生屈曲，从而确定欧拉公式中的截面惯性矩，或压杆的长细比。

例如，对于图11-12所示的两端球铰约束细长杆的各种可能截面形状，请读者自行分析，压杆屈曲时横截面将绕哪一根轴转动？

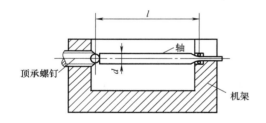

图 11-11　由热膨胀受限制引起稳定问题

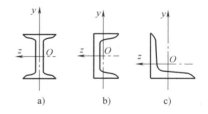

图 11-12　不同横截面形状压杆的稳定问题

- 确定压杆的长细比，判断属于哪一类压杆，采用相应的临界应力公式计算临界载荷。

例如，图11-13所示的四根圆轴截面压杆，若材料和圆截面尺寸都相同，请读者判断哪一根杆最容易失稳？哪一根杆最不容易失稳？

- 应用稳定性设计准则进行稳定安全校核或设计压杆横截面尺寸。

设计压杆的横截面尺寸时，由于截面尺寸未知，故无从计算长细比以及临界载荷。这种情形下，可先假设一截面尺寸，算得长细比和临界载荷，再校核稳定性设计准则是否满足，若不满足则需加大或减小截面尺寸，再行计算，一般经过几次试算后即可达到要求。

- 要注意综合性问题，工程结构中往往既有强度问题又有稳定性问题；或者既有刚度问题又有稳定性问题。有时稳定性问题又包含在超静定问题之中。

例如，图11-14所示结构中，哪一根杆会发生屈曲？其临界载荷又如何确定？

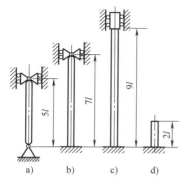

图 11-13 材料和横截面尺寸都
相同的压杆稳定问题

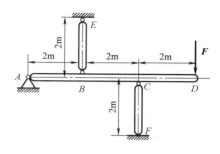

图 11-14 超静定结构中压杆的稳定问题

习 题

11-1 如习题 11-1 图所示，两端铰支圆截面细长压杆，在某一截面上开有一小孔。关于这一小孔对杆承载能力的影响，有以下四种论述，请判断哪一种是正确的。

（A）对强度和稳定承载能力都有较大削弱

（B）对强度和稳定承载能力都不会削弱

（C）对强度无削弱，对稳定承载能力有较大削弱

（D）对强度有较大削弱，对稳定承载能力削弱极微

正确答案是_____。

11-2 关于钢制细长压杆承受轴向压力达到临界载荷之后，还能不能继续承载有如下四种答案，试判断哪一种是正确的。

（A）不能。因为载荷达到临界值时屈曲位移将无限制地增加

（B）能。因为压杆一直到折断时为止都有承载能力

（C）能。只要横截面上的最大正应力不超过比例极限

（D）不能。因为超过临界载荷后，变形不再是弹性的

正确答案是_____。

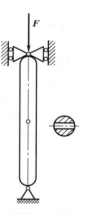

习题 11-1 图

11-3 习题 11-3 图所示 a、b、c、d 四桁架的几何尺寸、圆杆的横截面直径、材料、加力点及加力方向均相同。关于四桁架所能承受的最大外力 F_{max} 有如下四种结论，试判断哪一种是正确的。

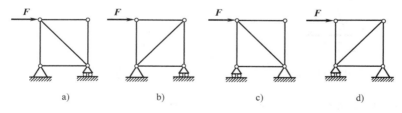

习题 11-3 图

（A）F_{max}（a）$= F_{max}$（c）$< F_{max}$（b）$= F_{max}$（d）

（B）F_{max}（a）$= F_{max}$（c）$= F_{max}$（b）$= F_{max}$（d）

（C）F_{max}（a）$= F_{max}$（d）$< F_{max}$（b）$= F_{max}$（c）

（D）F_{max}（a）$=F_{max}$（b）$<F_{max}$（c）$=F_{max}$（d）

正确答案是_____。

11-4 提高钢制细长压杆承载能力有如下几种方法，试判断哪一种是最正确的。

（A）减小杆长，减小长度因数，使压杆沿横截面两形心主轴方向的长细比相等

（B）增加横截面面积，减小杆长

（C）增加惯性矩，减小杆长

（D）采用高强度钢

正确答案是_____。

11-5 根据压杆稳定设计准则，压杆的许可载荷 $[F]=\dfrac{\sigma_{cr}A}{[n]_{st}}$。当横截面面积 A 增加一倍时，试分析压杆的许可载荷将按下列四种规律中的哪一种变化？

（A）增加 1 倍

（B）增加 2 倍

（C）增加 1/2

（D）压杆的许可载荷随着 A 的增加呈非线性变化

正确答案是_____。

11-6 已知习题 11-6 图所示液压千斤顶顶杆最大承重量 $F=150kN$，顶杆直径 $d=52mm$，长度 $l=0.5m$，材料为 Q235 钢，$[\sigma]=235MPa$。顶杆的下端为固定端约束，上端可视为自由端。试求顶杆的工作安全因数。

11-7 习题 11-7 图所示托架中杆 AB 的直径 $d=40mm$，长度 $l=800mm$。两端可视为球铰链约束，材料为 Q235 钢。试求：

（1）托架的临界载荷。

（2）若已知工作载荷 $F=70kN$，并要求杆 AB 的稳定安全因数 $[n]_{st}=2.0$，校核托架是否安全。

（3）若横梁为 No.18 普通热轧工字钢，$[\sigma]=160MPa$，则托架所能承受的最大载荷有没有变化？

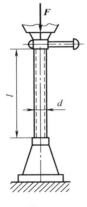

习题 11-6 图

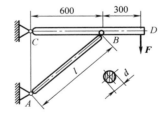

习题 11-7 图

11-8 如习题 11-8 图所示，长 $l=150mm$、直径 $d=6mm$ 的 40Cr 钢制微型圆轴，在温度为 $t_1=-60℃$ 时安装，这时轴既不能沿轴向移动，又不承受轴向载荷，温度升高时，轴和架身将同时因热膨胀而伸长。轴材料的线膨胀系数 $\alpha_1=125\times10^{-6}℃^{-1}$；架身材料的线膨胀系数 $\alpha_2=75\times10^{-6}℃^{-1}$。40Cr 钢的 $\sigma_p=300MPa$，$E=210GPa$。若规定轴的稳定工作安全因数 $[n]_{st}=2.0$，并且忽略架身因受力而引起的微小变形，该校核当温度升高到 $t_2=60℃$ 时，该轴是否安全。

11-9　习题 11-9 图所示结构中，AB 为圆截面杆，直径 d = 80mm，杆 BC 为正方形截面，边长 a = 70mm，两杆材料均为 Q235 钢，E = 200GPa。两部分可以各自独立发生屈曲而互不影响。已知 A 端固定，B、C 端为球铰链。l = 3m，稳定安全因数 [n]_{st} = 2.5。试求此结构的许可载荷。（提示：AB 和 BC 可以看作是两个独立的压杆）

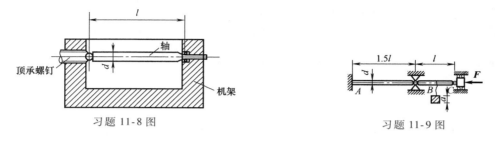

习题 11-8 图　　　　　　　　　　　　习题 11-9 图

11-10　习题 11-10 图所示正方形桁架结构，由五根圆截面钢杆组成，连接处均为铰链，各杆直径均为 d = 40mm，a = 1m。材料均为 Q235 钢，E = 200GPa，[n]_{st} = 1.8。试求：

（1）结构的许可载荷。

（2）若力 F 的方向与（1）中的相反，问：许可载荷是否改变，若有改变应为多少？

*11-11　习题 11-11 图所示结构中，梁与柱的材料均为 Q235 钢，E = 200GPa。σ_s = 240MPa。均匀分布载荷集度 q = 40kN/m。竖杆为两根 63mm×63mm×5mm 等边角钢（连接成一整体）。试确定梁与柱的工作安全因数。

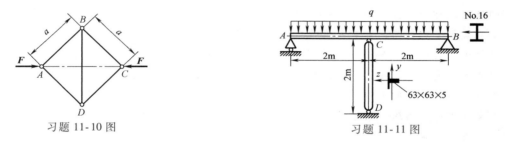

习题 11-10 图　　　　　　　　　　　习题 11-11 图

*11-12　习题 11-12 图所示工字钢直杆在温度 t_1 = 20℃ 时安装，此时杆不受力。已知杆长 l = 6mm，材料为 Q235 钢，E = 200GPa。试问：当温度升高到多少摄氏度时，杆将失稳（材料的线膨胀系数 α = 12.5×10⁻⁶ ℃⁻¹）。

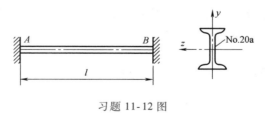

习题 11-12 图

第 12 章
动载荷与疲劳强度简述

本书前面几章所讨论的都是静载荷作用下所产生的变形和应力，这种应力称为静载应力（static stress），简称静应力。静应力的特点，一是与加速度无关；二是不随时间的改变而变化。

工程中一些高速旋转或者以很高的加速度运动的构件，以及承受冲击物作用的构件，其上作用的载荷，称为动载荷（dynamic load）。构件上由于动载荷引起的应力，称为动应力（dynamic stress）。这种应力有时会达到很高的数值，从而导致构件或零件破坏。

工程结构中还有一些构件或零部件中的应力虽然与加速度无关，但是，这些应力的大小或方向却随着时间而变化，这种应力称为交变应力（alternative stress）。在交变应力作用下发生的失效，称为疲劳失效，简称为疲劳（fatigue）。对于矿山、冶金、动力、运输机械以及航空航天等工业部门，疲劳是零件或构件的主要失效形式。统计结果表明，在各种机械的断裂事故中，大约有80%以上是由于疲劳失效引起的。疲劳失效过程往往不易被察觉，所以常常表现为突发性事故，从而造成灾难性后果。因此，对于承受交变应力的构件，疲劳分析在设计中占有重要的地位。

本章将首先应用达朗贝尔原理和机械能守恒定律，分析两类动载荷和动应力。然后简要介绍疲劳失效的主要特征与失效原因，以及影响疲劳强度的主要因素。

12.1 等加速直线运动时构件上的动载荷与动应力

对于以等加速度做直线运动的构件，只要确定其上各点的加速度 a，就可以应用达朗贝尔原理对构件施加惯性力，如果为集中质量 m，则惯性力为集中力，

$$F_I = -ma \tag{12-1}$$

如果是连续分布质量，则作用在质量微元上的惯性力为

$$dF_I = -dma \tag{12-2}$$

然后，按照静载荷作用下的应力分析方法对构件进行应力计算以及强度与刚度设计。

以图 12-1 中所示的起重机起吊重物为例，在开始吊起重物的瞬时，重物具有向上的加速度 a，重物上便有方向向下的惯性力，如图 12-1 所示。这时吊起重物的钢丝绳，除了承受重物的重量，还承受由此而产生的惯性力，这一惯性力就是钢丝绳所受的动载荷（dynamic load）；而重物的重量则是钢丝绳的静载荷（static load）。作用在钢丝绳的总载荷是静载荷与动载荷之和，即

$$F_{\mathrm{T}} = F_{\mathrm{st}} + F_{\mathrm{I}} = W + ma = W + \frac{W}{g}a \qquad (12\text{-}3)$$

式中，F_{T} 为总载荷；F_{st} 与 F_{I} 分别为静载荷与惯性力引起的动载荷。

按照单向拉伸时杆件的应力公式，钢丝绳横截面上的总正应力为

$$\sigma_{\mathrm{T}} = \sigma_{\mathrm{st}} + \sigma_{\mathrm{I}} = \frac{F_{\mathrm{N}}}{A} = \frac{F_{\mathrm{T}}}{A} \qquad (12\text{-}4)$$

式中

$$\sigma_{\mathrm{st}} = \frac{W}{A}, \quad \sigma_{\mathrm{I}} = \frac{W}{Ag}a \qquad (12\text{-}5)$$

图 12-1　吊起重物时钢丝绳的动载荷与动应力

分别为静应力和动应力。

根据上述两式，总正应力表达式可以写成静应力乘以一个大于 1 的系数的形式：

$$\sigma_{\mathrm{T}} = \sigma_{\mathrm{st}} + \sigma_{\mathrm{I}} = \left(1 + \frac{a}{g}\right)\sigma_{\mathrm{st}} = K_{\mathrm{I}}\sigma_{\mathrm{st}} \qquad (12\text{-}6)$$

系数 K_{I} 称为动荷因数（coefficient in dynamic load）。对于做等加速度直线运动的构件，根据式（12-6），动荷因数为

$$K_{\mathrm{I}} = 1 + \frac{a}{g} \qquad (12\text{-}7)$$

12.2 旋转构件的受力分析与动应力计算

旋转构件由于动应力而引起的失效问题在工程中也是很常见的。处理这类问题时，首先要分析构件的运动，确定其加速度，然后应用达朗贝尔原理，在构件上施加惯性力，最后按照静载荷的分析方法，确定构件的内力和应力。

考察图 12-2a 所示的以等角速度 ω 旋转的飞轮。飞轮材料密度为 ρ，轮缘平均半径为 R，轮缘部分的横截面面积为 A。

设计轮缘部分的截面尺寸时，为简单起见，可以不考虑轮辐的影响，从而将飞轮简化为平均半径等于 R 的圆环。

由于飞轮做等角速度转动，其上各点均只有向心加速度，故惯性力均沿着半径方向、背向旋转中心，且沿圆周方向连续均匀分布。图 12-2b 所示为半圆环上惯性力的分布情形。

为求惯性力，沿圆周方向截取 $\mathrm{d}s$ 微段，其弧长为

$$\mathrm{d}s = R\mathrm{d}\theta \qquad (\mathrm{a})$$

圆环微段的质量为

$$\mathrm{d}m = \rho A \mathrm{d}s = \rho A R \mathrm{d}\theta \qquad (\mathrm{b})$$

于是，圆环上微段的惯性力大小为

$$\mathrm{d}F_{\mathrm{I}} = R\omega^2 \mathrm{d}m = R\omega^2 \rho A R \mathrm{d}\theta \qquad (\mathrm{c})$$

为计算圆环横截面上的应力，采用截面法，沿直径将圆环截为两个半环，其中一半环的

受力如图 12-2b 所示，设环横截面上正应力均匀分布。图中 F_{IT} 为环向拉力，其值等于应力与横截面面积乘积。

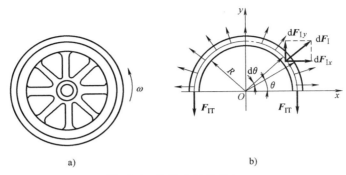

图 12-2　飞轮中的动应力

以圆心为原点，建立 Oxy 坐标系，由平衡方程

$$\sum F_y = 0 \tag{d}$$

有

$$\int_0^\pi dF_{Iy} - 2F_{IT} = 0 \tag{e}$$

式中，dF_{Iy} 为半圆环质量微元惯性力 dF_I 在 y 轴上的投影，根据式（c）其值为

$$dF_{Iy} = \rho A R^2 \omega^2 \sin\theta d\theta \tag{f}$$

将式（f）代入式（e），飞轮轮缘横截面上的轴力为

$$F_{IT} = \frac{1}{2}\int_0^\pi \rho A R^2 \omega^2 \sin\theta d\theta = \rho A R^2 \omega^2 = \rho A v^2 \tag{g}$$

其中，v 为飞轮轮缘上任意点的速度。

当轮缘厚度远小于半径 R 时，圆环横截面上的正应力可视为均匀分布，并用 σ_{IT} 表示。于是，由式（g）可得飞轮轮缘横截面上的总应力为

$$\sigma_{IT} = \frac{F_{IN}}{A} = \frac{F_{IT}}{A} = \rho v^2 \tag{h}$$

这说明，飞轮以等角速度转动时，其轮缘中的正应力与轮缘上点的速度二次方成正比。

设计时必须使总应力满足设计准则

$$\sigma_{IT} \leqslant [\sigma] \tag{i}$$

于是，由式（h）和式（i），得到一个重要结果

$$v \leqslant \sqrt{\frac{[\sigma]}{\rho}} \tag{12-8}$$

这一结果表明，为保证飞轮具有足够的强度，对飞轮轮缘点的速度必须加以限制，使之满足式（12-8）。工程上将这一速度称为**极限速度**（limited velocity）；对应的转动速度称为**极限转速**（limited rotational velocity）。

上述结果还表明：飞轮中的总应力与轮缘的横截面面积无关。因此，增加轮缘部分的横截面面积，无助于降低飞轮轮缘横截面上的应力，对于提高飞轮的强度没有任何意义。

【例题 12-1】　图 12-3a 所示结构中，钢制 *AB* 轴的中点处固结一与之垂直的均质杆 *CD*，二者的直径均为 *d*。长度 $AC = CB = CD = l$。轴 *AB* 以等角速度 ω 绕自身轴旋转。已知：$l = 0.6\text{m}$，$d = 80\text{mm}$，$\omega = 40\text{rad/s}$；材料重度 $\gamma = 78\text{kN/m}^3$，许用应力 $[\sigma] = 70\text{MPa}$。试校核轴 *AB* 和杆 *CD* 的强度是否安全。

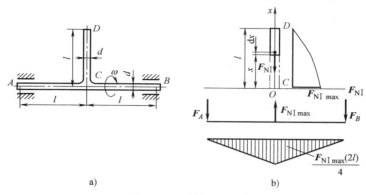

a)　　　　　　　　　　　　　　　　b)

图 12-3　例题 12-1 图

解：（1）分析运动状态，确定动载荷

当轴 *AB* 以等角速度 ω 旋转时，杆 *CD* 上的各个质点具有数值不同的向心加速度，其值为

$$a_n = x\omega^2 \tag{a}$$

式中，*x* 为质点到 *AB* 轴线的距离。

AB 轴上各质点，因距轴线 *AB* 极近，加速度 a_n 很小，故不予考虑。

杆 *CD* 上各质点到轴线 *AB* 的距离各不相等，因而各点的加速度和惯性力也不相同。

为了确定作用在杆 *CD* 上的最大轴力，以及杆 *CD* 作用在轴 *AB* 上的最大载荷。首先必须确定杆 *CD* 上的动载荷——沿杆 *CD* 轴线方向分布的惯性力。

为此，在杆 *CD* 上建立 *Ox* 坐标，如图 12-3b 所示。设沿杆 *CD* 轴线方向单位长度上的惯性力为 q_1，则微段长度 $\mathrm{d}x$ 上的惯性力为

$$q_1\mathrm{d}x = (\,\mathrm{d}m\,)\,a_n = \left(\frac{A\gamma}{g}\mathrm{d}x\right)(x\omega^2) \tag{b}$$

由此得到

$$q_1 = \frac{A\gamma\omega^2}{g}x \tag{c}$$

式中，*A* 为杆 *CD* 的横截面面积；*g* 为重力加速度。

式（c）表明：杆 *CD* 上各点的轴向惯性力与各点到轴线 *AB* 的距离 *x* 成正比。

为求杆 *CD* 横截面上的轴力，并确定轴力最大的作用面，用假想截面从任意处（坐标为 *x*）将杆截开，假设这一横截面上的轴力为 F_{NI}，考察截面以上部分的平衡，如图 12-3b 所示。

建立平衡方程

$$\sum F_x = 0$$

227

则
$$F_{N1} - \int_x^l q_1 dx = 0 \qquad (d)$$

由式（c）和式（d）解出
$$F_{N1} = \int_x^l q_1 dx = \int_x^l \frac{A\gamma\omega^2}{g} x dx = \frac{A\gamma\omega^2}{2g}(l^2 - x^2) \qquad (e)$$

根据上述结果，在 $x = 0$ 的横截面上，即杆 CD 与轴 AB 相交处的 C 截面上，杆 CD 横截面上的轴力最大，其值为

$$F_{N1max} = \int_0^l q_1 dx = \int_0^l \frac{A\gamma\omega^2}{g} x dx = \frac{A\gamma\omega^2 l^2}{2g} \qquad (f)$$

（2）画 AB 轴的弯矩图，确定最大弯矩

上面所得到的最大轴力，也是作用在轴 AB 上的最大横向载荷。于是，可以画出轴 AB 的弯矩图，如图 12-3b 所示。轴中点截面上的弯矩最大，其值为

$$M_{Imax} = \frac{F_{N1max}(2l)}{4} = \frac{A\gamma\omega^2 l^3}{4g} \qquad (g)$$

（3）应力计算与强度校核

对于杆 CD，最大拉应力发生在 C 截面处，其值为

$$\sigma_{Imax} = \frac{F_{N1max}}{A} = \frac{\gamma\omega^2 l^2}{2g} \qquad (h)$$

将已知数据代入上式后，得到

$$\sigma_{Imax} = \frac{7.8 \times 10^4 \times 40^2 \times 0.6^2}{2 \times 9.81} Pa = 2.29 MPa$$

对于轴 AB，最大弯曲正应力为

$$\sigma_{Imax} = \frac{M_{Imax}}{W} = \frac{A\gamma\omega^2 l^3}{4g} \times \frac{1}{W} = \frac{2\gamma\omega^2 l^3}{gd}$$

将已知数据代入后，得到

$$\sigma_{Imax} = \frac{2 \times 7.8 \times 10^4 \times 40^2 \times 0.6^3}{9.81 \times 80 \times 10^{-3}} Pa = 68.7 MPa$$

12.3 冲击载荷与冲击应力计算

12.3.1 计算冲击载荷的基本假定

具有一定速度的运动物体，向着静止的构件冲击时，冲击物的速度在很短的时间内发生了很大变化，即：冲击物得到了很大的负值加速度。这表明，冲击物受到与其运动方向相反的很大的力作用。同时，冲击物也将很大的力施加于被冲击的构件上，这种力，工程上称为"冲击力"或"冲击载荷（impact load）"。

由于冲击过程中，构件上的应力和变形分布比较复杂，因此，精确地计算冲击载荷，以及被冲击构件中由冲击载荷引起的应力和变形是很困难的。工程中大多采用简化计算方法，

这种简化计算基于以下假设：

　　● 假设冲击物的变形可以忽略不计；从开始冲击到冲击产生最大位移时，冲击物与被冲击构件一起运动，而不发生回弹。

　　● 忽略被冲击构件的质量，认为冲击载荷引起的应力和变形，在冲击瞬时遍及被冲击构件；并假设被冲击构件仍处在弹性范围内。

　　● 假设冲击过程中没有其他形式的能量转换，机械能守恒定律仍成立。

12.3.2　机械能守恒定律的应用

　　现以简支梁承受自由落体冲击为例，说明应用机械能守恒定律计算冲击载荷的简化方法。

　　图 12-4 所示的简支梁，在其上方高度 h 处，有一重力为 W 的物体，自由下落后，冲击在梁的中点。

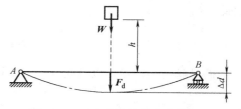

图 12-4　冲击载荷的简化计算方法

　　冲击终了时，冲击载荷及梁中点的位移都达到最大值，二者分别用 F_d 和 Δ_d 表示，其中的下标 d 表示冲击力引起的动载荷，以区别惯性力引起的动载荷。

　　该梁可以视为一线性弹簧，弹簧的刚度系数为 k。

　　设冲击之前梁没有发生变形时的位置为位置 1；冲击终了的瞬时，即梁和重物运动到梁的最大变形时的位置为位置 2。考察这两个位置时系统的动能和势能。

　　重物下落前和冲击终了时，其速度均为零，因而在位置 1 和 2，系统的动能均为零，即

$$T_1 = T_2 = 0 \tag{a}$$

以位置 1 为势能零点，即系统在位置 1 的势能为零，即

$$V_1 = 0 \tag{b}$$

重物和梁（弹簧）在位置 2 时的势能分别记为 $V_2(W)$ 和 $V_2(k)$：

$$V_2(W) = -W(h + \Delta_d) \tag{c}$$

$$V_2(k) = \frac{1}{2}k\Delta_d^2 \tag{d}$$

上述两式中，$V_2(W)$ 为重物的重力从位置 2 回到位置 1（势能零点）所做的功，因为力与位移方向相反，故为负值；$V_2(k)$ 为梁发生变形（从位置 1 到位置 2）后，储存在梁内的应变能，又称为弹性势能，数值上等于冲击力从位置 1 到位置 2 时所做的功。

　　因为假设在冲击过程中，被冲击构件仍在弹性范围内，故冲击力 F_d 和冲击位移 Δ_d 之间存在线性关系，即

$$F_d = k\Delta_d \tag{e}$$

这一表达式与静载荷作用下力与位移的关系相似，即

$$F_s = k\Delta_s \tag{f}$$

上述两式中，k 为类似线性弹簧刚度系数，动载与静载时弹簧的刚度系数相同。式（f）中的 Δ_s 为 F_d 作为静载施加在冲击处时，梁在该处的位移。

　　因为系统上只作用有惯性力和重力，二者均为保守力。故重物下落前（位置 1）到冲击终了后（位置 2），系统的机械能守恒，即

$$T_1 + V_1 = T_2 + V_2 \tag{g}$$

将式（a）~式（d）代入式（g）后，有

$$\frac{1}{2}k\Delta_d^2 - W(h+\Delta_d) = 0 \tag{h}$$

从式（f）中解出常数 k，并且考虑到静载荷时 $F_s = W$，一并代入上式，即可消去常数 k，从而得到关于 Δ_d 的二次方程，即

$$\Delta_d^2 - 2\Delta_s\Delta_d - 2\Delta_s h = 0 \tag{i}$$

由此解出

$$\Delta_d = \Delta_s\left(1 + \sqrt{1 + \frac{2h}{\Delta_s}}\right) \tag{12-9}$$

根据解式（12-9）以及式（e）和式（f），得到

$$F_d = F_s \times \frac{\Delta_d}{\Delta_s} = W\left(1 + \sqrt{1 + \frac{2h}{\Delta_s}}\right) \tag{12-10}$$

这一结果表明，最大冲击载荷与静位移有关，即与梁的刚度有关：梁的刚度越小，静位移越大，冲击载荷将相应地减小。设计承受冲击载荷的构件时，应当充分利用这一特性，以减小构件所承受的冲击力。

若令式（12-10）中 $h = 0$，得到

$$F_d = 2W \tag{12-11}$$

这等于将重物突然放置在梁上，这时梁上的实际载荷是重物重力的两倍。这时的载荷称为突加载荷。

12.3.3 冲击动荷因数

为计算方便，工程上通常也将式（12-10）写成动荷因数的形式：

$$F_d = K_d F_s \tag{12-12}$$

式中，K_d 为冲击时的动荷因数，它表示构件承受的冲击载荷是静载荷的若干倍。

对于图12-4所示的承受自由落体冲击的简支梁，由式（12-10），动荷因数

$$K_d = 1 + \sqrt{1 + \frac{2h}{\Delta_s}} \tag{12-13}$$

构件中由冲击载荷引起的应力和位移也可以写成动荷因数的形式：

$$\sigma_d = K_d \sigma_s \tag{12-14}$$

$$\Delta_d = K_d \Delta_s \tag{12-15}$$

【例题 12-2】 如图 12-5 所示，钢杆 AB 的下端 A 处固结一刚性圆盘，重为 $W = 15\text{kN}$ 的重物 D 自距 A 端 h 处自由下落，载荷冲击到刚性圆盘上。已知钢杆的直径 $d = 40\text{mm}$，$l = 4\text{m}$，$E = 200\text{GPa}$，许用应力 $[\sigma] = 120\text{MPa}$。试求：确保钢杆强度安全的许可高度。

解：（1）设定势能零点位置计算位置势能与弹性势能

设重物下落前时的位置为势能零点位置。重物下落瞬时，系统的势能和动能都等于零；重物下落冲击到刚性圆盘上的瞬时，系统的动能仍为零，这时系统的势能分为两部分：一是

重物的位置势能 V_P，另一部分是钢杆的弹性应变势能 V_ε。位置势能为

$$V_P = -W(h+\Delta_d) \tag{1}$$

式中的负号是因为重物从冲击终了位置回到势能零点位置所做的功为负值。

弹性应变势能为

$$V_\varepsilon = \frac{1}{2}F_d\Delta_d \tag{2}$$

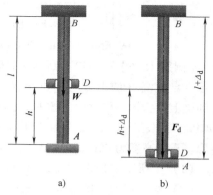

图 12-5　例题 12-2 图

（2）应用机械能守恒定律确定冲击载荷

冲击之前的动能和势能之和等于冲击终了瞬时的动能和势能之和。于是有

$$V_P + V_\varepsilon = 0 \tag{3}$$

将式（1）和式（2）代入式（3）有

$$\frac{1}{2}F_d\Delta_d - W(h+\Delta_d) = 0 \tag{4}$$

因为静载荷与动载荷的力和变形关系曲线具有相同的斜率，即

$$F_d = k\Delta_d$$
$$F_s = k\Delta_s \tag{5}$$

其中下标 s 和 d 分别表示静载荷和动载荷。在本例中

$$F_s = W \tag{6}$$

将式（5）代入式（4），借助于式（6），消去常数 k，得到关于 Δ_d 的二次代数方程：

$$\Delta_d^2 - 2\Delta_s\Delta_d - 2\Delta_s = 0 \tag{7}$$

剔除不合理的负值，得到

$$\Delta_d = \Delta_s\left(1 + \sqrt{1+\frac{2h}{\Delta_s}}\right) \tag{8}$$

根据式（5）和式（6），最后得到冲击载荷与静载荷之间的关系式

$$F_d = W\left(1 + \sqrt{1+\frac{2h}{\Delta_s}}\right) \tag{9}$$

其中

$$\Delta_s = \frac{Wl}{EA} \tag{10}$$

（3）强度计算确定许可高度

利用强度条件有

$$\sigma = \frac{F_d}{A} = \frac{W}{A}\left[1 + \sqrt{1+\frac{2h}{W\left(\frac{l}{EA}\right)}}\right] \leqslant [\sigma]$$

$$h \leqslant \left[\left(\frac{A[\sigma]}{W}-1\right)^2 - 1\right] \times \frac{Wl}{2EA}$$

$$h \leq \left\{ \left[\left(\frac{\pi \times 40^2 \times 10^{-6} \times 120 \times 10^6}{4 \times 15 \times 10^3} - 1 \right)^2 - 1 \right] \times \frac{15 \times 10^3 \times 4 \times 4}{2 \times 200 \times 10^9 \times \pi \times 40^2 \times 10^{-6}} \right\} \text{m}$$

$$= 9.656 \times 10^{-3} \text{m} = 9.656 \text{mm}$$

【例题 12-3】 图 12-6 所示的悬臂梁，A 端固定，自由端 B 的上方有一重物自由落下，撞击到梁上。已知：梁材料为木材，弹性模量 $E = 10\text{GPa}$；梁长 $l = 2\text{m}$；截面为 $120\text{mm} \times 200\text{mm}$ 的矩形，重物高度为 40mm。重量 $F_W = 1\text{kN}$。求：

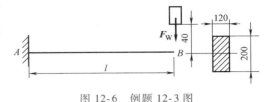

图 12-6　例题 12-3 图

（1）梁所受的冲击载荷；

（2）梁横截面上的最大冲击正应力与最大冲击挠度。

解：（1）梁横截面上的最大静应力和冲击处静挠度

悬臂梁在静载荷 F_W 的作用下，横截面上的最大正应力发生在固定端处弯矩最大的截面上，其值为

$$\sigma_{smax} = \frac{M_{max}}{W} = \frac{F_W l}{\dfrac{bh^2}{6}} = \frac{1 \times 10^3 \times 2 \times 6}{120 \times 200^2 \times 10^{-9}} \text{Pa} = 2.5 \text{MPa} \tag{a}$$

由梁的挠度表，可以查得自由端承受集中力的悬臂梁的最大挠度发生在自由端处，其值为

$$w_{smax} = \frac{F_W l^3}{3EI} = \frac{F_W l^3}{3 \times E \times \dfrac{bh^3}{12}} = \frac{4 F_W l^3}{E \times b \times h^3} = \frac{4 \times 1 \times 10^3 \times 2^3}{10 \times 10^9 \times 120 \times 200^3 \times 10^{-12}} \text{m} = \frac{10}{3} \text{mm} \tag{b}$$

（2）确定动荷因数

根据式（12-13）和本例的已知数据，动荷因数

$$K_d = 1 + \sqrt{1 + \frac{2h}{\Delta_s}} = 1 + \sqrt{1 + \frac{2 \times 40}{\dfrac{10}{3}}} = 6 \tag{c}$$

（3）计算冲击载荷、最大冲击应力和最大冲击挠度

冲击载荷：

$$F_d = K_d F_s = K_d F_W = 6 \times 1 \times 10^3 \text{N} = 6 \times 10^3 \text{N} = 6\text{kN}$$

最大冲击应力：

$$\sigma_{dmax} = K_d \sigma_{smax} = 6 \times 2.5 \text{MPa} = 15 \text{MPa}$$

最大冲击挠度：

$$w_{dmax} = K_d w_{smax} = 6 \times \frac{10}{3} \text{mm} = 20 \text{mm}$$

【例题 12-4】 质量为 m 的运动物块以速度 v 笔直地撞击到抗弯刚度为 EI 的等截面简支梁 AB 的中点 C 处，如图 12-7a 所示。梁为 $b \times h$ 的矩形截面。已知：v、EI、l、b、h。确定：

（1）冲击力数值；

（2）梁中点 C 处的挠度 w_d；

（3）梁中的最大动应力 σ_d。

解：（1）冲击力数值

设简支梁未变形时的状态为势能零点，物块运动但尚未与梁接触时、梁也尚未发生变形的系统为状态 I（图 12-7a）；冲击终了的瞬时在物块冲击下梁发生最大弯曲变形状态为状态 II。

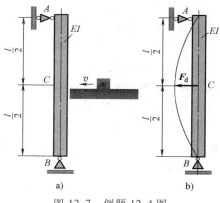

状态 I 时系统的动能和势能：

$$T_1 = \frac{1}{2}mv^2, \quad V_1 = V_P + V_\varepsilon = 0 \tag{1}$$

状态 II 时系统的动能和势能：

$$T_2 = 0, \quad V_2 = 0 + V_\varepsilon = 0 + \frac{1}{2}F_d w_d \tag{2}$$

图 12-7 例题 12-4 图

式中，等号的右边项为冲击终了瞬时，梁的弹性应变势能；F_d 为物块对标杆的冲击力；w_d 为简支梁在冲击力作用下产生的最大挠度。根据简支梁中点作用有集中力时力作用点的挠度公式，有

$$w_d = \frac{F_d l^3}{48EI} \tag{3}$$

式中，EI 为梁的抗弯刚度。

应用机械能守恒定律：

$$T_1 + V_1 = T_2 + V_2 \tag{4}$$

将式（1）和式（2）代入式（4），得

$$\frac{1}{2}mv^2 = \frac{1}{2}F_d w_d \tag{5}$$

借助于式（3），由上式得到

$$F_d = \sqrt{\frac{48EImv^2}{l^3}} = \frac{v}{l}\sqrt{\frac{48EIm}{l}} \tag{6}$$

（2）梁中点 C 处的挠度 w_d

将式（6）代入式（3）得到梁中点的挠度

$$w_d = vl\sqrt{\frac{ml}{48EI}} \tag{7}$$

（3）梁中的最大动应力 σ_d

简支梁在中点承受集中力时，最大弯矩发生在中点截面上，其值为

$$M_{dmax} = \frac{F_d l}{4} = \frac{v}{4}\sqrt{\frac{48EIm}{l}} = v\sqrt{\frac{3EIm}{l}} \tag{8}$$

梁内最大动应力发生在中点截面上、下边缘各点，其值为

$$\sigma_{dmax} = \frac{M_{dmax}}{W} = \frac{6M_{dmax}}{bh^2} = \frac{6v}{bh^2}\sqrt{\frac{3E\dfrac{bh^3}{12}m}{l}} = 3v\sqrt{\frac{Em}{bhl}}$$

大多数情形下，冲击力对于机械和结构的破坏作用非常突出，经常会造成人民生命和财

产的巨大损失。因此，除了有益的冲击力（如冲击锤、打桩机）外，工程上都要采取一些有效的措施，防止发生冲击，或者当冲击无法避免时尽量减小冲击力。

减小冲击力最有效的办法是减小冲击物和被冲击物的刚性、增加其弹性，吸收冲击发生时的能量。简而言之，就是尽量做到"软接触"，避免"硬接触"。汽车驾驶室中的安全带、前置气囊，都能起到减小冲击力的作用。如果二者同时发挥作用，当发生事故时，驾驶员的生命安全有可能得到保障。

图12-8a 中的驾驶员系好安全带，事故时气囊弹出，受的伤害就比较小；图12-8b 中的驾驶员没有系安全带，事故时虽然气囊也即时弹出，受的伤害就比较大，甚至还会有生命危险。当高速行驶的汽车发生碰撞时，所产生的冲击力可能超过驾驶员体重的20倍，可以将驾乘人员抛离座位，或者抛出车外。安全带的作用是在汽车发生碰撞事故时，吸收碰撞能量，减轻驾乘人员的伤害程度。汽车事故调查结果表明：当车辆发生正面碰撞时，如果系了安全带，可以使死亡率减少57%；侧面碰撞时，可以减少44%；翻车时可以减少80%。

a) b)

图 12-8 减小冲击力的伤害，安全带与气囊相辅相成

12.4 疲劳强度概述

12.4.1 交变应力的名词和术语

构件中一点的应力随着时间的改变而变化，这种应力称为交变应力。

承受交变应力作用的构件或零部件，都在规则（图12-9）或不规则（图12-10）变化的应力作用下工作。

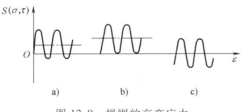 

图 12-9 规则的交变应力 图 12-10 不规则的交变应力

　　材料在交变应力作用下的力学行为首先与应力变化状况（包括应力变化幅度）有很大关系。因此，在强度设计中必然涉及有关应力变化的若干名词和术语，现简单介绍如下。

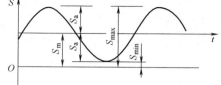

　　图 12-11 所示为杆件横截面上一点应力随时间 t 的变化曲线。其中 S 为广义应力，它可以是正应力，也可以是切应力。

图 12-11　一点应力随时间 t 的变化曲线

　　根据应力随时间变化的状况，定义下列名词与术语：

　　应力循环（stress cycle）：应力变化一个周期，称为应力的一次循环。例如应力从最大值变到最小值，再从最小值变到最大值即为一个应力循环。

　　应力比（stress ratio）：应力循环中最小应力与最大应力的比值，用 r 表示：

$$r = \frac{S_{min}}{S_{max}} (\text{当} |S_{min}| \leqslant |S_{max}| \text{时}) \tag{12-16a}$$

或

$$r = \frac{S_{max}}{S_{min}} (\text{当} |S_{min}| \geqslant |S_{max}| \text{时}) \tag{12-16b}$$

　　平均应力（mean stress）：最大应力与最小应力的算术平均值，用 S_m 表示：

$$S_m = \frac{S_{max} + S_{min}}{2} \tag{12-17}$$

　　应力幅值（stress amplitude）：最大应力与最小应力差值的一半，用 S_a 表示：

$$S_a = \frac{S_{max} - S_{min}}{2} \tag{12-18}$$

　　最大应力（maximum stress）：应力循环中的最大值，即

$$S_{max} = S_m + S_a \tag{12-19}$$

　　最小应力（minimum stress）：应力循环中的最小值，即

$$S_{min} = S_m - S_a \tag{12-20}$$

　　对称循环（symmetrical reversed cycle）：应力循环中应力数值与正负号都反复变化，且有 $S_{max} = -S_{min}$，这种应力循环称为对称循环。这时有

$$r = -1, \quad S_m = 0, \quad S_a = S_{max}$$

　　脉冲循环（fluctuating cycle）：应力循环中，只有应力数值随时间变化，应力的正负号不发生变化，且最小或最大应力等于零（$S_{min} = 0$ 或 $S_{max} = 0$），这种应力循环称为脉冲循环。这时，

$$r = 0$$

　　静应力（static stress）：静载荷作用时的应力，静应力是交变应力的特例。在静应力作用下：

$$r = 1, \quad S_{max} = S_{min} = S_m, \quad S_a = 0$$

　　需要注意的是：应力循环指一点的应力随时间的变化循环，最大应力与最小应力等都是指一点的应力循环中的数值。它们既不是指横截面上由于应力分布不均匀所引起的最大和最

小应力，也不是指一点应力状态中的最大和最小应力。

上述广义应力记号 S 泛指正应力和切应力。若为拉、压交变或反复弯曲交变，则所有记号中的 S 均为 σ；若为反复扭转交变，则所有 S 均为 τ，其余关系不变。

上述应力均未计及应力集中的影响，即由静应力公式算得。如

$$\sigma = \frac{F_N}{A} \quad (\text{拉伸})$$

$$\sigma = \frac{M_z y}{I_z}, \quad \sigma = \frac{M_y z}{I_y} \quad (\text{平面弯曲})$$

$$\tau = \frac{M_x \rho}{I_p} \quad (\text{圆截面杆扭转})$$

这些应力统称为名义应力（nominal stress）。

12.4.2 疲劳失效特征

大量的试验结果以及实际零件和部件的破坏现象表明，构件在交变应力作用下发生失效时，具有以下明显的特征：

* 破坏时的名义应力值远低于材料在静载荷作用下的强度极限，甚至低于屈服强度。
* 构件在一定量的交变应力作用下发生破坏有一个过程，即需要经过一定数量的应力循环。
* 构件在破坏前没有明显的塑性变形，即使塑性很好的材料，也会呈现脆性断裂。
* 同一疲劳破坏断口，一般都有明显的光滑区域与颗粒状区域。

上述破坏特征与疲劳破坏的起源和传递过程（统称"损伤传递过程"）密切相关。

较早的经典理论认为：在一定数值的交变应力作用下，金属零件或构件表面处的某些晶粒（图 12-12a），经过若干次应力循环之后，其原子晶格开始发生剪切与滑移，逐渐形成滑移带（slip bands）。随着应力循环次数的增加，滑移带变宽并不断延伸。这样的滑移带可以在某个滑移面上产生初始疲劳裂纹，如图 12-12b 所示；也可以逐步积累，在零件或构件表面形成切口样的凸起与凹陷，在"切口"尖端处由于应力集中，因而产生初始疲劳裂纹，如图 12-12c 所示。初始疲劳裂纹最初只在单个晶粒中发生，并沿着滑移面扩展，在裂纹尖端应力集中作用下，裂纹从单个晶粒贯穿到若干晶粒。图 12-13 所示为滑移带的微观图像。

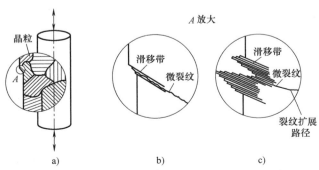

图 12-12 由滑移带形成的初始疲劳裂纹

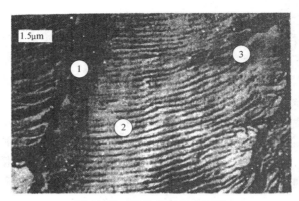

图 12-13 滑移带的微观图像
①—晶界 ②—滑移带 ③—初始裂纹

金属晶粒的边界以及夹杂物与金属相交界处，由于强度较低，因而也可能是初始裂纹的发源地。

近年来，新的疲劳理论认为疲劳起源是由于位错运动所引起的。所谓位错（dislocation），是指金属原子晶格的某些空穴、缺陷或错位。微观尺度的塑性变形就能引起位错在原子晶格间运动。从这个意义上讲，可以认为，位错通过运动聚集在一起，便形成了初始的疲劳裂纹。这些裂纹长度一般为 $10^{-7} \sim 10^{-4}$ m 的量级，故称为微裂纹（microcrack）。

形成微裂纹后，在微裂纹处又形成新的应力集中，在这种应力集中和应力反复交变的条件下，微裂纹不断扩展、相互贯通，形成较大的裂纹，其长度大于 10^{-4} m，能为裸眼所见，故称为宏观裂纹（macrocrack）。

再经过若干次应力循环后，宏观裂纹继续扩展，致使截面削弱，类似在构件上形成尖锐的"切口"。这种切口造成的应力集中使局部区域内的应力达到很大数值。结果，在较低的名义应力数值下构件便发生破坏。

根据以上分析，由于裂纹的形成和扩展需要经过一定的应力循环次数，因而疲劳破坏需要经过一定的时间过程。由于宏观裂纹的扩展，在构件上形成尖锐的"切口"，在切口的附近不仅形成局部的应力集中，而且使局部的材料处于三向拉伸应力状态，在这种应力状态下，即使塑性很好的材料也会发生脆性断裂。所以疲劳破坏时没有明显塑性变形。此外，在裂纹扩展的过程中，由于应力反复交变，裂纹时张、时合，类似研磨过程，从而形成疲劳断口上的光滑区；而断口上的颗粒状区域则是脆性断裂的特征。

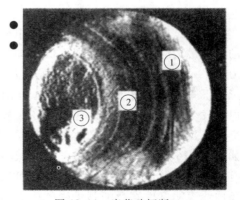

图 12-14 疲劳破坏断口

图 12-14 所示为典型的疲劳破坏断口，其上有三个不同的区域：

① 为疲劳源区，初始裂纹由此形成并扩展开去。

② 为疲劳扩展区，有明显的条纹，类似贝壳或被海浪冲击后的海滩，它是由裂纹的传播所形成的。

③ 为瞬间断裂区。

需要指出的是，裂纹的生成和扩展是一个复杂过程，它与构件的外形、尺寸、应力变化情况以及所处的介质等都有关系。因此，对于承受交变应力的构件，不仅在设计中要考虑疲劳问题，而且在使用期限需进行中修或大修，以检测构件是否发生裂纹及裂纹扩展的情况。对于某些维系人民生命的重要构件，还需要做经常性的检测。

乘坐过火车的读者可能会注意到，火车停站后，都有铁路工人用小铁锤轻轻敲击车厢车轴的情景。这便是检测车轴是否发生裂纹，以防止发生突然事故的一种简易手段。因为火车车厢及所载旅客的重力方向不变，而车轴不断转动，车轴的横截面上任意一点的位置均随时间不断变化，故该点的应力也随时间而变化，车轴因而可能发生疲劳破坏。用小铁锤敲击车轴，可以从声音直观判断是否存在裂纹以及裂纹扩展的程度。

12.4.3 疲劳极限与应力-寿命曲线

所谓疲劳极限是指经过无穷多次应力循环而不发生破坏时的最大应力值。又称为**持久极限**（endurance limit）。

为了确定疲劳极限，需要用若干光滑小尺寸试样（图 12-15a），在专用的疲劳试验机上进行试验，图 12-15b 所示为对称循环疲劳试验机结构图。

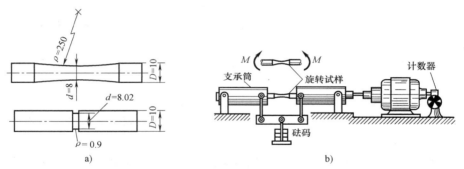

图 12-15　疲劳试样与对称循环疲劳试验机简图

疲劳试验时，将试样分成若干组，各组中的试样最大应力值分别由高到低（即不同的应力水平），经历应力循环，直至发生疲劳破坏。记录下每根试样中最大应力 S_{max}（名义应力）以及发生破坏时所经历的应力循环次数（又称寿命）N。将这些试验数据标在 S-N 坐标中，如图 12-16 所示。可以看出，疲劳试验结果具有明显的分散性，但是通过这些点可以画出一条曲线表明试件寿命随其承受的应力而变化的趋势。这条曲线称为应力-寿命曲线，简称 S-N 曲线。

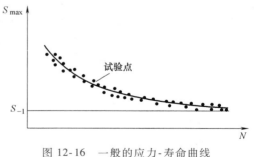

图 12-16　一般的应力-寿命曲线

应力比不同，S-N 曲线也不同。图 12-17a、b 所示为对称循环下两种典型的 S-N 曲线。

图 12-17a 所示为每一应力水平只有一个试样的 S-N 曲线；图 12-17b 所示为每一应力水平有一组试样的 S-N 曲线。

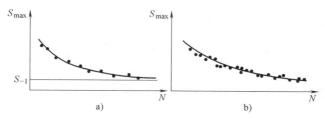

图 12-17　对称循环下的两种典型的 S-N 曲线

如果每组有足够多的试样数据，则试验点形成分布带，S-N 曲线通常位于分布带的中央（又称均值）。S-N 曲线若有水平渐近线，则表示试样经历无穷多次应力循环而不发生破坏，渐近线的纵坐标即为光滑小试样的疲劳极限。对于应力比为 r 的情形，其疲劳极限用 S_r 表示；对称循环下的疲劳极限为 S_{-1}。

所谓"无穷多次"应力循环，在试验中是难以实现的。工程设计中通常规定：对于 S-N 曲线有水平渐近线的材料（如结构钢），若经历 10^7 次应力循环而不破坏，即认为可承受无穷多次应力循环；对于 S-N 曲线没有水平渐近线的材料（例如铝合金），规定某一循环次数（例如 2×10^7 次）下不破坏时的最大应力作为条件疲劳极限。

12.5　影响疲劳寿命的因素

前面介绍的光滑小试样的疲劳极限，并不是零件的疲劳极限，零件的疲劳极限则与零件的应力集中程度、尺寸、表面加工质量以及所承受的应力变化状况有关。

12.5.1　应力集中的影响——有效应力集中因数

在构件或零件截面形状和尺寸突变处（如阶梯轴轴肩圆角、开孔、切槽等），局部应力远远大于按一般理论公式算得的数值，这种现象称为应力集中。显然，应力集中的存在不仅有利于形成初始的疲劳裂纹，而且有利于裂纹的扩展，从而降低零件的疲劳极限。

在弹性范围内，应力集中处的最大应力（又称峰值应力）与名义应力的比值称为理论应力集中因数。用 K_t 表示，即

$$K_t = \frac{S_{max}}{S_n} \tag{12-21}$$

式中，S_{max} 为峰值应力；S_n 为名义应力。对于正应力 K_t 为 $K_{t\sigma}$；对于切应力 K_t 为 $K_{t\tau}$。

理论应力集中因数只考虑了零件的几何形状和尺寸的影响，没有考虑不同材料对于应力集中具有不同的敏感性。因此，根据理论应力集中因数不能直接确定应力集中对疲劳极限的影响程度。考虑应力集中对疲劳极限的影响，工程上采用有效应力集中因数（effective stress concentration factor）。

有效应力集中因数不仅与零件的形状和尺寸有关，而且与材料有关。前者由理论应力集中因数反映；后者由缺口敏感因数（notch sensitivity factor）q 反映。三者之间有如下关系：

$$K_f = 1 + q(K_t - 1) \tag{12-22}$$

此式对于正应力和切应力集中都适用。

12.5.2 零件尺寸的影响——尺寸因数

前面所讲的疲劳极限为光滑小试样（直径 6~10mm）的试验结果，称为"试样的疲劳极限"或"材料的疲劳极限"。试验结果表明，随着试样直径的增加，疲劳极限将下降，而且对于钢材，强度越高，疲劳极限下降越明显。因此，当零件尺寸大于标准试样尺寸时，必须考虑尺寸的影响。

尺寸引起疲劳极限降低的原因主要有以下几种：一是毛坯质量因尺寸而异，大尺寸毛坯所包含的缩孔、裂纹、夹杂物等要比小尺寸毛坯多；二是大尺寸零件表面积和表层体积都比较大，而裂纹源一般都在表面或表面层下，故形成疲劳源的概率也比较大；三是应力梯度的影响，如图 12-18 所示，若大、小零件的最大应力均相同，则大尺寸构件中的应力沿深度方向的变化率比小尺寸构件的小，当应力由最大值变化到某一数值 σ_0 时，大尺寸构件中的高应力区比小尺寸构件中的大。相应地，大尺寸构件高应力区中所包含的晶粒（当然也包括晶界、夹杂物、缺陷

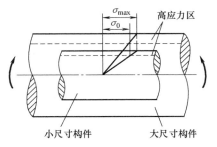

图 12-18　尺寸对疲劳极限的影响

等）也比小尺寸构件的多。所以，对于同样的最大应力值，在大尺寸构件中，疲劳裂纹形成和扩展的概率比较高。

零件尺寸对疲劳极限的影响用尺寸因数 ε 度量：

$$\varepsilon = \frac{(\sigma_{-1})_{\mathrm{d}}}{\sigma_{-1}} \tag{12-23}$$

式中，σ_{-1} 和 $(\sigma_{-1})_{\mathrm{d}}$ 分别为试样和光滑零件在对称循环下的疲劳极限。式（12-23）也适用于切应力循环的情形。

12.5.3 表面加工质量的影响——表面质量因数

零件承受弯曲或扭转时，表层应力最大，对于几何形状有突变的拉压构件，表层处也会出现较大的峰值应力。因此，表面加工质量将会直接影响裂纹的形成和扩展，从而影响零件的疲劳极限。

表面加工质量对疲劳极限的影响，用表面质量因数 β 量度：

$$\beta = \frac{(\sigma_{-1})_{\beta}}{\sigma_{-1}} \tag{12-24}$$

式中，σ_{-1} 和 $(\sigma_{-1})_{\beta}$ 分别为磨削加工和其他加工时的对称循环疲劳极限。

上述各种影响零件疲劳极限的因数都可以从有关的设计手册中查到。本书不再赘述。

12.6 有限寿命设计与无限寿命设计

12.6.1 基本概念

若将 $S_{\max}$-N 试验数据标在 $\lg S$-$\lg N$ 坐标中，所得到的应力-寿命曲线可近似视为由两段

直线所组成，如图 12-19 所示。两直线交点的横坐标值 N_0，称为循环基数；与循环基数对应的应力值（交点的纵坐标）即为疲劳极限。因为循环基数都比较大（10^6 次以上），故按疲劳极限进行强度设计，称为无限寿命设计。双对数坐标中 lg$S$-lg$N$ 曲线的斜直线部分，可以表示成

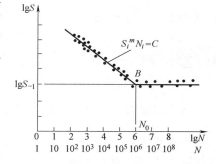

$$S_i^m N_i = C \qquad (12\text{-}25)$$

图 12-19　双对数坐标中的
应力-寿命曲线

式中，m 和 C 均为与材料有关的常数。斜直线上一点的纵坐标为试样所承受的最大应力 S_i，在这一应力水平下试样发生疲劳破坏的寿命为 N_i。S_i 称为在规定寿命 N_i 下的条件疲劳极限。按照条件疲劳极限进行强度设计，称为有限寿命设计。因此，双对数坐标中 lg$S$-lg$N$ 曲线上循环基数 N_0 以右部分（水平直线）称为无限寿命区；以左部分（斜直线）称为有限寿命区。

本书只简单介绍无限寿命设计方法。

12.6.2　无限寿命设计方法简述

若交变应力的应力幅值均保持不变，则称为等幅交变应力（alternative stress with equal amplitude）。

工程设计中一般都是根据静载设计准则首先确定构件或零部件的初步尺寸，然后再根据疲劳强度设计准则对危险部位做疲劳强度校核。通常将疲劳强度设计准则写成安全因数的形式，即

$$n \geqslant [n] \qquad (12\text{-}26)$$

式中，n 为零部件的工作安全因数，又称计算安全因数；$[n]$ 为规定安全因数，又称许用安全因数。

当材料较均匀，且载荷和应力计算精确时，取 $[n]=1.3$；当材料均匀程度较差、载荷和应力计算精确度又不高时，取 $[n]=1.5\sim1.8$；当材料均匀程度和载荷、应力计算精确度都很差时，取 $[n]=1.8\sim2.5$。

疲劳强度计算的主要工作是计算工作安全因数 n。

12.6.3　等幅对称应力循环下的工作安全因数

在对称应力循环下，应力比 $r=-1$，对于正应力循环，平均应力 $\sigma_m=0$，应力幅 $\sigma_a = \sigma_{\max}$；对于切应力循环，则有 $\tau_m=0$，$\tau_a = \tau_{\max}$。考虑到上一节中关于应力集中、尺寸和表面加工质量的影响，正应力和切应力循环时的工作安全因数分别为

$$n_\sigma = \cfrac{\sigma_{-1}}{\cfrac{K_{f\sigma}}{\varepsilon\beta}\sigma_a} \qquad (12\text{-}27)$$

$$n_\tau = \cfrac{\tau_{-1}}{\cfrac{K_{f\tau}}{\varepsilon\beta}\tau_a} \qquad (12\text{-}28)$$

式中，n_σ、n_τ 为工作安全因数；σ_{-1}、τ_{-1} 为光滑小试样在对称应力循环下的疲劳极限；$K_{f\sigma}$、$K_{f\tau}$ 为有效应力集中因数；ε 为尺寸因数；β 为表面质量因数。

12.7 结论与讨论

12.7.1 不同情形下动荷因数具有不同的形式

比较式（12-13）和式（12-7），可以看出，冲击载荷的动荷因数与等加速度运动构件的动荷因数，有着明显的差别。即使同是冲击载荷，有初速度的落体冲击与没有初速度的自由落体冲击时的动荷因数也是不同的。落体冲击与非落体冲击（例如，图 12-20 所示的水平冲击）时的动荷因数，也是不同的。

因此，使用动荷因数计算动载荷与动应力时一定要选择与动载荷情形相一致的动荷因数表达式，切勿张冠李戴。

有兴趣的读者，不妨应用机械能守恒定律导出图 12-20 所示的水平冲击时的动荷因数。

12.7.2 运动物体突然制动时的动载荷与动应力

运动物体或运动构件突然制动时也会在构件中产生冲击载荷与冲击应力。例如，图 12-21 所示的鼓轮绕点 D 处垂直于纸平面的轴等速转动，从而使绕在其上的缆绳带动重物以等速度升降。当鼓轮突然被制动而停止转动时，悬挂重物的缆绳就会受到很大的冲击载荷作用。

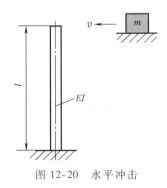

图 12-20　水平冲击

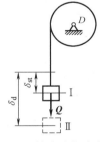

图 12-21　制动时的冲击载荷

这种情形下，如果能够正确地选择势能零点，分析重物在不同位置时的动能和势能，应用机械能守恒定律也可以确定缆绳受的冲击载荷。为了简化，可以不考虑鼓轮的质量。有兴趣的读者也可以一试。

12.7.3 提高构件疲劳强度的途径

所谓提高疲劳强度，通常是指在不改变构件的基本尺寸和材料的前提下，通过减小应力集中和改善表面质量，以提高构件的疲劳极限。通常有以下一些途径：

1. 缓和应力集中

截面突变处的应力集中是产生裂纹以及裂纹扩展的重要原因，通过适当加大截面突变处的过渡圆角以及其他措施，有利于缓和应力集中，从而可以明显地提高构件的疲劳强度。

2. 提高构件表面层质量

在应力非均匀分布的情形（例如弯曲和扭转）下，疲劳裂纹大都从构件表面开始形成和扩展。因此，通过机械的或化学的方法对构件表面进行强化处理，改善表面层质量，将使构件的疲劳强度有明显的提高。

表面热处理和化学处理（例如表面高频淬火、渗碳、渗氮和碳氮共渗等），冷压机械加工（例如表面滚压和喷丸处理等），都有助于提高构件表面层的质量。

这些表面处理，一方面可以使构件表面的材料强度提高；另一方面可以在表面层中产生残余压应力，抑制疲劳裂纹的形成和扩展。

喷丸处理方法，近年来得到广泛应用，并取得了明显的效益。这种方法是将很小的钢丸、铸铁丸、玻璃丸或其他硬度较大的小丸以很高的速度喷射到构件表面上，使表面材料产生塑性变形而强化，同时产生较大的残余压应力，这种残余压应力能够起到遏制裂纹扩展的作用。

习　题

12-1　习题 12-1 图所示的 No. 20a 普通热轧槽钢以等减速度下降，若在 0.2s 时间内速度由 1.8m/s 降至 0.6m/s，已知 $l=6m$，$b=1m$。试求槽钢中最大的弯曲正应力。

12-2　钢制圆轴 AB 上装有一开孔的均质圆盘如习题 12-2 图所示。圆盘厚度为 δ，孔直径 300mm。圆盘和轴一起以匀角速度 ω 转动。若已知：$\delta=30mm$，$a=1000mm$，$e=300mm$；轴直径 $d=120mm$，$\omega=40rad/s$；圆盘材料密度 $\rho=7.8\times10^3 kg/m^3$。试求由于开孔引起的轴内最大弯曲正应力（提示：可以将圆盘上的孔作为一负质量（$-m$），计算由这一负质量引起的惯性力）。

习题 12-1 图

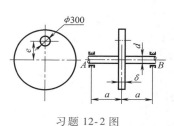

习题 12-2 图

12-3　质量为 m 的均质矩形平板用两根平行且等长的轻杆悬挂着，如习题 12-3 图所示。已知平板的尺寸为 h、l。若将平板在图示位置无初速度释放，试求此瞬时两杆所受的轴向力。

12-4　试确定下列各题中轴上点 B 的应力比：

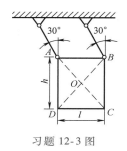

习题 12-3 图

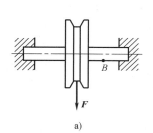

a)

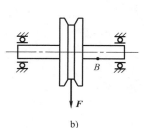

b)

习题 12-4 图

（1）习题 12-4 图 a 所示为轴固定不动，滑轮绕轴转动，滑轮上作用着不变载荷 **F**。

（2）习题 12-4 图 b 所示为轴与滑轮固结成一体转动，滑轮上作用着不变载荷 **F**。

12-5 确定下列各题中构件上指定点 B 的应力比：

（1）习题 12-5 图 a 所示为一端固定的圆轴，在自由端处装有一绕轴转动的轮子，轮上有一偏心质量 m。

（2）习题 12-5 图 b 所示为旋转轴，其上安装有偏心零件 AC。

（3）习题 12-5 图 c 所示为梁上安装有偏心转子电动机，引起振动，梁的静载挠度为 δ，振幅为 a。

（4）习题 12-5 图 d 所示为小齿轮（主动轮）驱动大齿轮时，小齿轮上的点 B。

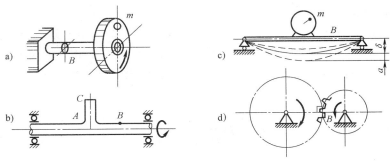

习题 12-5 图

附 录

附录 A 型钢表（GB/T 706—2008）

表 A-1 热轧等边角钢

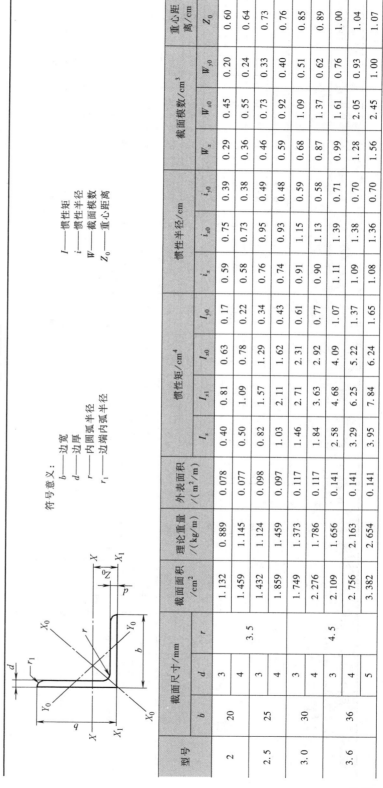

符号意义：
b——边宽
d——边厚
r——内圆弧半径
r_1——边端内弧半径

I——惯性矩
i——惯性半径
W——截面模数
Z_0——重心距离

型号	截面尺寸/mm			截面面积/cm²	理论重量/(kg/m)	外表面积/(m²/m)	惯性矩/cm⁴				惯性半径/cm			截面模数/cm³			重心距离/cm
	b	d	r				I_x	I_{x1}	I_{x0}	I_{y0}	i_x	i_{x0}	i_{y0}	W_x	W_{x0}	W_{y0}	Z_0
2	20	3	3.5	1.132	0.889	0.078	0.40	0.81	0.63	0.17	0.59	0.75	0.39	0.29	0.45	0.20	0.60
		4		1.459	1.145	0.077	0.50	1.09	0.78	0.22	0.58	0.73	0.38	0.36	0.55	0.24	0.64
2.5	25	3		1.432	1.124	0.098	0.82	1.57	1.29	0.34	0.76	0.95	0.49	0.46	0.73	0.33	0.73
		4		1.859	1.459	0.097	1.03	2.11	1.62	0.43	0.74	0.93	0.48	0.59	0.92	0.40	0.76
3.0	30	3	4.5	1.749	1.373	0.117	1.46	2.71	2.31	0.61	0.91	1.15	0.59	0.68	1.09	0.51	0.85
		4		2.276	1.786	0.117	1.84	3.63	2.92	0.77	0.90	1.13	0.58	0.87	1.37	0.62	0.89
3.6	36	3		2.109	1.656	0.141	2.58	4.68	4.09	1.07	1.11	1.39	0.71	0.99	1.61	0.76	1.00
		4		2.756	2.163	0.141	3.29	6.25	5.22	1.37	1.09	1.38	0.70	1.28	2.05	0.93	1.04
		5		3.382	2.654	0.141	3.95	7.84	6.24	1.65	1.08	1.36	0.70	1.56	2.45	1.00	1.07

（续）

型号	b	d	r	截面面积/cm²	理论重量/(kg/m)	外表面积/(m²/m)	I_x	I_{x1}	I_{x0}	I_{y0}	i_x	i_{x0}	i_{y0}	W_x	W_{x0}	W_{y0}	Z_0
4	40	3		2.359	1.852	0.157	3.59	6.41	5.69	1.49	1.23	1.55	0.79	1.23	2.01	0.96	1.09
		4		3.086	2.422	0.157	4.60	8.56	7.29	1.91	1.22	1.54	0.79	1.60	2.58	1.19	1.13
		5		3.791	2.976	0.156	5.53	10.74	8.76	2.30	1.21	1.52	0.78	1.96	3.10	1.39	1.17
4.5	45	3	5	2.659	2.088	0.177	5.17	9.12	8.20	2.14	1.40	1.76	0.89	1.58	2.58	1.24	1.22
		4		3.486	2.736	0.177	6.65	12.18	10.56	2.75	1.38	1.74	0.89	2.05	3.32	1.54	1.26
		5		4.292	3.369	0.176	8.04	15.2	12.74	3.33	1.37	1.72	0.88	2.51	4.00	1.81	1.30
		6		5.076	3.985	0.176	9.33	18.36	14.76	3.89	1.36	1.70	0.8	2.95	4.64	2.06	1.33
5	50	3	5.5	2.971	2.332	0.197	7.18	12.5	11.37	2.98	1.55	1.96	1.00	1.96	3.22	1.57	1.34
		4		3.897	3.059	0.197	9.26	16.69	14.70	3.82	1.54	1.94	0.99	2.56	4.16	1.96	1.38
		5		4.803	3.770	0.196	11.21	20.90	17.79	4.64	1.53	1.92	0.98	3.13	5.03	2.31	1.42
		6		5.688	4.465	0.196	13.05	25.14	20.68	5.42	1.52	1.91	0.98	3.68	5.85	2.63	1.46
5.6	56	3	6	3.343	2.624	0.221	10.19	17.56	16.14	4.24	1.75	2.20	1.13	2.48	4.08	2.02	1.48
		4		4.390	3.446	0.220	13.18	23.43	20.92	5.46	1.73	2.18	1.11	3.24	5.28	2.52	1.53
		5		5.415	4.251	0.220	16.02	29.33	25.42	6.61	1.72	2.17	1.10	3.97	6.42	2.98	1.57
		6		6.420	5.040	0.220	18.69	35.26	29.66	7.73	1.71	2.15	1.10	4.68	7.49	3.40	1.61
		7		7.404	5.812	0.219	21.23	41.23	33.63	8.82	1.69	2.13	1.09	5.36	8.49	3.80	1.64
		8		8.367	6.568	0.219	23.63	47.24	37.37	9.89	1.68	2.11	1.09	6.03	9.44	4.16	1.68
6	60	5	6.5	5.829	4.576	0.236	19.89	36.05	31.57	8.21	1.85	2.33	1.19	4.59	7.44	3.48	1.67
		6		6.914	5.427	0.235	23.25	43.33	36.89	9.60	1.83	2.31	1.18	5.41	8.70	3.98	1.70
		7		7.977	6.262	0.235	26.44	50.65	41.92	10.96	1.82	2.29	1.17	6.21	9.88	4.45	1.74
		8		9.020	7.081	0.235	29.47	58.02	46.66	12.28	1.81	2.27	1.17	6.98	11.00	4.88	1.78

型号	b	d	r														
6.3	63	4	7	4.978	3.907	0.248	19.03	33.35	30.17	7.89	1.96	2.46	1.26	4.13	6.78	3.29	1.70
		5		6.143	4.822	0.248	23.17	41.73	36.77	9.57	1.94	2.45	1.25	5.08	8.25	3.90	1.74
		6		7.288	5.721	0.247	27.12	50.14	43.03	11.20	1.93	2.43	1.24	6.00	9.66	4.46	1.78
		7		8.412	6.603	0.247	30.87	58.60	48.96	12.79	1.92	2.41	1.23	6.88	10.99	4.98	1.82
		8		9.515	7.469	0.247	34.46	67.11	54.56	14.33	1.90	2.40	1.23	7.75	12.25	5.47	1.85
		10		11.657	9.151	0.246	41.09	84.31	64.85	17.33	1.88	2.36	1.22	9.39	14.56	6.36	1.93
7	70	4	8	5.570	4.372	0.275	26.39	45.74	41.80	10.99	2.18	2.74	1.40	5.14	8.44	4.17	1.86
		5		6.875	5.397	0.275	32.21	57.21	51.08	13.31	2.16	2.73	1.39	6.32	10.32	4.95	1.91
		6		8.160	6.406	0.275	37.77	68.73	59.93	15.61	2.15	2.71	1.38	7.48	12.11	5.67	1.95
		7		9.424	7.398	0.275	43.09	80.29	68.35	17.82	2.14	2.69	1.38	8.59	13.81	6.34	1.99
		8		10.667	8.373	0.274	48.17	91.92	76.37	19.98	2.12	2.68	1.37	9.68	15.43	6.98	2.03
7.5	75	5	9	7.412	5.818	0.295	39.97	70.56	63.30	16.63	2.33	2.92	1.50	7.32	11.94	5.77	2.04
		6		8.797	6.905	0.294	46.95	84.55	74.38	19.51	2.31	2.90	1.49	8.64	14.02	6.67	2.07
		7		10.160	7.976	0.294	53.57	98.71	84.96	22.18	2.30	2.89	1.48	9.93	16.02	7.44	2.11
		8		11.503	9.030	0.294	59.96	112.97	95.07	24.86	2.28	2.88	1.47	11.20	17.93	8.19	2.15
		9		12.825	10.068	0.294	66.10	127.30	104.71	27.48	2.27	2.86	1.46	12.43	19.75	8.89	2.18
		10		14.126	11.089	0.293	71.98	141.71	113.92	30.05	2.26	2.84	1.46	13.64	21.48	9.56	2.22
8	80	5	9	7.912	6.211	0.315	48.79	85.36	77.33	20.25	2.48	3.13	1.60	8.34	13.67	6.66	2.15
		6		9.397	7.376	0.314	57.35	102.50	90.98	23.72	2.47	3.11	1.59	9.87	16.08	7.65	2.19
		7		10.860	8.525	0.314	65.58	119.70	104.07	27.09	2.46	3.10	1.58	11.37	18.40	8.58	2.23
		8		12.303	9.658	0.314	73.49	136.97	116.60	30.39	2.44	3.08	1.57	12.83	20.61	9.46	2.27
		9		13.725	10.774	0.314	81.11	154.31	128.60	33.61	2.43	3.06	1.56	14.25	22.73	10.29	2.31
		10		15.126	11.874	0.313	88.43	171.74	140.09	36.77	2.42	3.04	1.56	15.64	24.76	11.08	2.35

（续）

型号	截面尺寸/mm b	d	r	截面面积/cm²	理论重量/(kg/m)	外表面积/(m²/m)	I_x	I_{x1}	I_{x0}	I_{y0}	i_x	i_{x0}	i_{y0}	W_x	W_{x0}	W_{y0}	Z_0
9	90	6	10	10.637	8.350	0.354	82.77	145.87	131.26	34.28	2.79	3.51	1.80	12.61	20.63	9.95	2.44
		7		12.301	9.656	0.354	94.83	170.30	150.47	39.18	2.78	3.50	1.78	14.54	23.64	11.19	2.48
		8		13.944	10.946	0.353	106.47	194.80	168.97	43.97	2.76	3.48	1.78	16.42	26.55	12.35	2.52
		9		15.566	12.219	0.353	117.72	219.39	186.77	48.66	2.75	3.46	1.77	18.27	29.35	13.46	2.56
		10		17.167	13.476	0.353	128.58	244.07	203.90	53.26	2.74	3.45	1.76	20.07	32.04	14.52	2.59
		12		20.306	15.940	0.352	149.22	293.76	236.21	62.22	2.71	3.41	1.75	23.57	37.12	16.49	2.67
10	100	6	12	11.932	9.366	0.393	114.95	200.07	181.98	47.92	3.10	3.90	2.00	15.68	25.74	12.69	2.67
		7		13.796	10.830	0.393	131.86	233.54	208.97	54.74	3.09	3.89	1.99	18.10	29.55	14.26	2.71
		8		15.638	12.276	0.393	148.24	267.09	235.07	61.41	3.08	3.88	1.98	20.47	33.24	15.75	2.76
		9		17.462	13.708	0.392	164.12	300.73	260.30	67.95	3.07	3.86	1.97	22.79	36.81	17.18	2.80
		10		19.261	15.120	0.392	179.51	334.48	284.68	74.35	3.05	3.84	1.96	25.06	40.26	18.54	2.84
		12		22.800	17.898	0.391	208.90	402.34	330.95	86.84	3.03	3.81	1.95	29.48	46.80	21.08	2.91
		14		26.256	20.611	0.391	236.53	470.75	374.06	99.00	3.00	3.77	1.94	33.73	52.90	23.44	2.99
		16		29.627	23.257	0.390	262.53	539.80	414.16	110.89	2.98	3.74	1.94	37.82	58.57	25.63	3.06
11	110	7	12	15.196	11.928	0.433	177.16	310.64	280.94	73.38	3.41	4.30	2.20	22.05	36.12	17.51	2.96
		8		17.238	13.535	0.433	199.46	355.20	316.49	82.42	3.40	4.28	2.19	24.95	40.69	19.39	3.01
		10		21.261	16.690	0.432	242.19	444.65	384.39	99.98	3.38	4.25	2.17	30.68	49.42	22.91	3.09
		12		25.200	19.782	0.431	282.55	534.60	448.17	116.93	3.35	4.22	2.15	36.05	57.62	26.15	3.16
		14		29.056	22.809	0.431	320.71	625.16	508.01	133.40	3.32	4.18	2.14	41.31	65.31	29.14	3.24
12.5	125	8	14	19.750	15.504	0.492	297.03	521.01	470.89	123.16	3.88	4.88	2.50	32.52	53.28	25.86	3.37
		10		24.373	19.133	0.491	361.67	651.93	573.89	149.46	3.85	4.85	2.48	39.97	64.93	30.62	3.45
		12		28.912	22.696	0.491	423.16	783.42	671.44	174.88	3.83	4.82	2.46	41.17	75.96	35.03	3.53
		14		33.367	26.193	0.490	481.65	915.61	763.73	199.57	3.80	4.78	2.45	54.16	86.41	39.13	3.61
		16		37.739	29.625	0.489	537.31	1048.62	850.98	223.65	3.77	4.75	2.43	60.93	96.28	42.96	3.68

14	140	10	27.373	21.488	0.551	514.65	915.11	817.27	212.04	4.34	5.46	2.78	50.58	82.56	39.20	3.82	
		12	32.512	25.522	0.551	603.68	1099.28	958.79	248.57	4.31	5.43	2.76	59.80	96.85	45.02	3.90	
		14	37.567	29.490	0.550	688.81	1284.22	1093.56	284.06	4.28	5.40	2.75	68.75	110.47	50.45	3.98	
		16	42.539	33.393	0.549	770.24	1470.07	1221.81	318.67	4.26	5.36	2.74	77.46	123.42	55.55	4.06	
15	150	8	23.750	18.644	0.592	521.37	899.55	827.49	215.25	4.69	5.90	3.01	47.36	78.02	38.14	3.99	14
		10	29.373	23.058	0.591	637.50	1125.09	1012.79	262.21	4.66	5.87	2.99	58.35	95.49	45.51	4.08	
		12	34.912	27.406	0.591	748.85	1351.26	1189.97	307.73	4.63	5.84	2.97	69.04	112.19	52.38	4.15	
		14	40.367	31.688	0.590	855.64	1578.25	1359.30	351.98	4.60	5.80	2.95	79.45	128.16	58.83	4.23	
		15	43.063	33.804	0.590	907.39	1692.10	1441.09	373.69	4.59	5.78	2.95	84.56	135.87	61.90	4.27	
		16	45.739	35.905	0.589	958.08	1806.21	1521.02	395.14	4.58	5.77	2.94	89.59	143.40	64.89	4.31	
16	160	10	31.502	24.729	0.630	779.53	1365.33	1237.30	321.76	4.98	6.27	3.20	66.70	109.36	52.76	4.31	
		12	37.441	29.391	0.630	916.58	1639.57	1455.68	377.49	4.95	6.24	3.18	78.98	128.67	60.74	4.39	
		14	43.296	33.987	0.629	1048.36	1914.68	1665.02	431.70	4.92	6.20	3.16	90.95	147.17	68.24	4.47	
		16	49.067	38.518	0.629	1175.08	2190.82	1865.57	484.59	4.89	6.17	3.14	102.63	164.89	75.31	4.55	16
18	180	12	42.241	33.159	0.710	1321.35	2332.80	2100.10	542.61	5.59	7.05	3.58	100.82	165.00	78.41	4.89	
		14	48.896	38.383	0.709	1514.48	2723.48	2407.42	621.53	5.56	7.02	3.56	116.25	189.14	88.38	4.97	
		16	55.467	43.542	0.709	1700.99	3115.29	2703.37	698.60	5.54	6.98	3.55	131.13	212.40	97.83	5.05	
		18	61.055	48.634	0.708	1875.12	3502.43	2988.24	762.01	5.50	6.94	3.51	145.64	234.78	105.14	5.13	

（续）

型号	截面尺寸/mm			截面面积/cm²	理论重量/(kg/m)	外表面积/(m²/m)	惯性矩/cm⁴				惯性半径/cm			截面模数/cm³			重心距离/cm
	b	d	r				I_x	I_{x1}	I_{x0}	I_{y0}	i_x	i_{x0}	i_{y0}	W_x	W_{x0}	W_{y0}	Z_0
20	200	14	18	54.642	42.894	0.788	2103.55	3734.10	3343.26	863.83	6.20	7.82	3.98	144.70	236.40	111.82	5.46
		16		62.013	48.680	0.788	2366.15	4270.39	3760.89	971.41	6.18	7.79	3.96	163.65	265.93	123.96	5.54
		18		69.301	54.401	0.787	2620.64	4808.13	4164.54	1076.74	6.15	7.75	3.94	182.22	294.48	135.52	5.62
		20		76.505	60.056	0.787	2867.30	5347.51	4554.55	1180.04	6.12	7.72	3.93	200.42	322.06	146.55	5.69
		24		90.661	71.168	0.785	3338.25	6457.16	5294.97	1381.53	6.07	7.64	3.90	236.17	374.41	166.65	5.87
22	220	16	21	68.664	53.901	0.866	3187.36	5681.62	5063.73	1310.99	6.81	8.59	4.37	199.55	325.51	153.81	6.03
		18		76.752	60.250	0.866	3534.30	6395.93	5615.32	1453.27	6.79	8.55	4.35	222.37	360.97	168.29	6.11
		20		84.756	66.533	0.865	3871.49	7112.04	6150.08	1592.90	6.76	8.52	4.34	244.77	395.34	182.16	6.18
		22		92.676	72.751	0.865	4199.23	7830.19	6668.37	1730.10	6.78	8.48	4.32	266.78	428.66	195.45	6.26
		24		100.512	78.902	0.864	4517.83	8550.57	7170.55	1865.11	6.70	8.45	4.31	288.39	460.94	208.21	6.33
		26		108.264	84.987	0.864	4827.58	9273.39	7656.98	1998.17	6.68	8.41	4.30	309.62	492.21	220.49	6.41
25	250	18	24	87.842	68.956	0.985	5268.22	9379.11	8369.04	2167.41	7.74	9.76	4.97	290.12	473.42	224.03	6.84
		20		97.045	76.180	0.984	5779.34	10426.97	9181.94	2376.74	7.72	9.73	4.95	319.66	519.41	242.85	6.92
		24		115.201	90.433	0.983	6763.93	12529.74	10742.67	2785.19	7.66	9.66	4.92	377.34	607.70	278.38	7.07
		26		124.154	97.461	0.982	7238.08	13585.18	11491.33	2984.84	7.63	9.62	4.90	405.50	650.05	295.19	7.15
		28		133.022	104.422	0.982	7709.60	14643.62	12219.39	3181.81	7.61	9.58	4.89	433.22	691.23	311.42	7.22
		30		141.807	111.318	0.981	8151.80	15705.30	12927.26	3376.34	7.58	9.55	4.88	460.51	731.28	327.12	7.30
		32		150.508	118.149	0.981	8592.01	16770.41	13615.32	3568.71	7.56	9.51	4.87	487.39	770.20	342.33	7.37
		35		163.402	128.271	0.980	9232.44	18374.95	14611.16	3853.72	7.52	9.46	4.86	526.97	826.53	364.30	7.48

注：截面图中的 $r_1 = 1/3d$ 及表中 r 的数据用于孔型设计，不做交货条件。

表 A-2　热轧不等边角钢

符号意义：
B——长边宽度
d——边厚
r_1——边端内弧半径
i——惯性半径
X_0——重心距离
b——短边宽度
r——内圆弧半径
I——惯性矩
W——截面模数
Y_0——重心距离

型号	截面尺寸/mm				截面面积 /cm²	理论重量 /(kg/m)	外表面积 /(m²/m)	惯性矩/cm⁴					惯性半径/cm			截面模数/cm³			tanα	重心距离/cm	
	B	b	d	r				I_x	I_{x1}	I_y	I_{y1}	I_u	i_x	i_y	i_u	W_x	W_y	W_u		X_0	Y_0
2.5/1.6	25	16	3	3.5	1.162	0.912	0.080	0.70	1.56	0.22	0.43	0.14	0.78	0.44	0.34	0.43	0.19	0.16	0.392	0.42	0.86
			4		1.499	1.176	0.079	0.88	2.09	0.27	0.59	0.17	0.77	0.43	0.34	0.55	0.24	0.20	0.381	0.46	1.86
3.2/2	32	20	3	3.5	1.492	1.171	0.102	1.53	3.27	0.46	0.82	0.28	1.01	0.55	0.43	0.72	0.30	0.25	0.382	0.49	0.90
			4		1.939	1.522	0.101	1.93	4.37	0.57	1.12	0.35	1.00	0.54	0.42	0.93	0.39	0.32	0.374	0.53	1.08
4/2.5	40	25	3	4	1.890	1.484	0.127	3.08	5.39	0.93	1.59	0.56	1.28	0.70	0.54	1.15	0.49	0.40	0.385	0.59	1.12
			4		2.467	1.936	0.127	3.93	8.53	1.18	2.14	0.71	1.36	0.69	0.54	1.49	0.63	0.52	0.381	0.63	1.32
4.5/2.8	45	28	3	5	2.149	1.687	0.143	445	9.10	1.34	2.23	0.80	1.44	0.79	0.61	1.47	0.62	0.51	0.383	0.64	1.37
			4		2.806	2.203	0.143	5.69	12.13	1.70	3.00	1.02	1.42	0.78	0.60	1.91	0.80	0.66	0.380	0.68	1.47
5/3.2	50	32	3	5.5	2.431	1.908	0.161	6.24	12.49	2.02	3.31	1.20	1.60	0.91	0.70	1.84	0.82	0.68	0.404	0.73	1.51
			4		3.177	2.494	0.160	8.02	16.65	2.58	4.45	1.53	1.59	0.90	0.69	2.39	1.06	0.87	0.402	0.77	1.60
5.6/3.6	56	36	3	6	2.743	2.153	0.181	8.88	17.54	2.92	4.70	1.73	1.80	1.03	0.79	2.32	1.05	0.87	0.408	0.80	1.65
			4		3.590	2.818	0.180	11.45	23.39	3.76	6.33	2.23	1.79	1.02	0.79	3.03	1.37	1.13	0.408	0.85	1.78
			5		4.415	3.466	0.180	13.86	29.25	4.49	7.94	2.67	1.77	1.01	0.78	3.71	1.65	1.36	0.404	0.88	1.82

（续）

型号	B	b	d	r	截面面积/cm²	理论重量/(kg/m)	外表面积/(m²/m)	I_x	I_{x1}	I_y	I_{y1}	I_u	i_x	i_y	i_u	W_x	W_y	W_u	$\tan\alpha$	X_0	Y_0
								惯性矩/cm⁴					惯性半径/cm			截面模数/cm³				重心距离/cm	
6.3/4	63	40	4	7	4.058	3.185	0.202	16.49	33.30	5.23	8.63	3.12	2.20	1.14	0.88	3.87	1.70	1.40	0.398	0.92	1.87
			5		4.993	3.920	0.202	20.02	41.63	6.31	10.86	3.76	2.00	1.12	0.87	4.74	2.07	1.71	0.396	0.95	2.04
			6		5.908	4.638	0.201	23.36	49.98	7.29	13.12	4.34	1.96	1.11	0.86	5.59	2.43	1.99	0.393	0.99	2.08
			7		6.802	5.339	0.201	26.53	58.07	8.24	15.47	4.97	1.98	1.10	0.86	6.40	2.78	2.29	0.389	1.03	2.12
7/4.5	70	45	4	7.5	4.547	3.570	0.226	23.17	45.92	7.55	12.26	4.40	2.26	1.29	0.98	4.86	2.17	1.77	0.410	1.02	2.15
			5		5.609	4.403	0.225	27.95	57.10	9.13	15.39	5.40	2.23	1.28	0.98	5.92	2.65	2.19	0.407	1.06	2.24
			6		6.647	5.218	0.225	32.54	68.35	10.62	18.58	6.35	2.21	1.26	0.98	6.95	3.12	2.59	0.404	1.09	2.28
			7		7.657	6.011	0.225	37.22	79.99	12.01	21.84	7.16	2.20	1.25	0.97	8.03	3.57	2.94	0.402	1.13	2.32
7.5/5	75	50	5	8	6.125	4.808	0.245	34.86	70.00	12.61	21.04	7.41	2.39	1.44	1.10	6.83	3.30	2.74	0.435	1.17	2.36
			6		7.260	5.699	0.245	41.12	84.30	14.70	25.87	8.54	2.38	1.42	1.08	8.12	3.88	3.19	0.435	1.21	2.40
			8		9.467	7.431	0.244	52.39	112.50	18.53	34.23	10.87	2.35	1.40	1.07	10.52	4.99	4.10	0.429	1.29	2.44
			10		11.590	9.098	0.244	62.71	140.80	21.96	43.43	13.10	2.33	1.38	1.06	12.79	6.04	4.99	0.423	1.36	2.52
8/5	80	50	5	8	6.375	5.005	0.255	41.96	85.21	12.82	21.06	7.66	2.56	1.42	1.10	7.78	3.32	2.74	0.388	1.14	2.60
			6		7.560	5.935	0.255	49.49	102.53	14.95	25.41	8.85	2.56	1.41	1.08	9.25	3.91	3.20	0.387	1.18	2.65
			7		8.724	6.848	0.255	56.46	119.33	16.96	29.82	10.18	2.54	1.39	1.08	10.58	4.48	3.70	0.384	1.21	2.69
			8		9.867	7.745	0.254	62.83	136.41	18.85	34.32	11.38	2.52	1.38	1.07	11.92	5.03	4.16	0.381	1.25	2.73
9/5.6	90	56	5	9	7.212	5.661	0.287	60.45	121.32	18.32	29.53	10.98	2.90	1.59	1.23	9.92	4.21	3.49	0.385	1.25	2.91
			6		8.557	6.717	0.286	71.03	145.59	21.42	35.58	12.90	2.88	1.58	1.23	11.74	4.96	4.13	0.384	1.29	2.95
			7		9.880	7.756	0.286	81.01	169.60	24.36	41.71	14.67	2.86	1.57	1.22	13.49	5.70	4.72	0.382	1.33	3.00
			8		11.183	8.779	0.286	91.03	194.14	27.15	47.98	16.34	2.85	1.56	1.21	15.27	6.41	5.29	0.380	1.36	3.04

角钢号数																					
10/6.3	100	63	6	10	9.617	7.550	0.320	199.71	99.06	30.94	50.50	18.42	3.21	1.79	1.38	14.64	6.35	5.25	0.394	1.43	3.24
			7		11.111	8.722	0.320	233.00	113.45	35.26	59.14	21.00	3.20	1.78	1.38	16.88	7.29	6.02	0.394	1.47	3.28
			8		12.534	9.878	0.319	266.32	127.37	39.39	67.88	23.50	3.18	1.77	1.37	19.08	8.21	6.78	0.391	1.50	3.32
			10		15.467	12.142	0.319	333.06	153.81	47.12	85.73	28.33	3.15	1.74	1.35	23.32	9.98	8.24	0.387	1.58	3.40
10/8	100	80	6	10	10.637	8.350	0.354	199.83	107.04	61.24	102.68	31.65	3.17	2.40	1.72	15.19	10.16	8.37	0.627	1.97	2.95
			7		12.301	9.656	0.354	233.20	122.73	70.08	119.98	36.17	3.16	2.39	1.72	17.52	11.71	9.60	0.626	2.01	3.0
			8		13.944	10.946	0.353	266.61	137.92	78.58	137.37	40.58	3.14	2.37	1.71	19.81	13.21	10.80	0.625	2.05	3.04
			10		17.167	13.476	0.353	333.63	166.87	94.65	172.48	49.10	3.12	2.35	1.69	24.24	16.12	13.12	0.622	2.13	3.12
11/7	110	70	6	10	10.637	8.350	0.354	265.78	133.37	42.92	69.08	25.36	3.54	2.01	1.54	17.85	7.90	6.53	0.403	1.57	3.53
			7		12.301	9.656	0.354	310.07	153.00	49.01	80.82	28.95	3.53	2.00	1.53	20.60	9.09	7.50	0.402	1.61	3.57
			8		13.944	10.946	0.353	354.39	172.04	54.87	92.70	32.45	3.51	1.98	1.53	23.30	10.25	8.45	0.401	1.65	3.62
			10		17.167	13.476	0.353	443.13	208.39	65.88	116.83	39.20	3.48	1.96	1.51	28.54	12.48	10.29	0.397	1.72	3.70
12.5/8	125	80	7	11	14.096	11.066	0.403	454.99	227.98	74.42	120.32	43.81	4.02	2.30	1.76	26.86	12.01	9.92	0.408	1.80	4.01
			8		15.989	12.551	0.403	519.99	256.77	83.49	137.85	49.15	4.01	2.28	1.75	30.41	13.56	11.18	0.407	1.84	4.06
			10		19.712	15.474	0.402	650.09	312.04	100.67	173.40	59.45	3.98	2.26	1.47	37.33	16.56	13.64	0.404	1.92	4.14
			12		23.351	18.330	0.402	780.39	364.41	116.67	209.67	69.35	3.95	2.24	1.72	44.01	19.43	16.01	0.400	2.00	4.22
14/9	140	90	8	12	18.038	14.160	0.453	730.53	365.64	120.69	195.79	70.83	4.50	2.59	1.98	38.48	17.34	14.31	0.411	2.04	4.50
			10		22.261	17.475	0.452	913.20	445.50	140.03	245.92	85.82	4.47	2.56	1.96	47.31	21.22	17.48	0.409	2.12	4.58
			12		26.400	20.724	0.451	1096.09	521.59	169.79	296.89	100.21	4.44	2.54	1.95	55.87	24.95	20.54	0.406	2.19	4.66
			14		30.456	23.908	0.451	1279.26	594.10	192.10	348.82	114.13	4.42	2.51	1.94	64.18	28.54	23.52	0.403	2.27	4.74

（续）

型号	截面尺寸/mm				截面面积 /cm²	理论重量 /(kg/m)	外表面积 /(m²/m)	惯性矩/cm⁴					惯性半径/cm			截面模数/cm³			tanα	重心距离/cm	
	B	b	d	r				I_x	I_{x1}	I_y	I_{y1}	I_u	i_x	i_y	i_u	W_x	W_y	W_u		X_0	Y_0
15/9	150	90	8	12	18.839	14.788	0.473	442.05	898.35	122.80	195.96	74.14	4.84	2.55	1.98	43.86	17.47	14.48	0.364	1.97	4.92
			10		23.261	18.260	0.472	539.24	1122.85	148.62	246.26	89.86	4.81	2.53	1.97	53.97	21.38	17.69	0.362	2.05	5.01
			12		27.600	21.666	0.471	632.08	1347.50	172.85	297.46	104.95	4.79	2.50	1.95	63.79	25.14	20.80	0.359	2.12	5.09
			14		31.856	25.007	0.471	720.77	1572.38	195.62	349.74	119.53	4.76	2.48	1.94	73.33	28.77	23.84	0.356	2.20	5.17
			15		33.952	26.652	0.471	763.62	1684.93	206.50	376.33	126.67	4.74	2.47	1.93	77.99	30.53	25.33	0.354	2.24	5.21
			16		36.027	28.281	0.470	805.51	1797.55	217.07	403.24	133.72	4.73	2.45	1.93	82.60	32.27	26.82	0.352	2.27	5.25
16/10	160	100	10	13	25.315	19.872	0.512	668.69	1362.89	205.03	336.59	121.74	5.14	2.85	2.19	62.13	26.56	21.92	0.390	2.28	5.24
			12		30.054	23.592	0.511	784.91	1635.56	239.06	405.94	142.33	5.11	2.82	2.17	73.49	31.28	25.79	0.388	2.36	5.32
			14		34.709	27.247	0.510	896.30	1908.50	271.20	476.42	162.23	5.08	2.80	2.16	84.56	35.83	29.56	0.385	2.43	5.40
			16		39.281	30.835	0.510	1003.04	2181.79	301.60	548.22	182.57	5.05	2.77	2.16	95.33	40.24	33.44	0.382	2.51	5.48
18/11	180	110	10	14	28.373	22.273	0.571	956.25	1940.40	278.11	447.22	166.50	5.80	3.13	2.42	78.96	32.49	26.88	0.376	2.44	5.89
			12		33.712	26.440	0.571	1124.72	2328.38	325.03	538.94	194.87	5.78	3.10	2.40	93.53	38.32	31.66	0.374	2.52	5.98
			14		38.967	30.589	0.570	1286.91	2716.60	369.55	631.95	222.30	5.75	3.08	2.39	107.76	43.97	36.32	0.372	2.59	6.06
			16		44.139	34.649	0.569	1443.06	3105.15	411.85	726.46	248.94	5.72	3.06	2.38	121.64	49.44	40.87	0.369	2.67	6.14
20/12.5	200	125	12	14	37.912	29.761	0.641	1570.90	3193.85	483.16	787.74	285.79	6.44	3.57	2.74	116.73	49.99	41.23	0.392	2.83	6.54
			14		43.687	34.436	0.640	1800.97	3726.17	550.83	922.47	326.58	6.41	3.54	2.73	134.65	57.44	47.34	0.390	2.91	6.62
			16		49.739	39.045	0.639	2023.35	4258.88	615.44	1058.86	366.21	6.38	3.52	2.71	152.18	64.89	53.32	0.388	2.99	6.70
			18		55.526	43.588	0.639	2238.30	4792.00	677.19	1197.13	404.83	6.35	3.49	2.70	169.33	71.74	59.18	0.385	3.06	6.78

注：截面图中的 $r_1 = 1/3d$ 及表中 r 的数据用于孔型设计，不做交货条件。

表 A-3 热轧普通槽钢

符号意义：
h——高度
b——腿宽
d——腰厚
t——平均腿厚
r——内圆弧半径
r_1——腿端圆弧半径
I——惯性矩
W——截面模数
i——惯性半径
Z_0——Y-Y 与 Y_1-Y_1 轴线间距离

斜度1:10

型号	截面尺寸 /mm						截面面积 /cm²	理论重量 /(kg/m)	惯性矩 /cm⁴			惯性半径 /cm		截面模数 /cm³		重心距离 /cm
	h	b	d	t	r	r_1			I_x	I_y	I_{y1}	i_x	i_y	W_x	W_y	Z_0
5	50	37	4.5	7.0	7.0	3.5	6.928	5.438	26.0	8.30	20.9	1.94	1.10	10.4	3.55	1.35
6.3	63	40	4.8	7.5	7.5	3.8	8.451	6.634	50.8	11.9	28.4	2.45	1.19	16.1	4.50	1.36
6.5	65	40	4.3	7.5	7.5	3.8	8.547	6.709	55.2	12.0	28.3	2.54	1.19	17.0	4.59	1.38
8	80	43	5.0	8.0	8.0	4.0	10.248	8.045	101	16.6	37.4	3.15	1.27	25.3	5.79	1.43
10	100	48	5.3	8.5	8.5	4.2	12.748	10.007	198	25.6	54.9	3.95	1.41	39.7	7.80	1.52
12	120	53	5.5	9.0	9.0	4.5	15.362	12.059	346	37.4	77.7	4.75	1.56	57.7	10.2	1.62
12.6	126	53	5.5	9.0	9.0	4.5	15.692	12.318	391	38.0	77.1	4.95	1.57	62.1	10.2	1.59
14a	140	58	6.0	9.5	9.5	4.8	18.516	14.535	564	53.2	107	5.52	1.70	80.5	13.0	1.71
14b	140	60	8.0	9.5	9.5	4.8	21.316	16.733	609	61.1	121	5.35	1.69	87.1	14.1	1.67
16a	160	63	6.5	10.0	10.0	5.0	21.962	17.24	866	73.3	144	6.28	1.83	108	16.3	1.80
16b	160	65	8.5	10.0	10.0	5.0	25.162	19.752	935	83.4	161	6.10	1.82	117	17.6	1.75
18a	180	68	7.0	10.5	10.5	5.2	25.699	20.174	1270	98.6	190	7.04	1.96	141	20.0	1.88
18b	180	70	9.0	10.5	10.5	5.2	29.299	23.000	1370	111	210	6.84	1.95	152	21.5	1.84

（续）

型号	截面尺寸/mm						截面面积/cm²	理论重量/(kg/m)	惯性矩/cm⁴			惯性半径/cm		截面模数/cm³		重心距离/cm
	h	b	d	t	r	r_1			I_x	I_y	I_{y1}	i_x	i_y	W_x	W_y	Z_0
20a	200	73	7.0	11.0	11.0	5.5	28.837	22.637	1780	128	244	7.86	2.11	178	24.2	2.01
20b		75	9.0				32.837	25.777	1910	144	268	7.64	2.09	191	25.9	1.95
22a	220	77	7.0	11.5	11.5	5.8	31.846	24.999	2390	158	298	8.67	2.23	218	28.2	2.10
22b		79	9.0				36.246	28.453	2570	176	326	8.42	2.21	234	30.1	2.03
24a	240	78	7.0	12.0	12.0	6.0	34.217	26.860	3050	174	325	9.45	2.25	254	30.5	2.10
24b		80	9.0				39.017	30.628	3280	194	355	9.17	2.23	274	32.5	2.03
24c		82	11.0				43.817	34.396	3510	213	388	8.96	2.21	293	34.4	2.00
25a	250	78	7.0	12.0	12.0	6.0	34.917	27.410	3370	176	322	9.82	2.24	270	30.6	2.07
25b		80	9.0				39.917	31.335	3530	196	353	9.41	2.22	282	32.7	1.98
25c		82	11.0				44.917	35.260	3690	218	384	9.07	2.21	295	35.9	1.92
27a	270	82	7.5	12.5	12.5	6.2	39.284	30.838	4360	216	393	10.5	2.34	323	35.5	2.13
27b		84	9.5				44.684	35.077	4690	239	428	10.3	2.31	347	37.7	2.06
27c		86	11.5				50.084	39.316	5020	261	467	10.1	2.28	372	39.8	2.03
28a	280	82	7.5	12.5	12.5	6.2	40.034	31.427	4760	218	388	10.9	2.33	340	35.7	2.10
28b		84	9.5				45.634	35.823	5130	242	428	10.6	2.30	366	37.9	2.02
28c		86	11.5				51.234	40.219	5500	268	463	10.4	2.29	393	40.3	1.95
30a	300	85	7.5	13.5	13.5	6.8	43.902	34.463	6050	260	467	11.7	2.43	403	41.1	2.17
30b		87	9.5				49.902	39.173	6500	289	515	11.4	2.41	433	44.0	2.13
30c		89	11.5				55.902	43.883	6950	316	560	11.2	2.38	463	46.4	2.09
32a	320	88	8.0	14.0	14.0	7.0	48.513	38.083	7600	305	552	12.5	2.50	475	46.5	2.24
32b		90	10.0				54.913	43.107	8140	336	593	12.2	2.47	509	49.2	2.16
32c		92	12.0				61.313	48.131	8690	374	643	11.9	2.47	543	52.6	2.09

表 A-4 热轧普通工字钢（续）

型号	h	b	d	t	r	r₁	截面面积/cm²	理论重量/(kg/m)	I_x	I_y	W_x	i_x	i_y		W_y	i_y
36a	360	96	9.0	16.0	16.0	8.0	60.910	47.814	11900	455	818	14.0	2.73	660	63.5	2.44
36b	360	98	11.0	16.0	16.0	8.0	68.110	53.466	12700	497	880	13.6	2.70	703	66.9	2.37
36c	360	100	13.0	16.0	16.0	8.0	75.310	59.118	13400	536	948	13.4	2.67	746	70.0	2.34
40a	400	100	10.5	18.0	18.0	9.0	75.068	58.928	17600	592	1070	15.3	2.81	879	78.8	2.49
40b	400	102	12.5	18.0	18.0	9.0	83.068	65.208	18600	640	114	15.0	2.78	932	82.5	2.44
40c	400	104	14.5	18.0	18.0	9.0	91.068	71.488	19700	688	1220	14.7	2.75	986	86.2	2.42

注：表中 r、r₁ 的数据用于孔型设计，不做交货条件。

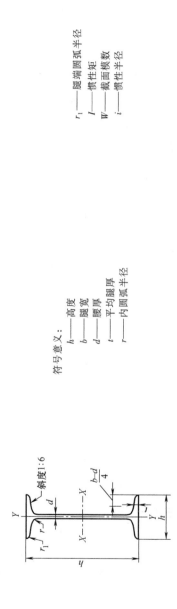

斜度 1:6

符号意义：
h——高度
b——腿宽
d——腰厚
t——平均腿厚
r——内圆弧半径
r₁——腿端圆弧半径
I——惯性矩
W——截面模数
i——惯性半径

型号	截面尺寸/mm						截面面积/cm²	理论重量/(kg/m)	惯性矩/cm⁴		惯性半径/cm		截面模数/cm³	
	h	b	d	t	r	r₁			I_x	I_y	i_x	i_y	W_x	W_y
10	100	68	4.5	7.6	6.5	3.3	14.345	11.261	245	33.0	4.14	1.52	49.0	9.72
12	120	74	5.0	8.4	7.0	3.5	17.818	13.987	436	46.9	4.95	1.62	72.7	12.7
12.6	126	74	5.0	8.4	7.0	3.5	18.118	14.223	488	46.9	5.20	1.61	77.5	12.7
14	140	80	5.5	9.1	7.5	3.8	21.516	16.890	712	64.4	5.76	1.73	102	16.1

（续）

型号	h	b	d	t	r	r₁	截面面积 /cm²	理论重量 /(kg/m)	I_x	I_y	i_x	i_y	W_x	W_y
	截面尺寸/mm								惯性矩/cm⁴		惯性半径/cm		截面模数/cm³	
16	160	88	6.0	9.9	8.0	4.0	26.131	20.513	1130	93.1	6.58	1.89	141	21.2
18	180	94	6.5	10.7	8.5	4.3	30.756	24.143	1660	122	7.36	2.00	185	26.0
20a	200	100	7.0	11.4	9.0	4.5	35.578	27.929	2370	158	8.15	2.12	237	31.5
20b	200	102	9.0	11.4	9.0	4.5	39.578	31.069	2500	169	7.96	2.06	250	33.1
22a	220	110	7.5	12.3	9.5	4.8	42.128	33.070	3400	225	8.99	2.31	309	40.9
22b	220	112	9.5	12.3	9.5	4.8	46.528	36.524	3570	239	8.78	2.27	325	42.7
24a	240	116	8.0	13.0	10.0	5.0	47.741	37.477	4570	280	9.77	2.42	381	48.4
24b	240	118	10.0	13.0	10.0	5.0	52.541	41.245	4800	297	9.57	2.38	400	50.4
25a	250	116	8.0	13.0	10.0	5.0	48.541	38.105	5020	280	10.2	2.40	402	48.3
25b	250	118	10.0	13.0	10.0	5.0	53.541	42.030	5280	309	9.94	2.40	423	52.4
27a	270	122	8.5	13.7	10.5	5.3	54.554	42.825	6550	345	10.9	2.51	485	56.6
27b	270	124	10.5	13.7	10.5	5.3	59.954	47.064	6870	366	10.7	2.47	509	58.9
28a	280	122	8.5	13.7	10.5	5.3	55.404	43.492	7110	345	11.3	2.50	508	56.6
28b	280	124	10.5	13.7	10.5	5.3	61.004	47.888	7480	379	11.1	2.49	534	61.2
30a	300	126	9.0	14.4	11.0	5.5	61.254	48.084	8950	400	12.1	2.55	597	63.5
30b	300	128	11.0	14.4	11.0	5.5	67.254	52.794	9400	422	11.8	2.50	627	65.9
30c	300	130	13.0	14.4	11.0	5.5	73.254	57.504	9850	445	11.6	2.46	657	68.5
32a	320	130	9.5	15.0	11.5	5.8	67.156	52.717	11100	460	12.8	2.62	692	70.8
32b	320	132	11.5	15.0	11.5	5.8	73.556	57.741	11600	502	12.6	2.61	726	76.0
32c	320	134	13.5	15.0	11.5	5.8	79.956	62.765	12200	544	12.3	2.61	760	81.2

（续）

型号	h	b	d	t	r	r_1								
36a	360	136	10.0	15.8	12.0	6.0	76.480	60.037	15800	552	14.4	2.69	875	81.2
36b		138	12.0				83.680	65.689	16500	582	14.1	2.64	919	84.3
36c		140	14.0				90.880	71.341	17300	612	13.8	2.60	962	87.4
40a	400	142	10.5	16.5	12.5	6.3	86.112	67.598	21700	660	15.9	2.77	1090	93.2
40b		144	12.5				94.112	73.878	22800	692	15.6	2.71	1140	96.2
40c		146	14.5				102.112	80.158	23900	727	15.2	2.65	1190	99.6
45a	450	150	11.5	18.0	13.5	6.8	102.446	80.420	32200	855	17.7	2.89	1430	114
45b		152	13.5				111.446	87.485	33800	894	17.4	2.84	1500	118
45c		154	15.5				120.446	94.550	35300	938	17.1	2.79	1570	122
50a	500	158	12.0	20.0	14.0	7.0	119.304	93.654	46500	1120	19.7	3.07	1860	142
50b		160	14.0				129.304	101.504	48600	1170	19.4	3.01	1940	146
50c		162	16.0				139.304	109.354	50600	1220	19.0	2.96	2080	151
55a	550	166	12.5	21.0	14.5	7.3	134.185	105.335	62900	1370	21.6	3.19	2290	164
55b		168	14.5				145.185	113.970	65600	1420	21.2	3.14	2390	170
55c		170	16.5				156.185	122.605	68400	1480	20.9	3.08	2490	175
56a	560	166	12.5				135.435	106.316	65600	1370	22.0	3.18	2340	165
56b		168	14.5				146.635	115.108	68500	1490	21.6	3.16	2450	174
56c		170	16.5				157.835	123.900	71400	1560	21.3	3.16	2550	183
63a	630	176	13.0	22.0	15.0	7.5	154.658	121.407	93900	1700	24.5	3.31	2980	193
63b		178	15.0				167.258	131.298	98100	1810	24.2	3.29	3160	204
63c		180	17.0				179.858	141.189	102000	1920	23.8	3.27	3300	214

注：表中 r、r_1 的数据用于孔型设计，不做交货条件。

附录 B　习题答案

第 1 章

1-1～1-7（略）

1-8　（a）$F = 1672$N；（b）$F = 217$N

1-9　（a）$F_3 = \dfrac{\sqrt{2}}{2}F$（拉），$F_1 = F_3$（拉），$F_2 = F$（受压）

　　（b）$F_3 = F_3' = 0$，$F_1 = 0$，$F_2 = F$（受拉）

1-10　$F_{AB} = 80$kN

第 2 章

2-1　$F_R = -F$（←）（在力 $2F$ 下方，距离 F 为 $2d$）

2-2　$F_R = \left(\dfrac{5}{2}, \dfrac{10}{3} \right)$kN；合力大小 $F_R = \dfrac{25}{6}$kN，方向与 x 轴正向夹角为 $\pi + \arctan \dfrac{4}{3}$；作用线方程：$y = \dfrac{4}{3}x + 4$

2-3　（a）$F_A = F_B = \dfrac{M}{2l}$；（b）$F_A = F_B = \dfrac{M}{l}$；（c）$F_A = F_{BD} = \dfrac{M}{l}$，$F_B = F_{BD} = \dfrac{M}{l}$，$F_D = \sqrt{2}F_{BD} = \dfrac{\sqrt{2}M}{l}$

2-4　$F_A = F_B' = \dfrac{M}{BD} = 2694$N，$F_C = 2694$N

2-5　$F_A = \dfrac{3}{8}W = 0.75kN$，$F_B = 0.75$kN，$F_R = (-120\boldsymbol{i} - 160\boldsymbol{k})$N；$M_A = (-7\boldsymbol{i} + 9\boldsymbol{j} + 24\boldsymbol{k})$N・m

2-6　$F_1 = \dfrac{M}{d}$，$F_2 = 0$，$F_3 = \dfrac{M}{d}$

2-7　$M = 4.5$kN・m

2-8　（a）$F_{RA} = F_{RC} = \dfrac{M}{\dfrac{\sqrt{2}}{2}d} = \dfrac{\sqrt{2}M}{d}$；（b）$F_{RC} = F_D = \dfrac{M}{d}$，$F_{RA} = F_D' = \dfrac{M}{d}$

2-9　$M_1 = M_2$

2-10　$M = Fd$

2-11　$F_{RB} = \dfrac{M}{d}$（←），$F_{RA} = \dfrac{M}{d}$（→）

第 3 章

3-1　（a）$F_{Ax} = 0$，$F_{Ay} = -20$kN（↓），$F_{RB} = 40$kN（↑）；（b）$F_{Ax} = 0$，$F_{Ay} = 15$kN（↑），$F_{RB} = 21$kN（↑）

3-2　$F_{Ax} = 0$，$F_{Ay} = F$（↑），$M_A = Fd - M$

3-3　$F_{NA} = 6.4$kN，$F_{NB} = 13.6$kN

3-4　$F_{RA} = 6.7$kN，$F_{Bx} = 6.7$kN，$F_{By} = 13.5$kN

3-5　$F_{NB} = \dfrac{M}{\sqrt{d_1^2 + d_2^2}}$，$F_{NA} = \dfrac{Md_1}{d_1^2 + d_2^2}$，$F_{NC} = \dfrac{Md_2}{d_1^2 + d_2^2}$

3-6　$l = 1.8$m

3-7 $\quad F_{Ax}=0$，$F_{Ay}=\left(\dfrac{1}{2}+\tan\alpha\right)W$，$F_{Bx}=W\tan\alpha$，$F_{By}=\left(\dfrac{1}{2}-\tan\alpha\right)W$

3-8 （a）$F_{RC}=0$，$F_{Bx}=F_{By}=0$，$F_{Ax}=0$，$F_{Ay}=2qd$，$M_A=2qd^2$（逆）

（b）$F_{RC}=qd$（↑），$F_{Bx}=0$，$F_{By}=qd$，$F_{Ax}=0$，$F_{Ay}=qd$，$M_A=2qd^2$（逆）

（c）$F_{RC}=\dfrac{1}{4}qd$，$F_{Bx}=0$，$F_{By}=\dfrac{3}{4}qd$，$F_{Ax}=0$，$F_{Ay}=\dfrac{7}{4}qd$，$M_A=3qd^3$（逆）

（d）$F_{RC}=\dfrac{M}{2d}$，$F_{Bx}=0$，$F_{By}=\dfrac{M}{2d}$，$F_{Ax}=0$，$F_{Ay}=\dfrac{M}{2d}$，$M_A=M$（逆）

（e）$F_{RC}=0$，$F_{Bx}=F_{By}=0$，$F_{Ax}=F_{Ay}=0$，$M_A=M$（逆）

3-9 $\quad F_T=107\text{N}$，$F_{RA}=525\text{N}$，$F_{RB}=375\text{N}$

3-10 $\quad F_{Ax}=12.5\text{kN}$，$F_{Ay}=106\text{kN}$，$F_{Bx}=22.5\text{kN}$，$F_{By}=94.2\text{kN}$

3-11 $\quad \dfrac{W_1}{W_2}=\dfrac{a}{l}$

3-12 $\quad \dfrac{\sin\alpha-f_s\cos\alpha}{\cos\alpha+f_s\sin\alpha}F_1\leqslant F_2\leqslant\dfrac{\sin\alpha+f_s\cos\alpha}{\cos\alpha-f_s\sin\alpha}F_1$

3-13 $\quad d\geqslant110\text{mm}$

*3-14 $\quad l\geqslant\dfrac{2Mef_s}{M-Fe}$

第 4 章

4-1 （a）$F_N=F$，拉伸；（b）$F_S=F$，剪切

4-2 $\quad D$

第 5 章

5-1~5-5 （略）

5-6 （a）$\left|F_Q\right|_{\max}=\dfrac{M}{2l}$，$\left|M\right|_{\max}=2M$

（b）$\left|F_Q\right|_{\max}=\dfrac{5ql}{4}$，$\left|M\right|_{\max}=ql^2$

（c）$\left|F_Q\right|_{\max}=ql$，$\left|M\right|_{\max}=\dfrac{3ql^2}{2}$

（d）$\left|F_Q\right|_{\max}=\dfrac{5ql}{4}$，$\left|M\right|_{\max}=\dfrac{25ql^2}{32}$

（e）$\left|F_Q\right|_{\max}=ql$，$\left|M\right|_{\max}=ql^2$

（f）$\left|F_Q\right|_{\max}=\dfrac{ql}{2}$，$\left|M\right|_{\max}=\dfrac{ql^2}{8}$

第 6 章

6-1 $\quad \Delta l_{AC}=2.947\text{mm}$，$\Delta l_{AD}=5.286\text{mm}$

6-2 $\quad u_C=4.50\text{mm}$

6-3 $\quad \sigma(A)=13.37\text{MPa}<[\sigma]$，$\sigma(B)=25.53\text{MPa}<[\sigma]$，安全

6-4 $\quad h=118\text{mm}$，$b=35.4\text{mm}$

6-5 $\quad \theta=54.7°$

6-6 $\quad [F]=67.4\text{kN}$

6-7 [F] = 57.6kN

*6-8 钢板中：$\sigma_s = -17.3$MPa，铝板中：$\sigma_a = -6.05$MPa

*6-9 （1）$F = 171$kN；（2）$\sigma_c = 83.5$MPa

*6-10 $x = 5b/6$

第 7 章

7-1 ~7-4 （略）

7-5 $\sigma_A = 2.54$MPa，$\sigma_B = -1.62$MPa

7-6 $\sigma_{max} = 24.75$MPa

7-7 截面竖放（图 b）时梁内的最大正应力为 1.95MPa，横放（图 c）时梁内的最大正应力为 3.91MPa

7-8 强度是安全的

7-9 $\sigma_{max}^+ = 60.24$MPa$>[\sigma]^+$，$\sigma_{max}^- = 45.18$MPa$<[\sigma]^-$，强度不安全

7-10 [q] = 15.68kN/m

7-11 No. 16

7-12 $a = 1.385$m

7-13 No. 16

7-14 $\dfrac{\sigma_a}{\sigma_b} = \dfrac{4}{3}$

7-15 （1）$\sigma_{max}^+ = 13.73$MPa，$\sigma_{max}^- = -15.32$MPa；（2）（略）；（3）1.08

7-16 $\sigma_A = -6$MPa，$\sigma_B = -1$MPa，$\sigma_C = 11$MPa，$\sigma_D = 6$MPa

7-17 $\sigma_{max} = 140$MPa

第 8 章

8-1 ~8-3（略）

8-4 （a）$w_A = -\dfrac{7ql^4}{384EI}$（↑），$\theta_B = -\dfrac{ql^3}{12EI}$；（b）$w_A = \dfrac{5ql^4}{24EI}$，$\theta_B = \dfrac{ql^3}{12EI}$

8-5 （略）

8-6 $M_A = \dfrac{M_0}{8}$，$F_{RA} = \dfrac{9M_0}{8l}$（↓），$F_{RB} = \dfrac{9M_0}{8l}$（↑）

*8-7 $F_{RA} = 71.25$kN，$F_{RB} = 8.75$kN，$F_{RC} = 48.75$kN，$M_A = 125$kN·m，$M_C = 115$kN·m

8-8 $w_C = 0.0246$mm，刚度安全

8-9 $d \geqslant 0.1117$m，取 $d = 112$mm

8-10 No. 22a

第 9 章

9-1 ~9-4 （略）

9-5 $\tau_{max} = 47.96$MPa（BC 端），$\varphi_{max} = 2.279 \times 10^{-2}$rad

9-6 （1）$\tau_{max} = 70.74$MPa；（2）6.25%；（3）（略）

9-7 2883N·m

9-8 （略）

*9-9 （1）（略）；（2）管中：$\tau_{max} = 6.39$MPa；轴中：$\tau_{max} = 21.86$MPa

第 10 章

10-1 （a）$\sigma = -3.84$MPa，$\tau = 0.6$MPa；（b）$\sigma = -0.625$MPa，$\tau = -1.08$MPa

10-2　$|\tau_{x'y'}|=1.55\text{MPa}>1\text{MPa}$，不满足

10-3　$\sigma_x=-33.3\text{MPa}$，$\tau_{xy}=-57.7\text{MPa}$

10-4　$\sigma_x=37.97\text{MPa}$，$\tau_{yx}=-74.25\text{MPa}$

10-5　$|\tau_{xy}|<120\text{MPa}$

10-6　（1）（略）；（2）（略）；（3）$\sigma=20.88\text{MPa}$，$\tau=25.59\text{MPa}$

10-7　$\Delta r=0.34\text{mm}$

10-8　（1）$\sigma_{r3}=135\text{MPa}$；（2）$\sigma_{r1}=30\text{MPa}$

10-9　（1）$\sigma_{r3}=120\text{MPa}$，$\sigma_{r4}=111\text{MPa}$；（2）$\sigma_{r3}=161\text{MPa}$，$\sigma_{r4}=139.8\text{MPa}$；（3）$\sigma_{r3}=90\text{MPa}$，$\sigma_{r4}=$
　　　　78.1MPa；（4）$\sigma_{r3}=90\text{MPa}$，$\sigma_{r4}=78\text{MPa}$

10-10　$d=37.6\text{mm}$

10-11　a 点：$\sigma_{r3}=\sqrt{\sigma_a^2+4\tau_a^2}=109.7\text{MPa}$，$\sigma_{r4}=\sqrt{\sigma_a^2+3\tau_a^2}=95.26\text{MPa}$

　　　　b 点：$\sigma_{r3}=2\tau_b=108.8\text{MPa}$，$\sigma_{r4}=\sqrt{3}\tau_b=94.22\text{MPa}$

第 11 章

11-1 ~11-5　（略）

11-6　$n_w=3.08$

11-7　（1）$F_{cr}=118\text{kN}$；（2）$n_w=1.685<[n]_{st}$；（3）$F_{cr}=73.5\text{kN}$

11-8　$n_w=1.645$

11-9　$[F]=160\text{kN}$

11-10　（1）$[F]=187.6\text{kN}$；（2）$[F]=68.9\text{kN}$

*11-11　梁的安全因数 $n=1.85$，柱的安全因数 $n_{st}=2.32$

*11-12　39.43℃

第 12 章

12-1　$\sigma_{dmax}=59.1\text{MPa}$

12-2　$\sigma_{dmax}=22.4\text{MPa}$

12-3　$F_A=\dfrac{mg}{4l}(\sqrt{3}l+h)$，$F_B=\dfrac{mg}{4l}(\sqrt{3}l-h)$

12-4　（1）$r=1$；（2）$r=-1$

12-5　（1）$r=-1$；（2）$r=-1$；（3）$r=\dfrac{\delta-a}{\delta+a}$；（4）$r=0.1$

附录 C　索引

J

畸变能密度 （strain-energy density corresponding to the distortion）

畸变能密度准则 （criterion of strain energy density corresponding to distortion）

集度 （density）

挤压应力 （bearing stresses）

积分法 （integration method）

计算弯矩或相当弯矩 （equivalent bending moment）

计算应力或相当应力 （equivalent stress）

极限应力或危险应力 （critical stress）

极限速度 （limited velocity）

极限转速 （limited rotational velocity）

极惯性矩 （polar moment of inertia）

剪力 （shearing force）

剪力图 （diagram of shearing forces）

剪切 （shearing）

剪切胡克定律 （Hooke law in shearing）

简支梁 （simply supported beam）

交变应力 （alternative stress）

结晶各向异性 （anisotropy of crystallographic）

截面二次极矩或极惯性矩 （second polar moment of an area）

截面二次轴矩 （second moment of an area）

截面法 （sections method）

截面一次矩 （first moment of an area）

颈缩 （neck）

静力学 （statics ）

静定结构 （statically determinate structures）

静定问题 （statically determinate problems）

静摩擦力 （static friction force）

静摩擦因数 （static friction factor）

静矩 （static moment）

静载荷 （static load）

静载应力 （static stress）

局部应力 （localized stress）

矩心 （center of a force moment）

均匀连续性假定 （homogenization and continuity assumption）

K

抗拉 （或抗压） 刚度 （tensile or compression rigidity ）

块体 （body）

库仑 （Coulomb）

L

拉伸与压缩 （tension or compression）

力 （force）

力臂 （arm of force）

力法 （force method）

力矩 （moment of a force）

力偶 （couple）

力偶臂 （arm of couple）

力偶矩 （moment of a couple）

力偶系 （system of the couples）

力偶作用面 （couple plane）

力系 （system of forces）

力系的简化 （reduction of force system）

力向一点平移定理 （theorem of translation of　force）

力学性能 （mechanical properties）

梁 （beam）

临界应力 （critical stress）

临界应力总图 （figures of critical stresses）

临界状态 （critical state）

临界载荷 （critical load）

M

脉冲循环 （fluctuating cycle）

面内最大切应力 （maximum shearing stresses in plane）

名义应力 （nominal stress）

摩擦 （friction）

摩擦角 （angle of friction）

莫尔应力圆或莫尔圆 （Mohr circle for stresses）

N

挠度 （deflection）

挠度方程 （deflection equation）

挠度曲线 （deflection curve）

内力 （internal force）

扭矩 （torsional moment，torque）

扭矩图 （diagram of torsional moment）

扭转 （torsion or twist）

扭转变形（twist deformation）

扭转刚度（torsional rigidity）

扭转截面模量（section modulus in torsion）

P

疲劳（fatigue）

平衡的必要与充分条件（conditions both of necessary and sufficient for equilibrium）

平衡条件（equilibrium conditions）

平衡方程（equilibrium equations）

平衡构形（equilibrium configuration）

平衡力系（equilibrium systems of forces）

平均应力（average stress）

平面应力状态（plane state of stress）

平面力系（system of forces in a plane）

平面假定（plane assumption）

平面弯曲（plane bending）

Q

强度（strength）

强度设计（strength design）

强度极限（strength limit）

强度设计准则，强度条件（criterion for strength design）

强度失效（failure by lost strength）

强化（strengthening）

壳（shell）

切变模量（shearing modulus）

切应力（shearing stress）

切应力互等定理或切应力成对定理（theorem of conjugate shearing stress）

切应变（shearing strain）

球铰（ball-socket joint）

屈服（yield）

屈曲（buckling）

屈曲模态（buckling mode）

屈曲模态幅值（amplitude of buckling mode）

屈曲失效（failure by buckling）

屈服应力或屈服强度（yield stress）

缺口敏感因数（notch sensitivity factor）

R

扰动（disturbance）

热应力（thermal stress）

韧性材料（ductile materials）

柔度（compliance）

蠕变（creep）

蠕变曲线族（a family of creep curves）

S

三铰拱（three-pin arch，three hinged arch）

失效（failure）

失效应力（failure stress）

失稳（lost stability）

圣维南原理（Saint-Venant principle）

T

坍塌（collapse）

弹性变形（elastic deformation）

弹性模量（modulus of elasticity）

弹性极限（elastic limit）

弹性平衡稳定性的静力学准则（statical criterion for elastic stability）

弹性曲线（elastic curve）

弹性体（elastic body）

体积改变能密度（strain-energy density corresponding to the change of volume）

条件屈服应力（offset yield stress）

W

外力（external force）

弯矩（bending moment）

弯矩方程（bending moment equation）

弯矩图（diagram of bending moment）

弯曲（bending）

弯曲截面模量（section modulus in bending）

位错（dislocation）

微裂纹（microcrack）

位移（displacement）

微元（element）

稳定的（stable）

稳定失效（failure by lost stability）

稳定性（stability）

稳定性计算（stability design）

稳定性计算准则（criterion of design for stability）

稳定性失效（failure by lost stability）

X

线应变或正应变（normal strain）

小变形假定（assumption of small deformation）

小挠度微分方程（differencial equation for small deflection）

斜弯曲（skew bending）

形心（centroid of an area）

许用应力（allowable stress）

许用载荷（allowable load）

Y

杨氏模量（Young modulus）

移轴定理（parallel-axis theorem）

应变能（strain energy）

应变能密度（strain-energy density）

应力（stress）

应力比（stress ratio）

应力分析（stress analysis）

应力幅值（stress amplitude）

应力集中（stress concentration）

应力集中因数（factor of stress concentration）

应力强度（stress strength）

应力循环（stress cycle）

应力-应变曲线（stress-strain curve）

应力圆（stress circle）

应力状态（stress-state at a point）

有效长度（effective length）

有效应力集中因数（efective stress concentration factor）

约束（constraint）

约束力（constraint force）

Z

主矢（principal vector）

主矩（principal moment）

载荷集度（density of load）

正应力（normal stress）

自锁（self-locking）

中性层或中性面（neutral surface）

中性轴（neutral axis）

轴（shaft）

轴力（axial force）

轴力图（diagram of axial forces）

轴向位移或水平位移（horizontal displacement）

轴向载荷（axial load）

柱（column）

主惯性矩（principal moment of inertia of an area）

主平面（principal plane）

主方向（principal directions）

主应变（principal strain）

主应力（principal stress）

主轴（principal axes）

主轴平面（plane including principal axes）

转轴定理（rotation-axis theorem）

组合受力与变形（complex loads and deformation）

最大拉应变准则（maximum tensile strain criterion）

最大拉应力准则（maximum tensile stress criterion）

最大静摩擦力（maximum static friction force）

最大切应力准则（maximum shearing stress criterion）

最大应力（maximum Stress）

最小应力（minimum stress）

参 考 文 献

［1］ 范钦珊. 工程力学教程（Ⅰ）［M］. 北京：高等教育出版社，1998.

［2］ 范钦珊，等. 工程力学［M］. 北京：高等教育出版社，1989.

［3］ 范钦珊. 理论力学［M］. 北京：高等教育出版社，2000.

［4］ 范钦珊. 材料力学［M］. 北京：高等教育出版社，1989.

［5］ 范钦珊. 材料力学教程（Ⅰ）［M］. 北京：高等教育出版社，1995.

［6］ 范钦珊. 材料力学教程（Ⅱ）［M］. 北京：高等教育出版社，1996.

［7］ Beer，Johnston. Mechanics of Materials［M］. 2nd ed. Singapore：McGraw Hill，1996.

［8］ David Roylance. Mechanics of Materials［M］. New York：John Wiley & Sons Inc. 1996.

［9］ Benham P P，Crawford R J. Mechanics of Engineering Materials［M］. London：Longman，1987.